万家寨水利枢纽工程

地质勘察与研究

牛世豫 刘满杰 高玉生 高义军 著

黄河水利出版社

内 容 提 要

万家寨水利枢纽是黄河北干流上一座控制性大型水利水电工程，是黄河中游梯级开发的第一级。前期勘测设计工作历经 40 余年，积累了丰富的资料，可供后人借鉴。本书阐述了 40 余年对万家寨水利枢纽工程地质勘察工作的主要内容、方法和取得的成果，并重点介绍了该工程两个主要工程地质问题：水库右岸岩溶渗漏和坝址层间剪切带对大坝抗滑稳定影响的研究内容及工程地质评价方法。

本书可供从事水利水电工程勘察、水工设计和工程建设工作的科技工作者阅读参考。

图书在版编目（CIP）数据

万家寨水利枢纽工程地质勘察与研究/牛世豫等著.—郑州：黄河水利出版社，2008.9
ISBN 978-7-80734-490-2

Ⅰ.万… Ⅱ.牛… Ⅲ.黄河–水利枢纽–地质勘探–研究–山西省　Ⅳ.TV632.25

中国版本图书馆 CIP 数据核字（2008）第 133534 号

组稿编辑：王路平　电话：0371-66022212　E-mail:hhslwlp@126.com

出　版　社:黄河水利出版社
地址:河南省郑州市金水路 11 号　　邮政编码:450003
发行单位:黄河水利出版社
发行部电话: 0371-66026940、66020550、66028024、66022620(传真)
E-mail: hhslcbs@126.com
承印单位:河南第二新华印刷厂
开本:787 mm×1 092 mm　1/16
印张:14　　　　　　　　　　　彩插:4
字数:335 千字　　　　　　　　印数:1—1 000
版次:2008 年 9 月第 1 版　　　印次:2008 年 9 月第 1 次印刷

定价:39.00 元

万家寨水利枢纽坝址全景

万家寨水利枢纽库区弯道

SCJ01层间剪切带（一元结构）

剪切带厚4.0 cm，为节理带，原岩为薄层泥灰岩夹灰岩，层面间可见轻微剪切痕迹。

SCJ01层间剪切带（二元结构）

剪切带厚2.0 cm，为节理带和劈理带，劈理带厚约0.8 cm，以岩屑为主，含泥量约占10%。

SCJ01层间剪切带（二元结构）

剪切带厚2.5~3.0 cm，上部1.5 cm为劈理带，下部为泥化带，剪切带中可见呈流塑状夹泥。

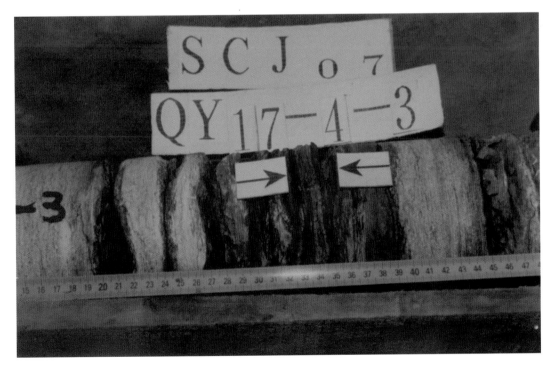

SCJ07层间剪切带（一元结构）

剪切带厚4.0 cm，为节理带，呈片状，顺层发育，间夹泥膜。

SCJ07层间剪切带（一元结构）

剪切带厚2.0 cm，为节理带，间夹泥膜。

SCJ07层间剪切带（二元结构）

剪切带厚4.0 cm，为节理带和劈理带，劈理带厚约0.2 cm，含泥量约占15%。

SCJ07层间剪切带（二元结构）
剪切带厚3.0 cm，为节理带和劈理带，劈理带厚约1.0 cm，呈鳞片状沿层面分布。

SCJ08层间剪切带（一元结构）
剪切带厚1.5 cm，为节理带，未见泥质物。

SCJ08层间剪切带（二元结构）

剪切带厚2.0 cm，为节理带和劈理带，劈理带厚约0.2 cm，含泥量约占5%。

SCJ10层间剪切带（二元结构）

剪切带厚0.5 cm，为节理带和劈理带，劈理带厚约0.1 cm。

前　言

　　黄河万家寨水利枢纽工程地质勘察开始于 20 世纪 50 年代初，初步设计勘察完成于 1993 年，前期勘察历经 40 余年。工程于 1994 年 11 月正式开工建设，2002 年 6 月竣工，并由水利部组织了工程竣工验收。2004 年 12 月，经全国优秀工程勘察设计评选委员会评定，万家寨水利枢纽工程设计获金质奖，工程地质勘察获银质奖。

　　万家寨水利枢纽工程地质勘察工作，是黄河北干流托克托至龙口段规划设计工作的重要组成部分，一直受到有关各方面的高度重视。几代工程地质勘察工作者为此付出了艰辛努力，取得了丰富翔实的第一手资料，满足了各个阶段规划设计工作的需要，为工程建设做出了应有的贡献。

　　万家寨水利枢纽工程地质勘察工作，在基本查清工程地质环境和具体工程地质条件的基础上，重点研究了水库右岸岩溶渗漏和坝址层间剪切带抗剪强度两个主要工程地质问题。万家寨工程地质勘察工作者在可靠的第一手资料基础上，依靠创造性思维劳动和实事求是、敢于承担一定风险的科学态度，对这两个长期以来存有较大争议的工程地质问题，大胆决策，提出了明确、具体的工程地质评价意见，有力地促进了工程立项和开工建设。

　　本书作者都是万家寨水利枢纽工程地质勘察的亲历者。此时，我们将有关勘察情况集成笔墨，不去引经据典作理论上的论述，重点在于对勘察资料和成果的介绍，意在便于读者参考。借此机会，我们向所有万家寨水利枢纽工程地质勘察工作者和为此付出辛勤劳动、指导、帮助的各级领导、专家及学者，表示深深的敬意。

　　本书在编写过程中，得到了中水北方勘测设计研究有限责任公司勘察院的大力支持和帮助，中水北方勘测设计研究有限责任公司勘察院高级工程师李志和程莉、张冬梅进行了本书插图和文字的编绘，在此一并表示感谢！

　　由于我们水平有限，错误难免，敬请读者批评指正！

作　者

2007 年 6 月

目　录

第 1 章　概　　述

1.1　工程简况

1.1.1　工程位置及规模

万家寨水利枢纽工程位于黄河北干流托克托至龙口之间的峡谷河段内。坝址东南距山西省偏关县万家寨村约 0.8 km，西偏南距内蒙古准格尔旗魏家峁乡约 6.5 km。水库回水末端在内蒙古清水河县拐上村附近，回水长度约 72.34 km。水库周边，除左岸从坝址向上游至老牛湾地段属于山西省偏关县，其余库段分属内蒙古清水河县、托克托县及准格尔旗。坝址下游沿河道约 27 km 为在建的龙口水利枢纽，再往下游约 66 km 为已经建成的天桥水电站。

该工程主要任务是供水结合发电调峰，同时兼有防洪、防凌作用。坝址控制流域面积为 39.5 万 km^2，多年平均流量为 621 m^3/s，设计入库流量为 250 m^3/s，水库正常蓄水位为 977 m，最高蓄水位为 980 m，总库容为 8.96 亿 m^3，调节库容为 4.45 亿 m^3。工程等级为一等大(1)型工程，枢纽由拦河坝、泄水建筑物、坝后式电站厂房、引黄取水建筑物及开关站等组成。拦河坝为半整体式混凝土直线重力坝，坝顶高程为 982 m，坝顶长度为 443 m，最大坝高为 105 m。自左向右分为 22 个坝段，依次为左岸挡水坝段(①~③坝段)、泄水坝段(④~⑩坝段)、隔墩坝段(⑪坝段)、电站坝段(⑫~⑰坝段)、右岸挡水坝段(⑱~㉒坝段)。泄水坝段位于河床左侧，采用长护坦挑流消能。电站厂房位于河床右侧，安装 6 台单机容量为 18 万 kW 水轮发电机组，总装机容量为 108 万 kW。

1.1.2　工程建设过程

新中国成立以后，国家十分关注该河段的开发。早在 20 世纪 50~60 年代，原燃料工业部水力发电建设总局就对该河段进行了规划勘测设计工作，并确定了小沙湾、万家寨、龙口三级以发电为主的梯级开发方案，并由原水利电力部北京勘测设计院(简称北京院)针对万家寨坝址完成了初步设计，1958 年曾进行施工准备，1959 年由于国家经济建设的调整，工程缓建。

20 世纪 70 年代，该工程再次提到国家建设日程。由水利部黄河水利委员会、内蒙古水利局、山西省水利厅，单独或共同参与，对该河段先后进行了 4 次规划选点工作，着重研究了龙口高坝一级开发方案，万家寨高坝、龙口低坝二级开发方案及龙口中坝加小沙湾低坝方案，但对该河段的开发方案最终未确定下来。

20 世纪 80 年代，原水利电力部水利水电建设总局再次组织有关单位对该河段开发进行了研讨，并于 1982 年 9 月以[82]水建字第 41 号文向原水利电力部天津勘测设计院(现中水北方勘测设计研究有限责任公司，简称天津院)下达了《黄河托克托—龙口段规划勘测设计任务书》。1983 年初，天津院在前人资料的基础上，经过论证推荐万家寨高坝、龙口低坝二级开发方案，并得到水利电力部的肯定。

1983 年 2 月，国家计委将万家寨水电站勘测设计列入国家"六五"计划前期重点项目。1993 年 2 月，经国务院批准工程立项，工程定名为万家寨水利枢纽，1993 年 10 月国家计委将该工程列为 1994 年国家正式开工的大型项目。

万家寨水利枢纽工程于 1983 年完成可行性研究，1993 年完成初步设计，1994 年 11 月正式开工，1998 年 10 月 1 日下闸蓄水，2002 年 6 月竣工。实际完成的主要工程量：石方开挖 112 万 m³，混凝土及钢筋混凝土 152.5 万 m³，竣工决算人民币 48.9 亿元，比 1997 年核定的设计概算结余人民币 11.7 亿元。

2002 年 3 月，水利部规划设计总院在现场主持完成了工程竣工安全鉴定，2002 年 6 月水利部进行了工程竣工验收。

1.2　勘察概况

万家寨水利枢纽工程地质勘察历时 40 余载，大体可划分为如下几个阶段。

1.2.1　规划阶段(1951~1954 年)

原中央燃料工业部水力发电建设总局勘测处，会同原地质部工程地质处共同组队，于 1951 年、1952 年两次对黄河包头至河曲段进行了综合性考察，初步选择了拐上、百草园、小沙湾、万家寨、柳清河、后阳湾等 6 处比较适宜筑坝的河段，见图 1-1。并由原地质部 263 地质队、清水河工程地质队和水力发电建设总局钻探队进行了程度不同的地质勘探工作，初步选择万家寨为先期开发的坝址。

1953 年，上述单位在万家寨河段选择上、中、下三个坝址，进行了技经阶段勘察。在汇总前人资料的基础上，于 1954 年完成了《万家寨水电站库区、坝址技经阶段报告》。在该报告中明确指出："从拐上到龙口这一段峡谷，就整个地质环境来看，万家寨坝址是许多坝址中间最好的一个"，"万家寨上中下三个坝址比较，以中坝址为优"。与此同时，原地质部地质处经过对拐上坝址进行勘察，并汇总前人资料，最终以"黄河第三分队"的名义，编制了《黄河中游拐上坝址地质报告》。1954 年，黄河规划委员会制定了《黄河综合利用规划技术经济报告》，并于 1955 年由全国人大二次会议通过。本次规划确定了该河段小沙湾、万家寨、龙口以发电为主的三级开发方案。

1.2.2　初步设计阶段(1957~1958 年)

原北京院第一地质勘探队具体承担了初步设计阶段(初设第一期选坝阶段及初设第二期扩大初设要点阶段)的工程地质勘察。于 1958 年 6 月提交了《黄河万家寨水电站初设第一期工程地质勘察报告》，推荐万家寨中坝址。继而于 1958 年 9 月提交了《万家寨水电站初设阶段工程地质报告》。勘察工作针对坝型为混凝土宽缝重力坝，比较坝型为堆石坝，正常高蓄水位为 985 m。

图 1-1 黄河北干流上游段规划初期坝址位置示意图

1.2.3　工程缓建(1959~1969 年)

1957 年 6 月初设第一期设计文件完成后，同年 7 月经国家选坝委员会综合比较后，选定了万家寨中坝址，并要求 1959 年正式动工兴建，随即现场进行了施工准备。1959 年，由于国家经济建设计划的调整，工程缓建。

1.2.4　再次规划阶段(1970~1982 年)

20 世纪 70 年代，随着国家经济状况的好转，万家寨水电站的兴建又被提上了日程，从 1970 年至 1982 年再次对该河段进行了规划。

第一次，1970~1972 年，水利部黄河水利委员会再次开展了黄河北干流规划工作，推荐托克托至龙口段龙口高坝一级开发。

第二次，1974 年，由水利部黄河水利委员会主持，内蒙古自治区水利局、山西省水利厅参加，共同编制完成了《黄河北干流托克托至龙口段规划选点报告》，仍推荐龙口高坝一级开发，正常蓄水位为 980 m。

第三次，1979 年，水利部黄河水利委员会再次对该河段进行规划选点工作，提出了《黄河托克托至龙口段梯级开发规划报告》。但该报告对该河段开发方式未做出结论，报告认为对龙口一级开发或万家寨、龙口二级开发，"权衡利弊影响，何者为好还有待工作"。万家寨、龙口二级开发研究的正常高水位分别为 980 m 和 897 m。

第四次，1978 年 9 月，内蒙古自治区水利局根据原水电部下达的任务，对该河段进行了补充规划选点工作，侧重龙口坝址开展了工程地质勘察。1979 年 12 月，内蒙古自治区水利勘测设计院提出了《黄河托克托—龙口段补充规划选点报告》，推荐小沙湾、龙口二级开发方案，研究的正常高水位分别为 980 m 和 920 m。

第五次，1982 年 7 月、9 月，原水利电力部水利水电建设总局两次组织有关单位，就该河段的开发问题进行了现场考察，并于 1982 年 9 月以[82]水建字第 41 号文，向天津院下达了《黄河托克托—龙口段规划勘测设计任务》。天津院于 1983 年初，推荐万家寨高坝、龙口低坝二级开发方案，得到原水电部肯定，并以会议纪要形式记录在案。至此，从 20 世纪 50 年代初就开始酝酿的万家寨工程才最终被确定下来。

1.2.5　可行性研究阶段(1983 年)

1983 年，天津院正式开展了万家寨工程可行性研究阶段工作，具体承担可行性研究阶段工程地质勘察任务的是原天津院地质勘探总队第三地质勘探队，地勘队伍于 1983 年初进场，同年 12 月完成了《黄河万家寨水电站可行性研究阶段工程地质勘察报告》。报告推荐万家寨中坝址，并明确提出"尽管坝基存在软弱夹层，但发育程度有限，不影响混凝土高坝方案的成立；万家寨水库右岸存在永久岩溶渗漏问题，但其永久渗漏不会严重影响水库正常效益"的工程地质结论。

1.2.6　再次初步设计阶段(1984~1993 年)

1984 年 5 月，原水利电力部规划设计总院在北京主持召开了天津院报送的《黄河万家寨水电站可行性研究报告》的审查会，并获得通过。由此，正式开展了初步设计阶段工程地质勘察，历经 10 年，于 1993 年 9 月完成了《黄河万家寨水利枢纽初步设计工程地质勘察报告》。报告认为，万家寨坝址工程地质条件良好，在该河段是比较理想的好坝址。在工程地质勘察过程中，1987 年 5 月，曾邀请国内对岩溶问题有较深造诣的专家，在山西省忻州市召开了万家寨水库右岸岩溶渗漏问题研讨会；1989 年 11 月，原水利水电规划设计总院在北京主持召开了万家寨水利枢纽及引黄入晋工程设计任务书技术讨论会；1992 年 3 月，中国国际工程咨询公司在北京主持召开了万家寨水利枢纽及引黄入晋工程可行性研究报告评估会。这三次会议对万家寨工程地质问题进行了广泛交流和认真评估，促进了工程地质问题的深入研究。

初步设计经过中₁、中₂两条坝轴线比较，选定了中₂坝轴线。在直线重力坝、曲线重力坝及碾压混凝土坝等坝型比较的基础上，确定了常态混凝土半整体式直线重力坝。1993 年 4 月，原水利电力部规划设计总院在天津召开会议，审查并通过了《黄河万家寨水利枢纽初步设计说明书》，标志着初步设计阶段工作基本结束。

1.2.7　技施阶段(1994~2001 年)

初步设计阶段后期，陆续开展了招标设计。在这期间，工程地质勘察除配合设计编制招标文件，主要完成了坝基水泥灌浆试验。

1994 年 6 月，业主单位——万家寨水利枢纽工程建设管理局以合同形式正式委托天津院承担该工程的施工地质工作。自此，技施阶段的工程地质勘察全面开展。在这期间，除常规的施工地质工作，主要针对坝基层间剪切带和水库右岸岩溶渗漏问题进行了较为深入的勘察与研究。历时约 7 年，天津院分别于 2001 年 5 月和 2001 年 7 月先后完成了《黄河万家寨水利枢纽施工地质报告》和《万家寨水利枢纽工程技施阶段设计说明书》。

万家寨水利枢纽工程地质勘察从 1951 年河段首次规划开始，至技施阶段工程地质勘察结束，历时共 51 年，完成的主要勘察工作量见表 1-1~表 1-3。

表 1-1　万家寨 1951~1958 年勘察工作量统计

项目		单位	完成工作量		备注
			1951~1954 年规划阶段	1957~1958 年初步设计阶段	
区域	线路查勘	次	2		
库区	1:50 000 地质普查	km²	500		
	1:25 000 地质测绘	km²		305	
	1:10 000 地质测绘	km²	250		
	实测地质剖面	km		30	
	钻孔	m/个		130/1	
坝址	1:5 000 地质测绘	km²		12.25	
	1:2 000 地质测绘	km²		1.09	
	实测地质剖面	km		12.74	
	机钻孔	m/个	182.27/9	2 032.31/42	
	土探孔	m		517.57	
	平硐	m/个		111.75/6	
	坑槽探	m³		687.35	
	钻孔压(注)水试验	段次	25	175	
	钻孔抽水试验	次		10	
	岩石室内物理力学试验	项次		93	
	野外大型抗剪试验	组		2	
	水泥灌浆试验	m/孔		180/5	
天然建材	砂砾料场 1:2 000 地质测绘	km²		8.5	
	实测地质剖面	km		12.0	
	管钻孔				不详
	坑槽探				不详
	土工试验	组		269	

表 1-2　万家寨 1983~1993 年勘察工作量统计

项目			单位	完成工作量		合计
				1983 年可行性研究阶段	1984~1993 年初步设计阶段	
区域		1:100 000 遥感地质测绘	km²	7 102	7 898	15 000
库区		沿河查勘	km		100	100
		1:10 000 地质测绘	km²		150	150
		1:5 000 地质测绘	km²		26.6	26.6
		钻孔	m/个	1 060.75/3	8 942.66/32	10 003.41/35
		搜集煤炭水文二队钻孔	m/个		13 279.41/25	18 896.34/46
		搜集山西水文一队钻孔	m/个		5 616.93/21	
		钻孔物探测井	m/孔		3 100.09/16	3 100.09/16
		平硐	m/个		417.4/4	417.4/4
		钻孔压(注)水试验	段次	184	337	521
		煤炭、山西钻孔抽水试验成果	次/孔		47/18	47/18
		物探钻孔测地下水流速	次/孔		4/2	4/2
		黑岱沟沟水测流	次/点		34/2	34/2
		地表水、地下水氚分析	个		124	124
		地表水、地下水水质分析	组		186	186
		地下水动态观测	孔	3	44	47
		溶洞充填物年龄鉴定	个		8	8
		电模拟渗流试验	组		1	1
坝		1:5 000 地质测绘		12.25		12.25
		1:1 000 地质测绘	km²		1.32	1.32
		1:500 陆摄地质图	km²		0.60	0.60
		机钻孔	m/孔	926.87/10	3 399.38/43	4 326.25/53
	物探	综合测井	m/孔		331.85/7	331.85/7
		岩体弹模测试	点	260	455	715
		覆盖层测深	点		66	66
		孔内录像	m/孔		240/6	240/6

续表 1-2

项目			单位	完成工作量		合计
				1983 年 可行性研究阶段	1984~1993 年 初步设计阶段	
坝址		平硐	m/个	113.90/8	321.90/16	435.80/24
		竖井	m/个		72.71/2	72.71/2
		坑槽探	m³	3 466.70	438.30	3 905.00
		钻孔压(注)水试验	段次	140	410	550
		钻孔抽水试验	次/段	3/2		3/2
	岩石试验	室内物理力学试验	组	102	203	305
		矿物化学成分分析	组	4	13	17
		磨片鉴定	个	3	62	65
		野外静弹模试验	点	4	16	20
		野外大型抗剪试验	组	2	12	14
		现场中型抗剪试验	组		13	13
		地下水动态观测	孔		19	19
		水质分析	组	4	8	12
天然建材		土料场 1:5 000 地质测绘	km²	1.00	0.12	1.12
		人工骨料场 1:5 000 地质测绘	km²	3.20	1.65	4.85
		人工骨料场 1:2 000 地质测绘	km²		1.90	1.90
		砂砾料场 1:5 000 地质测绘	km²	1.90		1.90
		砂砾料场 1:2 000 地质测绘	km²		0.74	0.74
		土探孔	m/孔	400.90/14	339.90/13	740.80/27
		管钻孔	m/孔	26.84/6	22.85/21	49.69/27
		机钻孔	m/孔	123.66/6	873.58/16	997.24/22
		坑槽探	m³	754.56	3 397.98	4 152.54
		岩石、土工试验	组	112	153	265
		物探	点		93	93
备注		1970~1982 年对该河段再次进行补充规划时,由内蒙古水利勘测设计院侧重小沙湾和龙口二级开发方案完成了一定数量的勘察工作,未列入统计表				

表 1-3 万家寨 1994~2001 年勘察工作量统计

类别		项目	单位	工作量	备注
技施阶段勘察	库区	沿河地质调查	km/次	279/3	
		地质测绘	km²	100	
		物探剖面	km/条	2.659/19	
		实测地质剖面	km/条	3.4/19	
		钻孔	m/个	320.00/3	
		竖井	m/个	8.75/1	
		坑槽探	m³	1 996.11	
		钻孔地下水位动态观测	孔/年	19/1	
		泉水动态观测	个/年	9/1	包括自流钻孔 1 个
		示踪试验及数值计算	元/场地	4/1	
	坝址	钻孔	m/孔	88.82/8	
		竖井	m/个	27.5/3	
		勘探试验平硐	m/个	103.5/1	
		钻孔录像	m/孔	232.31/19	
		地下水动态观测	孔	8	
施工地质	地质编录	1:500	km²	0.23	
		1:200	km²	0.684	
		1:100	km²	0.009 9	
		1:50	km²	0.008 5	
	物探	地震波测试	m	4 678	
		声波测试	m/孔	4 006/593	
		跨孔对穿测试	m/孔	46/4	
	岩石试验	现场回弹测试	点	1 327	
		点荷载试验	块	390	
		室内物理力学试验	组	50	
		原位变形试验	点	4	
		孔内静弹性模量试验	测段/孔	24/17	
	层间剪切带	泥质物颗分	组	11	
		泥质物矿物分析	组	11	
		泥质物化学分析	组	21	
		泥质物重塑样抗剪试验	组	9	
		现场中型抗剪试验	组	42	
		现场大型抗剪试验	组	11	
备注	技施阶段曾对施工辅助企业及迁建选址进行了勘察,因后期实施时位置又有调整,故勘察工作量未作统计				

第 2 章　区域与水库工程地质

2.1　地质环境

2.1.1　自然地理

　　工作地区位于山西、内蒙古、陕西三省区结合部的黄河两岸。区域地质调查范围涉及山西省偏关县、河曲县、保德县，内蒙古自治区清水河县、托克托县、准格尔旗及陕西省府谷县，调查面积约 15 000 km²。地理位置见图 2-1。

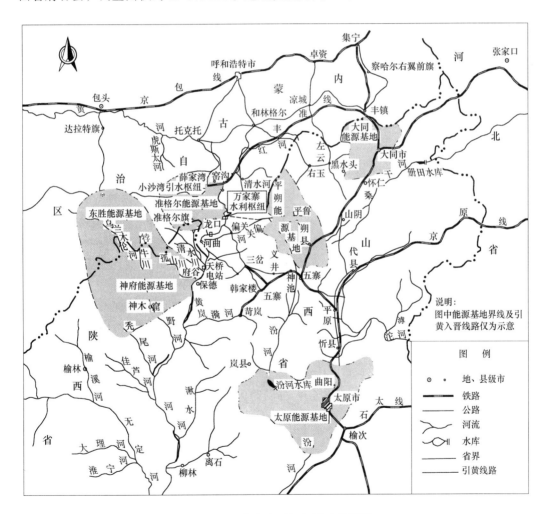

图 2-1　万家寨水利枢纽地理位置图

本区地处黄土高原的东部，地势北东高南西低，一般地面高程为 1 000~1 500 m，相对高差为 100~200 m，属中低山区。黄河以东(左岸)多为基岩裸露岗峦起伏的山地，黄河以西(右岸)主要为黄土覆盖的沟壑梁峁地形。

黄河是本区的主干河流，为最低排水通道，蜿蜒纵贯本区中部，从北西方向流入本区后，在拐上附近折向南流，经万家寨水利枢纽在路铺附近拐向西流，经过正在施工的龙口水利枢纽后，在河曲县城附近又转向南流，经过已建成的天桥水电站后，以南西方向在山西省保德县与陕西省府谷县交界地带流出本区。黄河在拐上以上河道宽阔平缓，拐上至龙口河段为峡谷，河道呈"U"字形，河床宽 300~500 m，河段长约 94 km，落差 117 m，河道比降约为 1.24‰，龙口以下河道又渐变缓。黄河水深一般平水期为 3~5 m，平均流量为 790 m³/s。河床高程在库尾附近的拐上为 977 m，万家寨坝址为 896 m，龙口坝址为 859 m，天桥坝址为 810 m。主河道大多为基岩裸露，局部见有小范围的砂卵石层堆积，河床两侧滩地一般有砂卵石层和坡崩积物堆积，河流两岸断续分布有一~四级阶地，除一级阶地为堆积阶地，其余均为侵蚀堆积阶地，阶地分布见表 2-1。

表 2-1　工程区黄河阶地一览

阶地级别	阶面高出河水位(m)			阶面高程(m)			阶面宽度(m)		
	河口镇	万家寨	龙口	河口镇	万家寨	龙口	河口镇	万家寨	龙口
一级阶地	3~5			988 ±	903~905	872~875	1 000~2 000	50~100	50~100
二级阶地	15 ±		10~15	1 000 ±		800~885	500~3 000		100~600
三级阶地		120 ±	60 ±		1 000 ±	920 ±	50~200		
四级阶地		150 ±	90 ±		1 050 ±	950 ±	50~600		

黄河两岸主要支流从上游向下游依次有：右岸龙王沟、大焦稍沟、黑岱沟、房塔沟、皇甫川(十里长川与正川河汇合后称谓)等；左岸大黑河、红河(浑河与清水河汇合后称谓)、杨家川、大清沟、偏关河、刘家塔沟、县川河等。各支流水量不大，天旱时常有断流，雨季多突发性洪水。

本区属于温带大陆性季风气候，冬季受蒙古冷高压的控制，天气寒冷且时间长；夏季受西太平洋副热带低压影响，天气热而昼夜温差大；春秋季节时间短且多风。气候干旱，年降水量为 300~500 mm，多集中在 7~9 月份，常为短历时的暴雨。多年平均蒸发量约为 2 000 mm，最大月蒸发量集中在 4~6 月份。多年平均气温 7 ℃，年最高气温 38.3 ℃，年最低气温为–30.9 ℃，最大冻土深度为 1.92 m，最大风速为 20 m/s。有关气象资料见表 2-2。

2.1.2　地层岩性

区域地层为华北地台相，具有双重结构。基底主要由太古界的变质岩系组成，元古界地层仅局部有分布，盖层除缺失奥陶系上统、志留系、泥盆系及石炭系下统，其余时代的地层均有分布，区域地层划分及简要描述见表 2-3。另外，还零星分布一些侵入岩，主要为太古界中细粒钾长花岗岩脉和方沸碱煌岩脉。

表 2-2　区域气象资料统计

气象要素		观测站		
		偏关县	清水河县	准格尔旗
降水量	观测起止时间(年)	1959~1986	1959~1986	1959~1986
	范围值(mm)	236.4~695.5	190.1~620.8	142.5~636.5
	极值时间(年)	(1965)　(1967)	(1965)　(1967)	(1965)　(1961)
	平均值(mm)	424.66	401.97	395.24
蒸发量	观测起止时间(年)	1959~1986	1959~1986	1959~1986
	范围值(mm)	1 571.1~2 300.7	2 019.4~3 032.4	1 749.7~2 380.7
	极值时间(年)	(1964)　(1974)	(1964)　(1965)	(1964)　(1972)
	平均值(mm)	1 979.11	2 099.17	2 057.51
年蒸发量与年均降水量比值		4.66	5.22	5.21
气温	观测起止时间(年)	1959~1982	1959~1982	1959~1982
	范围值(℃)	−29~31.8	−29~37.1	−30.9~38.3
	极值时间(年-月-日)	(1960-12-18)(1971-07-19)	(1960-12-17)(1961-06-11)	(1971-01-22)(1961-06-11)
	平均值(mm)	7.06	7.04	7.27
相对湿度	观测起止时间(年)	1971~1982	1959~1982	1959~1982
	范围值(%)	44~60	42~60	43~63
	平均值(%)	54	51	53
绝对湿度	观测起止时间(年)	1971~1982		1959~1982
	范围值(%)	22.6~29.5		22.0~32.8
	平均值(%)	25.6		25.4
积雪深度	观测起止时间(年)	1971~1982	1959~1982	1959~1982
	范围值(cm)	3~20	2~21	2~15
	平均值(cm)	7	7	6
冻土深度	观测起止时间(年)	1971~1982	1959~1982	1959~1982
	范围值(cm)	90~192	85~161	73~137
	平均值(cm)	128	121	117
年最多风向			E、SSW、S	W、NE、NW
年最大风速(m/s)			7~19	12~20

　　全区多被第四系堆积物覆盖。相对而言，黄河以东(左岸)基岩出露范围较广，主要为寒武系、奥陶系地层；黄河以西(右岸)广泛被黄土覆盖，基岩仅在沟谷及黄河岸坡出露，以石炭系、二叠系地层为主，岸坡底部及下部常有寒武系、奥陶系地层出露。寒武系、奥

表 2-3 区域地层划分及简要描述

界	系	时代（统）	组（群）	代号	接触关系	岩性	厚度(m)	分布情况
新生界	第四系	全新统		Q4	不整合	冲积、洪积、风积、坡积、山麓堆积	0~35	右岸分布广泛
		上更新统		Q3	不整合	黄土	0~137.3	
		中下更新统		Q1-2	不整合	灰色、黄绿色淤泥、粉砂互层，下部为黄绿色亚黏土夹淤泥	0~400	
	第三系	上新统		N2	不整合	深红色、橘红色泥岩夹13-15层钙质结核，底部分杂色黏土岩、泥灰岩	0~118	左、右岸均零星分布
中生界	白垩系	下统		K1	不整合	红色、橘红色粗粒石英砂岩夹砂岩、粉砂岩	145~256	上游曹家湾以北分布广泛
	侏罗系	下统		J1	不整合	灰白色、浅绿色粗粒石英砂岩、底部为2 m厚的白色砾石	7.9	上游右岸零星分布
	三叠系	中统	二马营组	T2	平行不整合	暗紫红色厚层长石砂岩	248~342	黄河右岸龙王沟至府谷
		下统	和尚沟组	T1h	整合	棕红色泥岩夹长石砂岩，底部有8 m厚的同生砾岩	97~250	
		下统	刘家沟组	T1l	整合	灰红色巨厚层石英砂岩夹石英含砾砂岩，交错层发育	352~514	
古生界	二叠系	上统	石千峰组	P2sh	整合	砖红色泥岩夹细砂岩、灰岩、底部黄绿色巨厚层含砾砂岩	103~172	龙王沟以下及刘家塔沟以下黄河两岸分布广
		上统	上石盒子组	P2s	整合	紫红色砂岩、黄绿色砂质页岩、底部含砾砂岩	271~329	
		下统	下石盒子组	P1x	整合	紫红色泥岩、黄绿色砂质页岩、含煤线	81~167	黄河左岸分布最广
		下统	山西组	P1s	整合	深灰色粉砂岩、灰黄色石英砂岩、含1层煤层	38.45~95	
	石炭系	上统	太原组	C3t	整合	黑色页岩夹煤层、黑色页岩夹白云层四层褐铁矿	12.31~95	两岸均有分布，以右岸最广
		中统	本溪组	C2b	平行不整合	黄褐色石英砂岩夹四层褐铁矿、油页岩、黄铁矿、铝土矿、石灰岩	6.59~48	
	奥陶系	中统	马家沟组	O2m	整合	灰白色厚层夹白云质泥灰岩，底部有0.4 m灰白色石英砂岩、局部含石膏	0~444	主要分布在九坪至龙口黄河口边
		下统	亮甲山组	O1l	整合	灰白色厚层白云岩、下部含燧石结核	5~139	小缸房至小沙湾及黑岱沟至关河口黄河两岸
		下统	冶里组	O1y	整合	灰白色厚层结晶白云岩、灰绿色钙质页岩底部叶状白云岩	5~131	
	寒武系	上统	凤山组	∈3f	整合	灰色、黄色厚层竹叶状白云岩、夹有泥质条带灰岩	28.8~108	小沙湾至万家寨黄河岸边
		上统	长山组	∈3c	整合	灰紫色中厚层竹叶状灰岩、页岩	2.3~13.63	
		上统	崮山组	∈3g	整合	青灰色厚层白云岩、竹叶状灰岩、鲕状灰岩	34.62~67.56	
		中统	张夏组	∈2z	整合	灰白厚层鲕状岩夹薄层泥质泥灰岩、生物碎屑灰岩	94.56~130.83	打渔窑子、万家寨、红树卯一欧贵咀挠曲黄河边
		中统	徐庄组	∈2x	整合	紫红色深灰色钙质粉砂岩、夹条带状白云岩	18~91.3	
		下统	毛庄组	∈1mz	整合	紫红色页岩夹薄层砂岩夹云母细粉砂岩	35.0	上游左岸零星分布
		下统	馒头组	∈1m	整合	肉红色页岩夹薄层页岩，底部有0.2 m含砾砂岩	23.0	
				∈1				
太古界				Ar	不整合	黑云母榴石钾长片麻岩、黑云母、长片麻岩、花岗岩等		榆树湾209孔揭露

陶系地层主要由碳酸盐岩地层组成，与工程关系密切。该层平均厚度约为 569 m，总体向西和南西方向倾斜，倾角小于 10°，地层向西和南西方向有逐渐加厚且深埋地下的趋势，大约在黄河以西 120 km 地带尖灭。在区域地质测绘 15 000 km² 范围内，碳酸盐岩地层出露面积约为 1 200 km²。工程区内黄河河谷有两段直接由碳酸盐岩地层组成：第一段，从万家寨坝址向上游约 60 km 的曹家湾至万家寨坝址下游的龙口坝址附近，长约 87 km；第二段，从万家寨坝址下游约 80 km 河畔村附近至其下游的天桥地段，长约 12 km。其余河段均为石炭系、二叠系的砂岩、页岩夹煤层组成。

2.1.3　地质构造

本区位于华北地台山西断隆的西北部，与西侧的鄂尔多斯台坳毗邻，处于地质力学构造体系祁吕贺山字形构造马蹄形盾地的东部边缘。工程区所处构造部位见图 2-2。

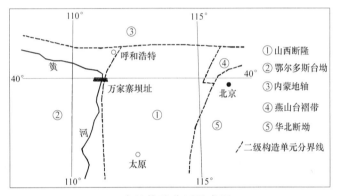

(a)大地构造分区示意图

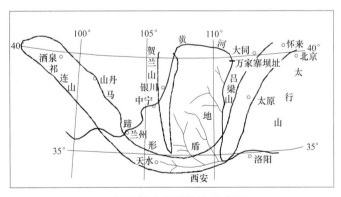

(b)祁吕贺山字形构造示意图

图 2-2　工程区大地构造位置示意图

主要构造线方向为北东向、北北东向，其次为近东西向及北西向。全区地层呈平缓的单斜构造，地层总体走向为北东向至北西向，倾向北西或南西，倾角一般小于 10°。在平缓单斜构造基础上，发育有一系列规模大小不等、形态各异的构造形迹，主要有褶曲、挠曲、断层及裂隙。主要构造形迹分布见图 2-3。

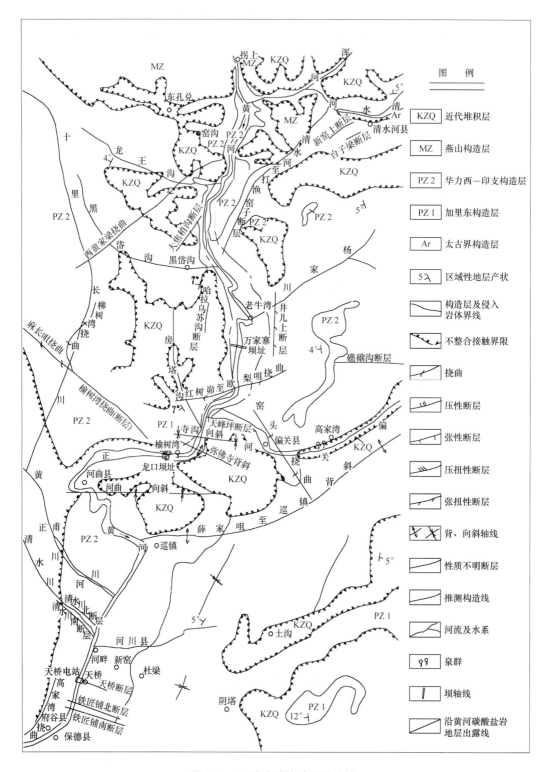

图 2-3　区域地质构造形迹分布

2.1.3.1　褶曲

本区褶曲主要表现为三种形式：

其一，为地层的局部隆起。即清水河—打渔窑子断层与红树峁—欧梨咀挠曲之间地层隆起。黄河峡谷在该地段出露地层为寒武系，而其南北两侧地层相对下降，出露为后期的奥陶系地层。

其二，为单个的背斜、向斜。一般规模不大，多呈两翼基本对称的平缓型，轴向多为北东向和近东西向，较大的有薛家咀—巡镇背斜(编号 1)、弥佛寺背斜(编号 11)、壕川向斜(编号 7)、河曲向斜(编号 10)，简要描述见表 2-4。

表 2-4　区域挠曲、背斜、向斜汇总

序号	位置	编号	形态	轴向	倾伏方向	岩层倾角(°)	转折点倾角(°)	轴长(km)	岩层核部	岩层翼部
1	红树峁—欧梨咀	2	挠曲	NEE~NNE	SE	40~70	70	23	O_2	O_2m
2	柳树湾	3	挠曲	NNE	NW	0~38	18~38	16	P_2	P_2
3	麻长咀	4	挠曲	NW320°	SW	0~75	38~65	20	P_1	P_2
4	窑头	6	挠曲	NW321°~336°	SW	21~60		>16	O_2	C
5	打渔窑子	9	挠曲	NE10°	NW	5~90	90	2.5	O	O
6	高家湾	8	挠曲	NE28°	NW	20~35	46	50	P_2	T_1
7	西黄家梁	5	挠曲	NE47°				12	P	P
8	窑沟	20	挠曲	NE30°				9.7	P_1	P_1
9	薛家咀—巡镇	1	背斜	EW~NE	NW	3~80	70~80	>20	$\in$	$\in$、O
10	壕川	7	向斜	NE80°				6	C	C
11	弥佛寺	11	背斜	NW295°		10~40	40	2	O_2	O_2
12	河曲	10	向斜	EW				13	P	P

其三，为层间褶皱。在薄层岩层中常有所见，规模很小，产状多变化，常引起局部岩层破碎。

2.1.3.2　挠曲

挠曲又称膝状构造，是构造应力局部集中的结果，常与断层相伴而生，形态规模相对较大，表现明显，靠近轴部岩层多为陡倾角，甚至近于直立，距离轴部一定距离岩层产状便恢复正常。两侧影响带范围一般达数十米至百余米，延伸长度达一二十千米。区内较大的挠曲有窑头、红树峁—欧梨咀、柳树湾、麻长咀、西黄家梁等挠曲，各挠曲简要描述见表 2-4。其中，红树峁—欧梨咀挠曲(编号 2)在一定范围内控制了岩层的分布，对水库渗漏问题有一定影响。该挠曲分布在万家寨坝址下游约 10 km，西端开始于黄河右岸的红树峁，以北东东方向延伸，逐渐转为北东向，在头坪附近穿过黄河，经过欧梨咀、姑姑庵后呈北北东向，出露长度约 23 km。发育在奥陶系、石炭系地层中。南东翼岩层倾角急剧变陡，向南东方向倾斜，倾角达 40°~70°，局部直立，岩层一般为连续分布，局部形成断裂；北西翼岩层分布正常，产状与区域一致。红树峁—欧梨咀挠曲形态见图 2-4。

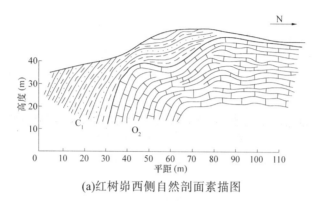

(a)红树峁西侧自然剖面素描图

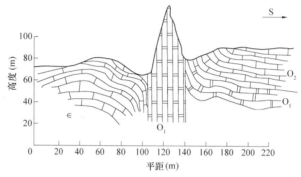

(b)关河口上游黄河左岸壁自然剖面素描图

图 2-4 红树峁—欧梨咀挠曲(编号 2)素描图

2.1.3.3 断层

区内出露较大断层有十余条，走向多为北东向和北西向，倾角较陡，多表现为张性、张扭性及压扭性。各断层简要描述见表 2-5。现将发育规模较大的清水河—打渔窑子断层(F1)及对工程地质问题有一定影响的大焦稍沟断层(F4)、榆树湾断层(F6)分述如下：

(1)清水河—打渔窑子断层(F1)从万家寨坝址上游约 17 km 黄河左岸打渔窑子村附近，向清水河县城延伸。断层走向 NE30°~50°，倾向 NW，倾角 34°~76°，出露长度约 22 km，垂直断距最大处约 400 m，断层带宽度一般为 30 m，最宽处可达 300 m。断层带挤压紧密，由劈理化岩块、角砾岩、糜棱岩组成，表现为明显的压扭性特征。断层上盘地层为石炭系砂页岩，下盘地层为寒武系、奥陶系的灰岩、白云岩，两盘或一盘地层在断层附近有拖拽现象。

(2)大焦稍沟断层(F4)分布在万家寨坝址上游约 23 km 黄河右岸的大焦稍沟。从沟口附近呈南西方向斜切冲沟发育，常被第四系堆积物所覆盖，露头呈断续状，延伸长度约 6 km。断层走向 NE50°~60°，倾向 SE，倾角为 70°~80°，断距北东端为 3~5 m，南西端约 80 m。断层带宽度北东端为 2~3 m，南西端为 15~20 m，由角砾岩及碎裂岩块组成，表现为张扭性。该断层旁侧发育数条走向相近、属性相同的断层，形成一组断层，使断层间的奥陶系灰岩与石炭系砂页岩迭次升降。

表 2-5　区域各断层统计

序号	位置	编号	力学性质	延伸长度(km)	断层产状 走向	断层产状 倾向	断层产状 倾角	垂直断距(m)	上盘地层代号	下盘地层代号	破碎带宽度(m)	主要特征	备注
1	清水河—打渔窑子	F1	压扭性	22	NE30°~50°	NW	34°~76°	最大 400	∈、O、C	∈、C	30	不同时代地层接触,具角砾岩,上盘岩层倾角较陡	位于库区左岸,且分布于库区左岸干最高蓄水位 980 m 以上
2	新窑上	F2	张性	6	NE75°	SE	64°	>50	∈	∈	30~50	层位产生错动,具角砾岩	位于清水河县西南 2~7 km,西距黄河 15 km,高程 1 200 m 以上
3	台子梁	F3	张性	4	NE45°	SE		20±	∈	∈		层位产生错动	位于清水河县西南 2~5 km,西距黄河 17 km,高程 1 200 m 以上
4	大焦稍沟	F4	张性	6	NE50°~60°	SE	70°~80°	北端 3~5 南端 80	O、C	O、C	2~20	为一组破碎带较宽但延伸不长的张性断层,不同时代地层接触	位于库区右岸中段平行黄河,东距黄河 0.1~1.5 km,高程 965~1 100 m
5	榆树湾	F6	压性	9	NW310°~325°	SW	60°~77°	>70	C、P	O、C、P	20~30	不同时代地层相接触,破碎带较宽,上盘地层产状由陡变缓	位于右岸坝址下游西南部,距坝址 21 km,高程 1 000 m
6	寺儿沟	F7			NW300°	SW	65°	>100	O	O		不同时代地层相接触,具破碎带	位于库区左岸暖泉上以东,高程 1 400 m 以上,西距黄河 35 km
7	碓砾沟	F8			NW295°	SW	50°	>100	∈、O	∈、O		不同时代地层相接触,断层面上拖拽褶曲,断层面附近常有平行于的小错动	位于水泉堡东北 3 km,高程 1 400 m 以上,西距黄河 22 km

续表 2-5

序号	位置	编号	力学性质	延伸长度(km)	断层产状 走向	断层产状 倾向	断层产状 倾角	垂直断距(m)	上盘地层代号	下盘地层代号	破碎带宽度(m)	主要特征	备注
8	西五色浪沟	F10			NWW	不明	不明		T	T		层位错动	位于库区右岸十里长川以西高程1 200 m，东距黄河27.5 km
9	井儿上	F11	张扭性	10	NW355°	NE	50~75°		O	O	4	不同层位相接触，岩石破碎，上、下盘产状不一致	位于库区左岸大致平行黄河，东距黄河约3.5 km，黄河1 200 m高程
10	哈拉乌苏沟	F12	压性	1.5	NE7°	SE	80°		C_2	C_2	>20		位于库区右岸哈拉乌苏沟6 km，东距黄河1 050 m 上下
11	铁匠铺北	F13	张扭性	4	NW305°			70~80	P_1	P_1	8~10	断裂明显，断层略显舒缓波状	
12	铁匠铺南	F14	张扭性	4				80	P_1	P_1	3~4	断裂明显，两盘产状一致	
13	天桥	F15	张扭性	2	NW295°	NE	60°		O	O			
14	清水川北	F16		3	NW313°				P	P			
15	清水川南	F17		4	NW314°				P	P			
16	杨家沙塔	F18		3	NW341°				T_1	T_1			
17	天峰坪	F19		2	EW				O_2	O_2			
18	杨家峰北	F20		3	NW325°				C_3	C_3			

(3)榆树湾断层(F6)分布在坝址下游约 30 km 黄河右岸榆树湾附近,以北西方位向侯家梁一带延伸。断层走向 NW310°~325°,倾向 SW,倾角 60°~77°,出露长度约 10 km,再向北西方向延伸与麻长咀挠曲相接。

清水河—打渔窑子断层(F1)、大焦稍沟断层(F4)及榆树湾断层(F6)形态见图 2-5。

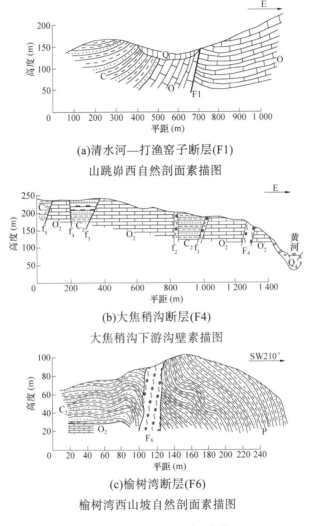

(a)清水河—打渔窑子断层(F1)

山跳峁西自然剖面素描图

(b)大焦稍沟断层(F4)

大焦稍沟下游沟壁素描图

(c)榆树湾断层(F6)

榆树湾西山坡自然剖面素描图

图 2-5　工程区主要断层素描图

2.1.3.4　构造裂隙

本区构造裂隙较为发育,主要为陡倾角裂隙,也有一些缓倾角裂隙。

陡倾角裂隙以剪应力产生的剪节理最为发育,产状稳定,沿走向和倾向延展较远,且常形成共轭剪节理,呈羽状排列,平面组合多呈平行型、斜列型、棋盘型和 X 型。主要发育方向有两组:一组为北北东向,单条长约一二十米,常见数条裂隙组合在一起断续延伸可达百余米长,裂隙间距 1~2 m,裂隙多闭合,结合紧密,为压扭性;另一组为北西向,发育规模与北北东向一组相近,但常相隔成带出现,裂隙多有张开达 1~2 cm,

局部有钙质充填，多表现为张扭性。另外，还见有一些以张应力产生的张节理，其发育程度大大次于剪节理，产状不甚稳定，延伸短而弯曲，常以侧列关系出现，呈树枝状分叉或呈楔形。后期剪节理往往切断错开前期形成的张节理，错距为 0.2~2 cm，共轭剪节理经常互相切断错开，常见北北东向裂隙限制终止于北西向裂隙的南西侧。沿两组剪节理常见到呈锯齿状发育的追踪张节理，形成地下水的良好通道。

缓倾角裂隙主要表现为层面裂隙，层面裂隙大多结合紧密，延伸不长，只有个别应力集中部位可以形成层间剪切带，则延伸较长，且夹有一定厚度的剪切破碎物质。

2.1.4 水文地质

本区地下水可分为三大类型，即第四系冲积、洪积层孔隙潜水，第三系至石炭系地层孔隙、裂隙潜水—承压水及寒武系、奥陶系地层岩溶裂隙潜水—承压水。

第四系冲积、洪积层孔隙潜水主要分布在库尾以上地段和水库下游河曲一带地形较平缓开阔地区。含水层为砂层、砂砾石层及粉质黏土层，地下水位埋藏深度为 2~3 m，除接受大气降水补给，与黄河水呈互补关系，即洪水季节黄河高水位时补给潜水，枯水季节黄河水位低时则潜水补给黄河水。

第三系至石炭系地层孔隙、裂隙潜水—承压水分布在第三系、白垩系、二叠系及石炭系地层中的砂岩、粉砂岩及砂砾岩等岩层中。底部隔水层为石炭系底部的铝土页岩层。接受大气降水及冲积、洪积层孔隙潜水的补给，多以下降泉形式排泄于黄河或沟谷，局部有承压现象。含水层富水性一般不强。

寒武系、奥陶系地层岩溶裂隙潜水—承压水简称为岩溶地下水，是本区的主要地下水类型，富水性较强，但不均一。寒武系、奥陶系地层为多层结构含水层，碳酸盐岩岩层为含水透水层，其间所夹的砂岩、页岩为相对隔水层。区域性隔水顶板为石炭系底部的铝土页岩，隔水底板为寒武系中统徐庄组和下统毛庄组、馒头组的砂岩、页岩层。主要接受大气降水、局部接受地表水及冲洪积层孔隙潜水补给，常以下降泉形式排泄于黄河，形成泉群，局部具有承压性。

2.1.5 地质发育简史及构造稳定性

2.1.5.1 地质发育简史

本区地质发育经历了两个主要时期：基底形成时期和盖层发育时期。

基底形成时期开始于太古代，结束于早元古代。地壳经历了强烈坳陷、频繁振荡、褶皱回返及局部升降的构造运动，形成了巨厚的浅粒岩、片麻岩、大理岩等组成的深变质岩系及由变质火山岩和火山碎屑岩夹变质陆屑沉积岩组成的中、浅变质岩系。主要构造线方向为近东西向。发生于早元古代晚期的吕梁运动，结束了地壳早期的强烈活动，使山西乃至整个华北拼合成一硬化而稳定的地块，标志着华北地台基底的形成。

从晚元古代开始，地壳进入盖层发育时期。晚元古代为盖层发育早期，受吕梁运动的影响，地壳总体处于不均衡的上升状态，在拉张应力作用下形成了一些陷落裂谷。地层以陆相碎屑岩为主，后期海侵的发生又沉积了滨海相、浅海相、海相地层，主要岩性为砂岩、页岩、灰岩等。这一时期，没有强烈的区域变质作用，构造作用和岩浆活动也相对较弱，主要构造线方向为近东西向和北北东向。古生代为盖层发育的中期，是地台的稳定发育阶段。从早期寒武世开始至中奥陶世结束，已经"准平原化"的地块从南向北发生了一次大范围的海侵，中奥陶世海侵达到顶峰，沉积了一套由砾岩、砂岩、灰岩、白云岩组成的海侵系列地层。其中，以灰岩、白云岩为主的碳酸盐岩地层，总厚达 1 000 m，为岩溶发育提供了物质基础。在地壳整体下降过程中，仍有短期的停顿和上升，这种振荡运动的结果形成了岩层中的竹叶状(砾状)、鲕状构造。由于氧化还原作用的影响，使部分地层呈紫红色。受加里东运动的影响，中奥陶世末期，地壳又整体上升成陆直至早石炭世，致使本区缺失了晚奥陶世、志留纪、泥盆纪及早石炭世的沉积，并使上升成陆的寒武系、奥陶系地层经受了长达 1.5 亿年的风化剥蚀及溶蚀作用。早石炭世末期地壳又有间断性下降，形成了含有煤、铁、铝等矿藏的砂岩、页岩、灰岩的海陆交互相沉积。二叠纪主要沉积了湖沼相煤系地层和河湖相碎屑岩地层。二叠纪末期的海西运动使本区已经形成的南低北高的古地理特征更为明显，并开始了内部的构造分异。中生代和新生代为盖层发育晚期。三叠纪末期开始的印支运动，使整个华北地台"活化"，进入一个地壳动荡不定、构造运动频繁的时代，较为稳定的地理、地貌景观被分化瓦解，坳褶隆起成高地或下陷为盆地。本区东侧上升形成山西断隆，西侧下降形成鄂尔多斯台坳。继而发生的燕山运动，使挤压为主的地壳变动越来越烈，使盖层再次经受了强烈褶皱、断裂作用，并伴生多次火山喷发和岩浆活动，形成现今高山低谷地貌的基本轮廓。形成的地层均为陆相地层，以陆相碎屑岩为主，局部夹有煤层，并有红土沉积。主要构造线方向为近南北向、近东西向、北东向及北北东向。新生代发生的喜马拉雅运动主要表现为地壳的断块升降，形成新的断陷盆地和断裂，并伴有火山喷发及地震活动，形成多种类型的陆相沉积物，主要为黄土及现代坡积、冲积、洪积物。

本区的骨干河流——黄河，发源于巴颜喀拉山，蜿蜒曲折流向东方，穿过华北地台注入渤海。黄河发育开始于早更新世初期，至中更新世基本形成现代河谷形态。在本区表现为：河口镇往上游两岸地形平坦，河床宽阔，属于相对下降区；拐上往下游直至龙口地段，河谷呈"U"字形，两岸多为悬崖峭壁，岸高约百余米，河床宽约二三百米，多为基岩裸露，局部有河流冲积物堆积，其厚度不大，河道多急流险滩，表现出地壳上升和河流下切的态势，地壳相对上升和下降的过渡地带，大致在河口镇与拐上之间；龙口地段以下河道又渐开阔，两岸坡度逐渐趋缓，岸高也随之减小，直至流出本区。本区地壳总体上升过程中，有四次阶段性的停顿，黄河形成了断续分布的四级阶地。

2.1.5.2 工程区构造稳定性

工程区处于大地构造较稳定地块，地质构造不甚发育。在 300 km 范围内无区域性活动断层，现代构造应力场和重力场、磁场也没有明显异常；在 40 km 范围内未发现有区域性大断裂；在 8 km 范围内也没有大断层和活动性断层。

近代地震活动，微震时有发生，但大地震不多。近期邻近地区发生的较大地震有：1976 年 4 月 6 日发生在北部内蒙古和林格尔县辛店子乡 6.1 级(里氏，下同)地震，震中距万家寨坝址约 90 km，对工程区影响地震基本烈度为 Ⅴ 度；1989 年 10 月 18 日在山西阳原、大同之间的大王庄发生 6.1 级地震，震中距万家寨坝址约 200 km，对工程区影响地震基本烈度小于 Ⅴ 度。历史记载对工程区影响较大的地震有 1920 年发生在宁夏海源的 8.5 级地震和 1926

年发生在山西灵丘的 7.0 级地震，对工程区影响地震基本烈度均为Ⅵ度。

上述表明，工程区构造稳定性较好，勘察期间根据 1990 年版 1:400 万《全国地震烈度区划图》标识，工程区地震基本烈度为Ⅵ度。根据 2001 年版 1:400 万《中国地震动峰值加速度区划图》、《中国地震动反应谱特征周期区划图》，即 GB 18306—2001 的规定，工程区地震动峰值加速度为 0.05g，相当于地震基本烈度为Ⅵ度，地震动反应谱特征周期为 0.45 s。见图 2-6。

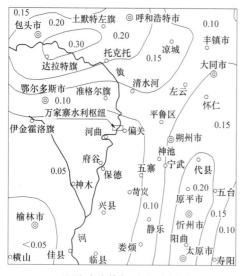 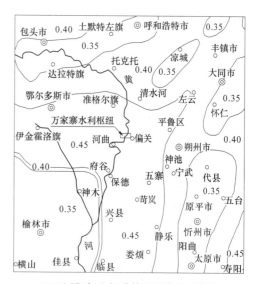

(a)地震动峰值加速度区划图　　　　　　(b)地震动反应谱特征周期区划图

图 2-6　工程区地震动参数区划图

2.2　岩　溶

2.2.1　岩溶发育概况

水与可溶岩之间发生的以溶蚀为主的地质作用及其产物称为岩溶。寒武系中统张夏组至奥陶系中统马家沟组地层为碳酸盐岩地层,是我国北方岩溶发育的主要地层,其岩溶发育具有我国北方型岩溶特征。地台型沉积环境下形成的地层,具有相对稳定性和明显的韵律,在形成灰岩、白云岩等易溶岩层的同时，也间相沉积了一定数量的砂岩、页岩等非岩溶化的岩层。这类地层不仅为岩溶发育提供了较广阔的空间，同时在一定程度上也限制了岩溶发育强度。后期地壳运动、气候变迁及岩层所处地形地貌部位等因素，都会对岩溶发育产生不同程度的影响。

本区黄河以东(左岸)多为寒武系、奥陶系地层组成的剥蚀山地，长期处于相对隆起状态，岩溶最为发育的奥陶系中统马家沟组地层多分布在地形较高的山顶部位，分布范围有限。岩溶发育较为集中的古风化壳、剥蚀夷平面，由于长期遭受剥蚀，也残存不多。因此，在奥陶系中统马家沟组发育的岩溶数量较少，发育深度有限。近代岩溶由于受黄河侵蚀基准面的控制，多发育在黄河河床之上。岩溶形态主要为溶隙、溶沟、溶孔、溶洞等，发育规模一般不大，仅在局部地段如断裂交汇带、透水性相对较弱岩层上部的地下水汇集区、破碎带等部位可能形成较大的岩溶，其形态多为串珠状溶洞、溶蚀带。黄河左岸已经发现的最大岩溶，即为追踪两组裂隙发育形成的编号 16 的楼沟乡东北部的大溶洞。该洞洞高一般为 1~2 m，最高达 12 m，洞宽 1~3 m，最宽达 30 m，局部形成可容纳十余人的"大厅"，主要沿北西、北北东向两组陡倾角裂隙追踪发育而成，总体延伸方向为 NW340°~350°，人可追索长度约 1 500 m，洞底高程为 1 150~1 200 m，发育在奥陶系下统亮甲山组白云质灰岩中，洞底部白云质灰岩中夹有数层稳定的页岩，岩层产状 NW345°SW∠2°。洞内有石笋、钟乳石，洞底堆积有厚度不大的泥沙。

　　黄河以西(右岸)寒武系、奥陶系地层除黄河岸壁及沟谷下部出露，大部分被石炭系、二叠系地层及黄土所覆盖，并有向西及西南方向岩层逐渐增厚、埋深逐渐加大的趋势，致使岩溶发育深度也随之变深。岩溶形态，地表以溶隙、溶洞为主；地下浅部以扁平状溶洞、串珠状溶洞及溶隙为主；地下深部以溶孔、溶洞、溶隙为主，在碳酸盐岩古剥蚀带常有宽大的溶蚀沟槽和囊状洞穴。地下岩溶发育深度较大，在黄河水面以下一定深度仍见有较大溶洞，多数被石炭系底部铝土页岩充填，少数无充填。黄河右岸已经发现的最大岩溶，是开挖铁路隧洞揭露的龙王渠溶洞。该溶洞位于龙王沟北侧龙王渠村附近，洞高 15 m，洞宽 14 m，长约 56 m，有 6 条支洞，主洞 NE50°，洞底高程为 1 048 m，发育在奥陶系中统马家沟组灰岩古风化壳内。该处马家沟组地层厚度较薄，部分洞段洞底为亮甲山组地层。

　　区内较大岩溶见表 2-6，分布位置见图 2-7。

2.2.2　岩溶发育时期

　　根据区域地质发育特征，结合研究工程地质问题的实际需要，将本区岩溶发育时期划分为两期：古岩溶期和近代岩溶期。现有研究成果一般认为：华北地台近代地表水系(主要指黄河)开始发育于新生代初期，形成于第四纪中更新世。由于黄河的形成，改变了地下水运移条件，制约了黄河形成以后岩溶发育状况，据此将黄河开始发育以前即新生代以前的岩溶发育时期统称为古岩溶期，而将其后岩溶发育时期称为近代岩溶期。

2.2.2.1　古岩溶期

　　本区古岩溶发育时期大体可划分为加里东和燕山两个时期。

　　加里东运动使地壳整体隆起露出海面而形成陆地，直至中石炭世，沉积间断长达 1.5 亿年。寒武系、奥陶系沉积的碳酸盐岩地层，经受了长时间的强烈剥蚀和溶蚀作用，形成了加里东期的古岩溶。该期古岩溶不仅在碳酸盐岩地层顶部形成的古风化壳、古剥蚀带内发育了一定厚度的古岩溶带，古岩溶带厚度一般为 20~80 m，最厚达 115 m，而且在碳酸盐岩内部形成了古岩溶。随后沉积的石炭系、二叠系海陆交互层地层，将加里东期形成的部分古岩溶充填，并将其深埋地下。这一时期形成的古岩溶，在一定程度上影响着后期岩溶的发育。

　　燕山运动使地壳再次经受了一次普遍的构造变动，形成一系列褶皱、断裂，不仅使地壳再次经受了长达 1.9 亿年的强烈剥蚀作用，而且极大地破坏了岩体的完整性，形成了地貌高低的巨大差异，加速地下水循环，为岩溶发育提供了良好条件，形成了燕山期古岩溶。这一时期，不仅将前期形成的岩溶进一步扩溶，使部分被充填的岩溶"复活"，而且还形成不少本期发育的岩溶。该时期为本区岩溶发育最为强烈的时期。

表2-6　区域地表较大溶洞统计

序号	溶洞编号	岩溶发育位置	洞口底板高程(m)	地层岩性	溶洞(m) 高	溶洞(m) 宽	溶洞(m) 深	岩层产状(°) 走向	岩层产状(°) 倾向	岩层产状(°) 倾角	与地质构造的关系	岩溶发育方向	洞内情况
1	03	杨家川沟中(坝址上游9.0 km)	1 030	O₁灰岩	15	21	40	NW330	SW	2~3	顺层发育	NW310°	洞内有泉水出露,崩塌岩块
2	04	塔尔梁(坝址上游24 km)	1 460	O₂灰岩	8	0.95	8~10	NE40	NW	4	沿NE30°裂隙发育	NW325°	由采石发现洞口,洞内充填较少,干枯
3		柳青河(坝址上游23 km)	970	O₁中厚层白云质灰岩	8	8	10				沿层面及裂隙发育	NW340°~EW	有深度大于20 m、15 m的两个支洞,砂及碎石充填
4	08	碥碛厂沟中(坝址下游24 km)	881.86	O₂m厚层灰岩	20	10	25	SE110	SW	7		SW185°~190°	洞底有石炭系砂页岩碎屑堆积
5	09	大桥沟沟口(坝址下游20.5 km)	900.84	O₂m灰岩	2~8	2~5	15	SE125	SW	6~9		SW265°	洞底有石炭系砂页岩碎屑堆积
6	10	弥佛寺(坝址下游18 km)	980.84	O₂m灰岩	20	10	20	SE110	SW	6	沿裂隙发育	SE145°转SW225°	干枯无水
7	16	楼沟乡东北部	1150~1200	O₁白云质灰岩	1~12	2~30	>1 500	NW345	SW	2	沿裂隙发育	NW340°~350°	洞内有钟乳石、石笋及泥沙
8	11	马山圪旯明南沟沟口(坝址下游18.5 km)	940	O₂m灰岩	2.5	2.9	11	NE15	NW	5	沿层面发育	NE35°	半充填,干枯无水
9	06	偏关河口对岸(坝址下游10km)	920	O₂m灰岩	4.5	3	15	NW300	NE	6	沿裂隙发育	NE20°	无充填,干枯无水
10	07	黑岱沟沟口(坝址上游16 km)	960	O₂m灰岩	4	6	8	NE45	NW	5~7	沿层面、裂隙串珠状发育	NE35°	黏土及碎石半充填
11		黑岱沟沟口向里400 m	955~963	O₂m中厚层含泥质、灰质白云岩	2.5~8	3~4	3.5~15				沿层面及裂隙发育	NE10°或SE	石炭系铝土岩、铝土页岩充填

续表 2-6

序号	溶洞编号	岩溶发育位置	洞口底板高程(m)	地层岩性	溶洞(m)			岩层产状(°)			与地质构造的关系	岩溶发育方向	洞内情况
					高	宽	深	走向	倾向	倾角			
12		黑岱沟沟口左侧约110 m	945.06	O₂m厚—中厚层灰岩	2.1~6.2	1.1~3.5	40				沿层面及裂隙发育	SW225°	砂壤土、铝土岩、黏土、黄铁矿"及碎石充填
13		柳清河对岸	1 005	O₁l中厚层灰岩	1~2.5	5	12				沿层面及裂隙发育	NW280°	泥沙、碎石堆积
14		小焦稍沟沟口向里1 km	977	O₂m白云岩、泥质白云岩	3	4	5				沿层面及裂隙发育	NW340°	泥沙、碎石及石炭系铝土岩充填，顶部滴水
15		大焦稍沟 K108	995	O₂m灰质白云岩	4	6	12				沿层面及裂隙呈串珠状发育	NW340°转NE42°	泥沙及石炭系铝土岩、黏土岩充填
16		大焦稍沟 K88	980	O₂m灰质白云岩	7	15	10				沿层面及裂隙发育	NW295°	泥沙、碎石及铝土岩充填
17	17	龙王沟口	957	O₁灰岩	2.5	4.5	5				沿层面及裂隙发育	S	沙土半充填
18		*龙王渠泥草塌村附近	1 048	O₂m灰岩	15	14	56					NE50°	洞顶有钟乳石，洞底有碎石、黏泥

注：*为丰镇—准格尔铁路在龙王沟北侧泥草塌村一带隧洞开挖中发现的。

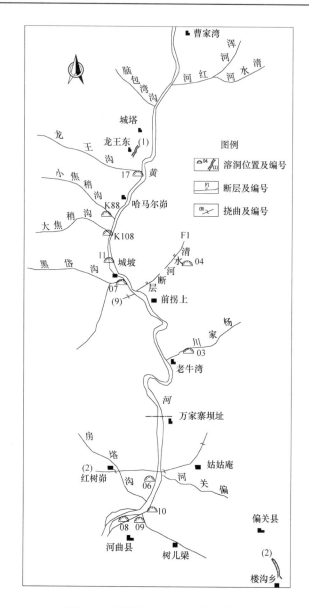

图 2-7　区域较大溶洞位置示意图

2.2.2.2　近代岩溶期

受燕山运动后期及开始于第三纪晚期的喜马拉雅运动的影响，地壳处于阶段性上升状态，使地壳断续遭受了剥蚀、溶蚀及夷平的地质作用，加之气候的干湿冷热变化，使不同时期岩溶发育强度有所不同。在气候温热、降水量充沛的条件下，岩溶作用强烈，且主要发生在地表。在气候变冷、降水量减少的条件下，岩溶营力在地表大大减弱而转为地下。地壳上升过程中，地下水铅直向下入渗，地壳在相对停滞时期，地下水则转为近水平的径流。在碳酸盐岩地层中，形成了近于铅直和近于水平的岩溶系统。华北地台近代岩溶与剥蚀夷平面相对应大体可分为三期。白垩纪末至第三纪初为第一期，即北台期或吕梁期，这一时期地壳受燕山运动影响仍处于隆起状态，岩溶有所发育。但由于本区后期地壳的上升遭受剥蚀，该期岩溶保留不多。第三纪至第四纪初期为第二期和第三期即太行期和唐县期，这期间华北地区气候温热多雨，地壳相对稳定，由于地表水系的逐渐形成，加速了地表水与地下水的循环，岩溶作用较为强烈，是华北地台近代岩溶发育的主要时期。第四纪以来为第四期，即剥蚀夷平面以下的黄河期。这一时期气温低且降雨减少，不利于地表岩溶的发育，由于地壳阶段性上升，岩溶转向地下深处发育，多形成溶隙或裂隙式溶洞，其规模一般较小。第四纪以来，地壳阶段性上升更为明显，加速了地表水的切割作用，在早更新世至中更新世形成了现今的黄河。黄河在形成过程中，逐渐成为黄河影响可及范围内地下水排泄基准面。因此，在黄河两侧一定范围内，形成了近于铅直和略向黄河倾斜的岩溶系统。在本区黄河发育有四级阶地，说明黄河形成过程有四次较长时间的停滞期，相应地发育了四层岩溶。

　　由于第四纪以来，大气降水的减少，对地下水的补给有限，制约了岩溶的发育；且地壳阶段性上升速率较快，岩溶发育落后于地壳的上升，导致岩溶发育不充分。因此，近代岩溶发育强度相对较弱。但是，近代岩溶常在古岩溶基础上叠加发育，在一定程度上扩大了岩溶规模，增加了岩溶的连通性。

2.2.3　岩溶发育规律

2.2.3.1　岩溶发育强度与地层岩性密切相关

　　寒武系、奥陶系碳酸盐岩层的沉积经历长达 1.2 亿年，不同时期地质环境不同形成的岩性也有明显差异。本区表现为下部多有碎屑岩夹层或为含有泥质的不纯碳酸盐岩，向上纯度增大，形成连续性沉积，碎屑岩夹层减少或消失。寒武系上统、中统以泥质条带灰岩、竹叶状(砾状)灰岩为主，奥陶系下统以白云岩类为主，奥陶系中统则以质纯的灰岩为主。因此，本区岩溶发育表现为：奥陶系中统马家沟组较为发育；奥陶系下统亮甲山组、冶里组及寒武系上统凤山组次之；寒武系上统崮山组和中统张夏组较弱；寒武系上统长山组不甚发育。

2.2.3.2　地质构造控制岩溶发育的基本格局

　　本区地质构造对岩溶的控制作用主要表现为：

　　(1)区域地质构造使本区东部及北部抬升，西部和南部下降，致使寒武系、奥陶系碳酸盐岩地层总体表现为由东和东北向西和西南方向缓倾，而其厚度逐渐加大，使岩溶地下水总体向西和西南方向排泄，决定了本区岩溶由东及东北部向西和西南部逐渐增强的总趋势。

　　(2)总体是断块升降的地壳运动，致使岩溶发育具有成层性。一方面表现为加里东期在古风化壳内形成的古岩溶带及层内古岩溶，另一方面表现在后期地壳上升停滞期所形成的古岩溶和近代岩溶。

　　(3)具体构造形迹及节理裂隙发育程度则控制着局部地段岩溶发育的形态和规模。顺岩层及层面裂隙溶蚀扩张而成的岩溶，多为扁平状，岩层及断裂共同溶蚀作用多呈串珠状。在破碎带、断裂交汇带、背向斜轴部、挠曲岩层产状急剧变化地带岩体较破碎，岩溶常集中发育，其规模也较大。

2.2.3.3 岩溶发育的普遍性和不均一性

本区寒武系、奥陶系碳酸盐岩层岩溶现象较为普遍，不论是地表还是地下，都见有一些规模大小不一、形态各异的岩溶，说明岩溶发育的普遍性。但是，岩溶发育程度又具有明显的不均一性，不仅不同时代的地层岩溶发育程度不相同，即使是同一地层，由于所处部位不同，岩溶发育程度也不尽相同。岩溶发育程度的不均一性，在一定程度上限制了岩溶的发育，使岩溶连通性较差。

2.2.3.4 岩溶发育与埋藏深度的关系

由于古岩溶的存在，岩溶分布不再受现代侵蚀基准面控制，在地下深处地下水位以下很深的部位仍有较大岩溶出现，而且这种现象相当普遍。但是，总体而言，岩溶发育程度仍有随深度减弱的趋势，尤其是在黄河河床以下，岩溶发育强度显著减弱。

2.2.3.5 岩溶发育与地下水动力条件的关系

岩溶沿地下水径流通道发育，随着地下水在径流过程中逐渐汇聚，岩溶发育强度呈逐渐增强的趋势。因此，表现出岩溶地下水从补给区到径流区、排泄区岩溶发育程度逐渐增强的趋势。本区碳酸盐岩层集中在黄河以东(左岸)出露，接受大气降水补给，是岩溶地下水的主要补给区，岩溶地下水总体向西、向南径流，因此岩溶表现为黄河由东岸向西岸、由北部向南部，发育程度逐渐增强的趋势。

2.3 岩溶地下水

2.3.1 含水岩组划分

本区岩溶地下水含水岩组为寒武系、奥陶系碳酸盐岩地层，总厚 395~718 m，平均厚约 513 m。其中，寒武系地层厚 165~242 m，平均厚 216 m；奥陶系地层厚 230~477 m，平均厚 297 m，与上覆石炭系呈平行不整合接触，在龙王沟以北，上覆地层呈超覆不整合接触，与下伏寒武系地层为连续沉积。受基底地貌形态的控制，地层厚度变化规律是北东部薄、南西部厚。尤以奥陶系中统马家沟的变化最为显著，该层在黑岱沟以北厚 0~100 m，南至榆树湾一带厚度为 300 余 m，再向南至天桥一带厚度近 500 m。区域性底部隔水层为寒武系中、下统徐庄组、毛庄组和馒头组地层，厚 76~167 m。区域性顶板隔水层为石炭系底部的铝土页岩、铝土岩、泥岩、黏土岩夹薄层石英砂岩，厚 6.59~34.2 m。

寒武系、奥陶系地层为一多层含水结构体。碳酸盐岩层中的断层、裂隙、岩溶等为岩溶地下水运移、储存的主要介质，为含水透水层；而碳酸盐岩中所夹的砂岩、页岩及薄层泥质灰岩、泥质白云岩为相对不透水层。根据其岩性、构造特征和岩溶发育程度，该多层含水结构体自上而下可划分为三个含水岩组。

Ⅰ含水岩组——奥陶系中统马家沟组含水岩组(O_2m)，以底部的泥质白云岩夹薄层中细粒石英砂岩为相对隔水层，隔水层厚 5 ~ 15 m；

Ⅱ含水岩组——奥陶系下统亮甲山组至寒武系上统凤山组含水岩组($O_1l + \in_3f$)，底部

隔水层为寒武系上统长山组竹叶状白云岩、泥质白云岩夹页岩,隔水层厚 2.3~13.6 m;

Ⅲ含水岩组——寒武系上统崮山组至寒武系中统张夏组含水岩组($\in_3g+\in_2z$),底板隔水层即为区域性底板隔水层。

三个含水岩组以Ⅰ含水岩组富水性最强,Ⅱ含水岩组次之,Ⅲ含水岩组最弱。这三个含水岩组既有一定的水力联系,形成统一的含水层,又有各自的水头,一般下含水岩组的水头依次略低于上含水岩组的水头。

2.3.2　岩溶地下水特征

区域资料表明,本区属于天桥泉域。水文地质边界大体为:东侧以基底地层出露线及控水构造为界,西至岩溶地下水滞流边界(大约位于深埋地下六七百米,高程四五百米的奥陶系中统马家沟组灰岩顶,在黄河以西 20 km 以外),北起石炭系底层出露线,南到基底地层出露线(大约位于兴县、岢岚、五寨一带),泉域汇水面积约为 11 000 km^2。本区位于天桥泉域北部,岩溶地下水主要补给来源为大气降水,其次为地表水,具有集中接受补给、常年排泄的特点。地下水径流方向与基底地形和含水层倾斜方向基本一致,总体为向西、南西方向径流,局部地段,由于断裂、挠曲及黄河切割的影响,地下水径流方向有所改变,见图 2-8。

本区由于受中部相对隆起、南部相对下陷的影响,岩溶地下水动态,大体以红树峁—欧梨咀挠曲为界,南北表现出不同特征。

2.3.2.1　红树峁—欧梨咀挠曲以北地区

黄河以东(左岸)为岩溶地下水补给径流区。由于寒武系、奥陶系碳酸盐岩地层大面积裸露地表,直接接受大气降水的垂向入渗补给,渗入地下后向西侧的黄河方向排泄,主要在黄河滩地、坡脚形成一系列泉群,如小缸房、老牛湾等泉群,排泄于黄河;其次,部分岩溶地下水呈分散状以泉的形式排泄于清水河、杨家川、偏关河等黄河支流,最终汇入黄河。岩溶地下水泉群情况见表 2-7 ~ 表 2-9。岩溶地下水埋藏较深,一般为 150 m,较深地段约 350 m,向西径流水力坡度为 5‰~15‰,地下水动态主要受降水量制约,老牛湾泉水流量年度变化系数为 1.07~1.29,个别为 2.34,流量峰值滞后于降水量峰值约 50 天。水力坡度较大,水交替作用强烈,地下水水质较好,多属低矿化度重碳酸–钙、镁型淡水。黄河以西(右岸)为岩溶地下水径流排泄区。寒武系、奥陶系地层大面积被石炭系地层及黄土覆盖,岩溶地下水接受大气降水补给量大为减少,而主要接受黄河水及地表沟谷径流的补给,由于补给量有限,下游排泄较为通畅,在黄河以西形成一个宽约 20 km,北起东孔兑,南至榆树湾,长约 70 km 的岩溶地下水低缓带。该地段岩溶地下水位普遍较低,北部约为 872 m,南部为 867~868 m。总体由北向南径流,在黄河岸边由东向西径流,水力坡度靠近黄河岸边地段的 12.6‰~67‰,在低缓带为 0.25‰~2.3‰,流至低缓带后转向南流,至红树峁—欧梨咀挠曲水力坡度约为 0.09‰。该挠曲有一定的排水作用,使岩溶地下水水位在挠曲附近由 868 m 降为 867 m,由于挠曲集中渗流作用有限,因此并未根本改变低缓带岩溶地下水总体向南径流的总趋势。该地段岩溶地下水水质介于黄河东岸岩溶地下水和黄河水水质之间,多为低矿化度重碳酸–钙、镁、钠型水和重碳酸–钙、镁型水。

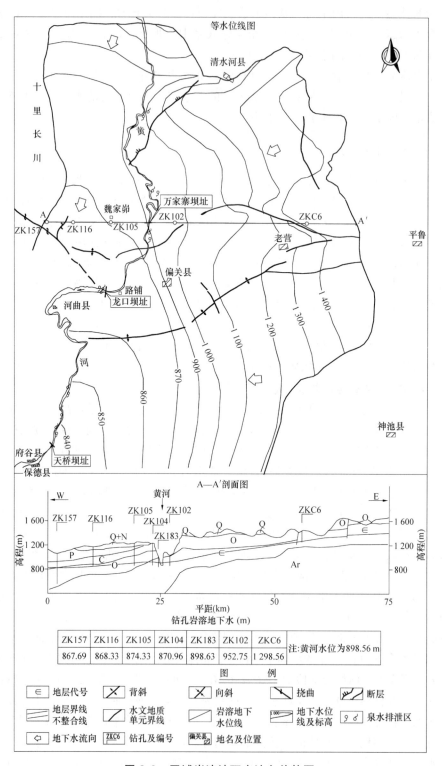

图 2-8　区域岩溶地下水流向趋势图

表 2-7　区域岩溶地下水泉群情况统计

泉群名称	泉群位置	泉群分布方向与长度(m)	含水层 时代	含水层 岩性	泉水成因类型	泉群出水裂隙方向(°)	平面线裂隙率(%)	岩溶裂隙泉群 单泉(个)	岩溶裂隙泉群 出露高程(m)	岩溶裂隙泉群 总流量(L/s)	观测时间(年-月-日)	备注
小缸房	黄河左岸坝址上游约30 km	南北方向 4 500	O₁	白云岩	侵蚀及侵蚀构造型下降泉	主要: NE35~40 次要: NE60~85	0.20~2.77	7	960~977	50.74	1981-09-31	煤炭部水文地质二队资料
老牛湾(打渔窑子—老牛湾)	黄河左岸坝址上游约7 km	南北转东西 15 000	∈	白云岩	侵蚀及侵蚀构造型下降泉	主要: NE40~50 次要: NE80~100	0.32~32.0	202	900~1 280	1 106.63	1981-09-21	
榆树湾	黄河右岸坝址下游约30 km	东西方向 2 400	O₂m	灰岩、白云质灰岩	侵蚀及侵蚀构造型下降泉	主要: NW340~NE80 次要: NE80~NW298	0.21~3.32	26	865~867	65.29	1981-06-11	
天桥(铺沟—刘家畔—天桥)	黄河左岸坝址下游约95 km	北北东方向 7 000	O₂m	泥灰岩、灰岩	侵蚀及侵蚀构造型下降泉	主要: NW340~EW 次要: NE40	0.35~2.57	26	819~834	1 850.0	1984-05-19	山西水文地质二队资料

表 2-8　老牛湾、榆树湾泉水流量观测统计

泉域	日期(年)	泉号	年最大流量(年-月-日)	年最小流量(年-月-日)	年平均变幅	不稳定系数	备注
老牛湾	1985	10~11	240.920 (1985-02-10)	224.180 (1985-05-30)	16.74	1.07	①不稳定系数为 $\dfrac{年最大流量}{年最小流量}$ ②流量单位为L/s ③56号泉观测时间为1985-04-10至1986-04-10
		15	1.17 (1985-02-10)	0.51 (1985-08-20)	0.66	2.34	
		29	46.68 (1985-01-30)	40.10 (1985-08-30)	6.58	1.16	
		40	6.87 (1985-05-20)	5.952 (1985-12-05)	0.918	1.15	
		46	4.97 (1985-03-30)	3.83 (1985-08-20)	1.14	1.29	
	1986	10~11	229.716 (1986-01-30)	199.837 (1986-08-27)	29.879	1.14	
榆树湾	1985~1986	56	1.296 (1985-09-20)	0.914 (1985-08-05)	0.384	1.42	

表 2-9　各泉群泉水与黄河水化学比较

项目	地点					
	小缸房	老牛湾	榆树湾	刘家畔	城坡	万家寨
出露地层	O_1y	$\in_3f\sim\in_3g$	O_2m_2	O_2m_2	黄河	黄河
水温 (℃)	11	11~12	11~17	12		2.17~22.5
总硬度 (德国度)	10.1~10.7	9.9~11.2	13.6~19.5			
矿化度 (g/L)	0.26~0.28	0.22~0.27	0.36~0.48	0.31	0.37	0.27~0.62
水化学类型	HCO_3–Ca·Mg·Na	HCO_3–Ca·Mg	HCO_3–Ca·Mg 或 HCO_3–Ca·Mg·Na	HCO_3–Ca·Mg	HCO_3–SO_4·Cl–Na·Ca·Mg	HCO_3·SO_4·Cl–(K+Na)·Ca·Mg
备注	据煤炭部第二水文地质队 1981~1983 年间试验成果，刘家畔为山西省水文地质一队 1984 年 7 月 28 日试验成果					

2.3.2.2　红树峁—欧梨咀挠曲以南地区

该区岩溶地下水总体向天桥一带汇聚，溢出地表形成天桥泉群，最终汇入黄河。岩溶地下水水位由 868 m 降为天桥水电站兴建前的 812~817 m，在天桥地段已由潜水转变为承压水。天桥水电站建成后，坝前蓄水位为 835 m，使岩溶地下水位局部壅高可达 840 m 左右。在该地区北部，由于黄河在龙口段局部拐向西流，在黄河北岸榆树湾一带由北向南径流的岩溶地下水，部分出溢地表形成榆树湾泉群，大部分越过黄河向天桥汇流。在红树峁—欧梨咀挠曲至路铺(黄河向西拐之前)河段呈"悬河"状态，以寺沟勘探剖面为例，黄河水位为 876 m，河床中 ZK111 孔地下水位为 866.4 m，低于黄河水位 9.6 m；两岸岸边岩溶地下水水位为 864.4~865.0 m，低于黄河水位 10.6~11.0 m，低于 ZK111 孔水位 1.4~2.0 m，见图 2-9。

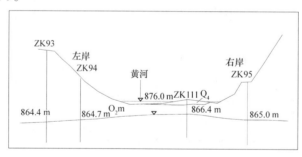

图 2-9　红树峁—欧梨咀挠曲至路铺段岩溶地下水与黄河水动力关系

2.4　水库工程地质问题简述

水库最高蓄水位为 980 m 时，库水回水至拐上附近，水库回水长度为 72.34 km。该段黄河为 "U" 形河谷，两岸陡峭，河床宽缓。库水除在少数沟口伸入岸里，其余库段均在岸顶高程以下，为一峡谷水库。组成库岸的地层，除左岸浑河口地段和右岸黑岱沟至小焦稍沟地段有较厚的土层，其余库岸均由基岩组成。从曹家湾附近往上游直至库尾长约 5 km 的库岸由白垩系泥岩、砂质泥岩、含砾砂岩组成，其余库段均为寒武系、奥陶系碳酸盐岩层。地层产状总体走向为北东—北西，倾向北西或南西，倾角 3°～10°，局部受构造影响有所变化。库区出露的主要构造形迹有：左岸的清水河断层，右岸的大焦稍沟断层、榆树湾断层及穿过黄河两岸的红树峁—欧梨咀挠曲。构造裂隙较发育，主要为陡倾角的北北东及北西向两组。碳酸盐岩层岩溶较为发育，是库区主要物理地质现象，地下水类型有第四系冲积、洪积层孔隙潜水，第三系至石炭系砂岩、砂砾岩层孔隙、裂隙潜水—承压水，寒武系、奥陶系碳酸盐岩层潜水—承压水(简称岩溶地下水)。其中，岩溶地下水与工程关系密切。有关水库工程地质问题，如：水库渗漏，库岸稳定，水库浸没、淤积及诱发地震等问题，分述如下。

2.4.1　水库渗漏

水库从曹家湾附近往上游直至库尾，库盆基岩地层为白垩系泥岩、砂岩、砂砾岩，透水性为微、极微透水。一般情况下两岸地下水补给黄河水，只有洪水期黄河水补给地下水。两岸没有深切沟谷。因此，水库库尾段不存在水库渗漏问题。

从曹家湾附近往下游直至坝址，库盆均由寒武系、奥陶系碳酸盐岩层组成。由于两岸地质、水文地质条件不同，水库渗漏问题也有不同。

水库左岸多为基岩组成的山地，山顶高程大多在 1 100～1 500 m，山体雄厚，地面坡度较陡。部分地区有黄土及坡积层覆盖，一般厚度不大。此段有浑河和杨家川，终年流水汇入黄河。基岩主要为寒武系、奥陶系岩层。局部地势较高处有零星的石炭系地层，厚度不大，分布范围有限，主要分布在清水河—打渔窑子断层北西侧。岩层倾角较缓，总体倾向黄河。寒武系、奥陶系碳酸盐岩层大多直接裸露地表，易于接受大气降水补给，岩溶地下水相对较为丰富，向黄河径流，在黄河岸坡坡脚形成小缸房、老牛湾泉群。岸里约 10 km 以外，岩溶地下水位即高于 1 000 m，比如清水河附近距黄河岸边约 12 km 的 ZK(6)孔为 1 000.16 m，杨家川附近距黄河岸边约 16 km 的 ZK(10)孔为 1 033.87 m，万家寨坝址清沟附近距黄河岸边约 2 km 的 ZK102 孔为 952.75 m。说明左岸山体岩溶地下水在一定范围内就高出水库正常蓄水位，水库左岸又无深切邻谷，因此水库左岸不存在邻谷渗漏问题。水库蓄水后，势必使水库左岸岩溶地下水位升高，产生向坝址下游的渗漏。这一部分渗漏，在靠近坝肩附近已经结合坝肩绕渗进行了防渗处理。坝肩绕渗之外，由于渗透岩体已深埋地下，岩体渗透性很弱，且渗径较长，其渗漏量很小，对水库效益影响甚微，可忽略不计。

水库右岸广被黄土覆盖，呈现为梁峁沟壑纵横分布的黄土台地地貌景观，一般地面高程为 1 000～1 500 m。较大的冲沟有龙王沟、黑岱沟，长年有流水汇入黄河，水量不大，有突发性洪水。寒武系、奥陶系碳酸盐岩地层仅在黄河岸壁、河床及沟谷下部出露，其上覆盖有石炭系、二叠系地层。在坝址下游约 20 km，黄河拐向西流的黄河北岸有榆树湾泉群。由于碳酸盐岩层多被黄土、石炭系地层、二叠系地层覆盖，直接出露地表的面积有限，接受大气降水补给量很小，向下游排泄又比较通畅，因此岩溶地下水位较低，在靠近黄河岸边地带，岩溶地下水位与黄河水位基本一致，或略高于黄河水位；从黄河向岸里大约 2 km，北南方向长约 70 km、东西宽 15～20 km 范围内，岩溶地下水位自北向南比相应地段黄河水位低 90～20 m。因此，在天然状态下黄河水补给右岸岩溶地下水，在榆树湾地段岩溶地下水一部分以泉的形式溢出地表，又流入黄河，另一部分则越过黄河继续向其下游的天桥方向径流。因此，水库蓄水后，水位抬高必然产生水库渗漏。水库渗漏形式为岩溶裂隙式渗流，初步估算水库最高蓄水位为 980 m 时，水库渗漏量最大值为 10.63 m³/s，最小值为 4.41 m³/s。这样的渗漏量相对于设计入库流量为 250 m³/s 的大型水库而言，其渗漏量并不大，因此水库右岸渗漏对工程效益影响不大。

2.4.2　库岸稳定

2.4.2.1　库岸分类及稳定性评价

根据库岸物质组成可分为三类，即岩质库岸、土质库岸及岩土混合库岸。

(1)岩质库岸。水库绝大部分库岸为岩质库岸，除库尾附近为白垩系砂质泥岩、含砾砂岩，其余岩质库岸均为寒武系、奥陶系灰岩，白云质灰岩，白云岩夹泥质灰岩及页岩。岩石强度较高，岩体完整性较好，也无倾向河中规模较大的结构面和不利的结构面组合体，因此岩质库岸稳定性好，除个别部位可能发生局部坍塌、掉块，一般不会形成较大范围的岸边再造。

(2)土质库岸。土质库岸分布在浑河河口及库尾附近，主要由全新统冲洪积物及上更新统黄土组成。库岸多为宽缓的土质斜坡，库水深度不大。水库蓄水后，在一定范围内，可能引起范围有限的岸边再造，由于地面坡度很缓，不会形成大范围的坍塌和滑坡，不少部位已经形成水库淤积。

(3)岩土混合库岸。岩土混合库岸指下部为基岩、上部为土层组成的库岸，主要分布在水库右岸黑岱沟至小焦稍沟之间，长约 6 km。该地段地势较低，由于冲沟发育，将地形切割得支离破碎。沿库岸地带沟口底高程一般为 969~974 m，坡顶高程为 982~986 m，水库最高蓄水位为 980 m 时，顺沟伸入岸里长 700~1 500 m。库岸基岩面高程为 967~970 m，主要为奥陶系中统马家沟组灰岩。基岩之上覆盖厚 10~20 m 的第四系黄土类土。由于黄土分布高程处于库水位频繁变化范围，易被库水淘蚀。该类库岸稳定性差，是库岸坍塌的主要地段。

2.4.2.2　库岸现状调查及坍塌预测

水库蓄水三年后，于 2001 年对水库库岸现状进行了调查。水库水位从蓄水开始时的 917 m，最高曾达到 975.5 m，已接近水库正常蓄水位 977.0 m，距最高蓄水位相差 4.5 m，其间经常保持的水位大多在 950 m。水库初期蓄水过程水位变幅大，变动频率高，水位变化过程见图 2-10。

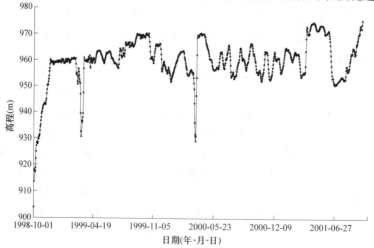

图 2-10　水库蓄水初期库水位历时曲线

　　调查期间，库水位变化在 969.8~975.5 m。调查情况表明，岩质库岸尽管库岸岸高坡陡，但库岸稳定性较好，除局部厚度不大的坡积层及松散风化的破碎岩石有小范围塌落，基本未见到明显的库岸再造迹象。土质库岸均分布在库尾，由于地面坡度缓，仅见到一些被库水冲刷的小沟，不少地段已有明显的淤积。岩土混合库岸则见到明显的坍塌现象，坍塌范围与岩土混合库岸分布范围相吻合，均发生在黑岱沟至小焦稍沟之间，实际坍塌宽度为 20~100 m，部分地段坍塌边界已经超过水库淹没赔偿界线。在岸坡基岩面出露较高地段，坍塌已趋稳定。在岸坡基岩面出露较低地段，坍塌仍在继续发展中。库岸坍塌比较严重，且可能继续发展的地段有红水沟村、小宽滩村、阳窑子村及果树园等地段，具体分布位置见图 2-11。

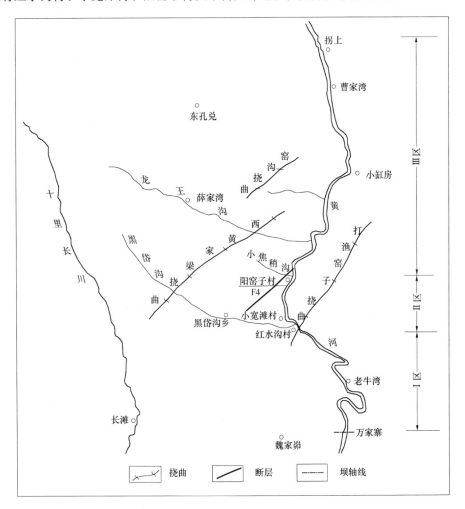

图 2-11　蓄水初期水库右岸塌岸分段位置示意图

　　坍塌土体均为黄土类土，取 6 组土样进行室内土工试验，其成果见表 2-10。从表 2-10 可以看出，坍塌库岸地段土体为坚硬状态、具有中等压缩性的低液限粉土，天然休止角为 37.8°。现场实地调查，水位变动带坡角，较缓地段为 2°~4°，最陡的地段达 20°，一般为 4°~7°；水上岸坡稳定坡角一般为 32°~40°，较陡地段达 60°~85°。

表 2-10　水库塌岸地段土工试验成果

地质时代	地层岩性	土样编号	天然基本物理指标						界限含水率				直剪		渗透系数	压缩性(饱和)		湿陷系数(%)					崩解		休止角(°)	毛细上升高度(cm)	颗粒组成(%)			
			比重	含水量(%)	湿密度(g/cm³)	干密度(g/cm³)	饱和度(%)	孔隙比	液限(%)	塑限(%)	塑性指数	液性指数	凝聚力(kPa)	摩擦角(°)	垂直K20(cm/s)	压缩系数av1-2(MPa⁻¹)	压缩模量Es1-2(MPa)	荷重50 kPa	荷重100 kPa	荷重200 kPa	荷重400 kPa	荷重600 kPa	经过时间(min)	崩解量(%)			>0.25 mm	0.25~0.075 mm	0.075~0.005 mm	<0.005 mm
Q₃	黄土类土	TY-1	2.69	6.1	1.56	1.47	19.8	0.830	22.0	19.4	2.6	-5.1	14.7	27.6	4.91E-05	0.144	12.90	0.005	0.005	0.005	0.007	0.008	0.58	100	37.5	52	0.3	69.4	21.7	8.6
		TY-2	2.69	5.6	1.56	1.48	18.4	0.818	21.2	18.8	2.4	-5.5	4.6	30.3	8.38E-04	0.105	16.96	0.006	0.007	0.005	0.005	0.003	0.5	100	37.0	69.7	0.1	70.5	21.1	8.3
		TY-3	2.71	12.0	1.73	1.54	42.8	0.760	24.5	20.1	4.4	-1.8	3.8	29.8	6.35E-05	0.077	22.55	0.003	0.003	0.001			0.75	100	38.0	100	0.2	27.9	61.7	10.2
		TY-4	2.7	8.1	1.48	1.37	22.5	0.971	21.8	18.5	3.3	-3.1	1.5	27.6	4.56E-05	0.603	3.25	0.019	0.042	0.051	0.050	0.046	225	100	38.0	82	0.2	52.1	36.2	11.5
		TY-5	2.69	8.4	1.53	1.41	24.9	0.908	21.7	17.2	4.5	-1.9	3.2	27.9	3.40E-04	0.614	3.08	0.012	0.028	0.033	0.032	0.026	120	100	37.5	55	0.3	53.7	35.1	10.9
		TY-6	2.68	7.0	1.57	1.47	22.8	0.823	20.6	17.8	2.8	-3.8	6.3	27.7	6.91E-05	0.267	6.75	0.005	0.008	0.018	0.026	0.025	1.75	100	38.5	89	0.2	64.4	25.5	9.9
		最小值	2.68	5.6	1.48	1.37	18.4	0.760	20.6	17.2	2.4	-5.5	1.5	27.6	4.56E-05	0.077	3.08	0.003	0.003	0.001	0.005	0.003	0.5	100	37.0	52	0.1	27.9	21.1	8.3
		最大值	2.71	12.0	1.73	1.54	42.8	0.971	24.5	20.1	4.5	-1.8	14.7	30.3	8.38E-04	0.614	22.55	0.019	0.042	0.051	0.050	0.046	225	100	38.5	100	0.3	70.5	61.7	11.5
		平均值	2.69	7.867	1.57	1.46	25.2	0.852	22.0	18.63	3.33	-3.53	5.7	28.48	2.30E-04	0.302	10.92	0.008	0.016	0.019	0.020	0.018	58.1	100	37.8	74.62	0.2	56.3	33.6	9.9

采用佐洛塔廖夫作图法预测水库长期塌岸宽度，有关参数选用：

水库最低水位采用水库防洪汛限水位 966 m；

水库最高水位采用水库最高蓄水位 980 m；

波浪高度及爬高按工程类比取偏大值 1 m；

水位变动带浅滩坡角根据实测资料，采用 2.5°~12.20°。

库水位为 980 m 时，预测最终塌岸宽度：红水沟村地段为 81~160.1 m，小宽滩村地段为 114.8~175.5 m，阳窑子村地段为 50~150 m 及 180~193.4 m，果树园地段为 194~305.8 m。预测塌岸宽度详见表 2-11。

表 2-11　库水位为 980 m 时塌岸宽度预测成果

塌岸位置	分区编号	剖面编号	塌岸地段类别	岸坡主要岩性	塌岩预测采用指标值				塌岸预测宽度 (m)
					水位变幅 (m)	浪高 H (m)	浅滩坡角 β_2(°)	水上坡角 β_3(°)	
红水沟	Ⅱ-1	PM01	严重危害段	黄土类土	14	1	12.2	32	81.0
		PM02					6.4		109.3
		PM03					4.4		160.1
		PM04	中等危害段				5.4		150.0
小宽滩	Ⅱ-4	PM06	严重危害段				6.4		114.8
		PM07					12.0		128.9
		PM08	中等危害段				7.0		175.5
阳窑子	Ⅱ-7	PM12	严重危害段				4.0		193.4
		PM13					2.5		180.0
果树园	Ⅱ-9	PM18	中等危害段				3.0		305.8
		PM16					6.7		241.2
		PM17					4.5		194.0
说明	PM04、PM13 剖面尚未形成水下浅滩，是根据基岩面坡度预测								

根据实地调查和塌岸预测成果，在岩土混合岸坡坍塌仍将继续发生。尽管坍塌范围有限，对水库库容影响不大，但是坍塌使岸边农田、林木、民居和部分水利设施被毁，对当地村民生活和农业发展有一定影响，应采取必要工程措施进行防治。

2.4.3　水库浸没

2.4.3.1　水库对农田、村庄的浸没

水库为峡谷型水库，绝大部分库岸为岩质岸坡，不存在对其上农田、村庄的浸没问题。

库尾附近及以上河口镇至八里湾一带地形较为平缓，地面高程为 986~990 m，多为农田。该段黄河水位为 986~988 m。由于黄河水位相对较高，致使地下水排水不畅，已经引

起土壤的盐渍化，并有沼泽分布。水库蓄水至最高水位 980 m 时，对该段黄河水位不会产生影响，也不会改变两岸原来的水文地质条件。因此，不会因为水库蓄水而加重当地沼泽化、盐渍化程度。

2.4.3.2　水库对煤田的浸没

水库右岸为准格尔煤田，煤炭分布在石炭系地层中，储量丰富，可供开采的煤层共有 8 层，各煤层分布见图 2-12，高程见表 2-12。从表中可以看出，除 A、B 两层煤层底板高程分别为 970.60~978.41 m 和 978.20~986.00 m，低于或接近于水库最高蓄水位 980 m，其余煤层均高于水库最高蓄水位。

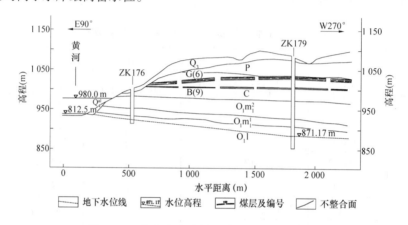

图 2-12　水库右岸准格尔煤田地质剖面简图

表 2-12　准格尔煤田煤层分布高程统计

煤层编号	厚度(m)	底板高程(m)	备注
I(1)	3.69	1 078.87~1 085.77	
H(2~4)	3.28	1 058.56~1 065.36	分布稳定
G(5~6)	18.49	1 004.07~1 011.87	分布稳定
F	2.47	994.05~1 001.85	
E	2.03	991.02~998.82	
D(7)	2.73	986.29~994.09	
B(9)	4.09	978.20~986.00	分布稳定
A(10)	1.57	970.60~978.41	

基于以下原因：①石炭系地层底部为铝土页岩、泥岩、黏土岩夹薄层石英砂岩，透水性极微，为区域性隔水层，石炭系地层中的地下水与下伏的寒武系、奥陶系岩溶地下水是两个互不连通的水文地质单元，水库蓄水仅与岩溶地下水有关，不会影响到石炭系地下水；②煤田下部的岩溶地下水处于低缓带，水位较低，在北部为 870~872 m，南部约为 868 m，水库蓄水不会使岩溶地下水水位抬高很多，就以分布最低的 A 层煤而言，仍在岩溶地下水位以上百余米；③就水库调度来说，库水位在 970 m 以上运行时间不超过 5 个月，这就更增加了水库对煤田影响的安全度。因此，水库蓄水不会造成对煤田的浸没，也不会增大煤田开采的涌水量。

2.4.4　水库淤积

水库以上黄河大多流经黄土高原和沙漠区，气候干旱，植被稀少，冲沟发育，水土流失严重，黄河水含沙量较大。水库固体径流来源广泛，上游来沙和区间产沙是水库固体径流的主要来源。水库蓄水三年已经有了明显淤积，在黑岱沟库段淤积厚度已经超过 2 m，见图 2-13。水库淤积问题需认真对待。

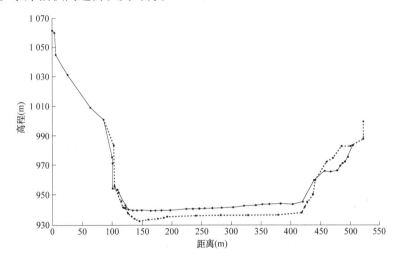

图 2-13　2001 年黑岱沟段(WD28)实测断面示意图

2.4.5　水库诱发地震

工程区处于大地构造稳定区。地震强度不高，根据 GB 18306—2001 规定，地震动峰值加速度为 0.05g，相当于地震基本烈度为Ⅵ度；地应力值不高；区内断裂构造不发育，断层数量少，没有深大断裂，且均为古老构造；没有发现活动性断层。因此，不存在地质构造发震条件，水库蓄水后，不会发生构造诱发地震。

库区右岸碳酸盐岩层岩溶较发育，由于古岩溶的存在，岩溶发育深度较大，库水入渗将导致地下水深循环，可能因此而诱发地震。但是，由于岩溶发育程度有限，连通性较差，因此发震概率较低，即使诱发了地震其强度较弱，不会危及工程安全。

第 3 章　坝址工程地质

3.1　坝址工程地质条件

3.1.1　地质概况

3.1.1.1　地形地貌

黄河流入坝址区其流向为南偏西，至坝轴线附近转向南流。平水期一般水深为 1~2 m。河谷呈 "U" 字形，谷宽 430 m 左右，河床地面高程约为 897 m，两岸岸坡陡立，高出河水面百十米。坡脚处有山麓堆积，底宽 20~55 m，厚 2~40 m。地面形成三四十度斜坡。两岸较大的冲沟，左岸坝轴线上游有牛郎贝沟，坝轴线下游有清沟，右岸坝轴线上游有阳畔沟，坝轴线附近有串道沟，与黄河近直交。除清沟下切至黄河河床，其余均为半悬沟，沟口底高程为 978~995 m。沿黄河两岸发育有一、三、四级阶地，缺失二级阶地。一级阶地分布在坝址下游清沟口一带，阶面高程为 903~905 m，高出河水面 3~5 m，为堆积阶地，由粉质黏土及砂卵砾石层组成。三、四级阶地主要分布在左岸牛郎贝沟至清沟之间的岸顶，右岸则呈断续分布，阶面高程分别为 1 030~1 035 m 和 1 050 m，均为侵蚀堆积阶地，多为黄土类土及砂砾石组成。坝址地貌形态见图 3-1。

3.1.1.2　地层岩性

坝址区基岩地层有寒武系、奥陶系地层，主要岩性为厚层、中层、薄层灰岩、白云质灰岩夹薄层泥灰岩及页岩。根据成层特征、岩石结构及岩性差别，从勘探揭露最下部的寒武系中统徐庄组至出露在坝址最高处的奥陶系中统马家沟组地层，共划分为 8 组 22 层。坝址地层描述见表 3-1，其分布见图 3-2。由于薄层泥灰岩和页岩工程地质性状相对较差，为此，将薄层泥灰岩与页岩累积厚度，超过该区段薄层岩体总厚度约 25%的薄层岩体，称为泥灰岩页岩集中带，自上而下共划分出 7 条泥灰岩页岩集中带(R_1~R_7)。泥灰岩页岩集中带分布及描述见表 3-2。应该说明的是，这里所谓的泥灰岩、页岩，实际上应为泥质粉晶灰岩、钙质粉砂岩，为考虑与原资料的连续性，而采用了原名称。泥灰岩页岩集中带矿物、化学成分见表 3-3、表 3-4。第四系地层主要为上更新统黄土及全新统冲洪积砂卵石、粉质黏土、坡积崩积物及风成沙等，在坝址区分布厚度一般不大。

3.1.1.3　地质构造

坝址区地层为单斜构造，岩层产状总体走向 NE30°~60°，倾向 NW(倾向上游偏右岸)，倾角为 2°~8°。在平缓单斜地层基础上，发育有规模不大的层间褶曲、断层、层间剪切带及裂隙。

层间褶曲多发育在薄层岩体中，规模不大，轴向以北东东向为主，北西西向次之，延伸不长，两翼倾角不大，影响范围数米至十余米。见图 3-3。

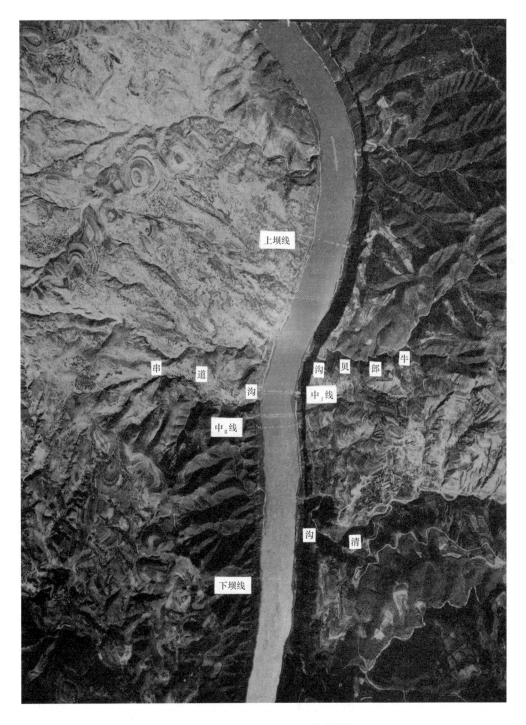

图 3-1　坝址地形地貌及坝线位置图

表 3-1 坝址区基岩地层描述

地层时代				岩层代号	岩层厚度(m)小值~大值	岩性描述	泥灰岩页岩集中带编号
界	系	统	组				
古生界	奥陶系	中统	马家沟组	$O_2m_1^2$	43.10~72.20	厚层、中厚层灰岩夹薄层灰岩、泥灰岩及白云质灰岩，具蠕虫状构造	
				$O_2m_1^1$	18.80~22.30	薄层白云质灰岩、泥灰岩及泥质白云岩，底部有厚约 0.8 m 的中细粒石英砂岩	
		下统	亮甲山组	O_1l^2	65.40~65.90	中厚层夹薄层白云质灰岩、白云岩，含铁锰质结核、燧石结核及方解石晶体	
				O_1l^1	29.50~38.50	薄层、中厚层白云岩，泥质白云岩，上部有燧石结核，底部层面多铁质薄膜	
			冶里组	O_1y	20.42~24.80	中厚层白云岩、白云质灰岩，下部夹薄层白云岩	
	寒武系	上统	凤山组	$\in_3f^5$	14.70~15.80	薄层、中厚层白云岩夹竹叶状白云质灰岩，含燧石结核	
				$\in_3f^4$	17.70~21.60	薄层、中厚层灰岩夹紫灰色竹叶状、砾状灰岩，含黄色泥灰岩斑点及条带	
				$\in_3f^3$	16.13~18.26	厚层、中厚层灰岩，局部为白云质灰岩，夹少量薄层灰岩、泥灰岩	
				$\in_3f^2$	1.65~2.65	薄层灰岩与泥灰岩互层，单层厚分别为 1~3 cm、0.3~0.8 cm	R_1 层厚 1.65~2.65 m
				$\in_3f^1$	3.40~5.20	中厚层、厚层灰岩夹泥灰岩、竹叶状灰岩，底部有一层约 1 cm 的中厚层白云岩或白云质灰岩	
			长山组	$\in_3c$	5.44~13.34	中厚层竹叶状、砾状灰岩夹薄层泥灰岩，呈紫色相变大，底部为一层厚 0.1 m 的砾状灰岩，富含海绿石	
			崮山组	$\in_3g^4$	10.8~15.57	薄层、中厚层灰岩及泥灰岩，夹竹叶状灰岩，局部含鲕粒	
				$\in_3g^3$	5.60~9.06	中厚层、薄层灰岩夹鲕状灰岩、泥灰岩，岩相变化较大	R_2 层厚 4.2~6.4 m
				$\in_3g^2$	13.61~16.40	薄层、中厚层夹泥灰岩，局部含鲕粒，具蠕虫状构造	R_3 层厚 2.5~3.1 m
				$\in_3g^1$	16.87~18.60	中厚层灰岩夹薄层灰岩，顶部有一层厚约 0.5 m 的鲕状灰岩	R_4 层厚 1.5~3.50 m
		中统	张夏组	$\in_2z^6$	1.35~3.19	薄层、中厚泥灰岩，呈深灰、紫灰色	R_5 层厚 1.35~3.19 m
				$\in_2z^5$	22.45~25.06	中厚层灰岩夹薄层灰岩、鲕状灰岩、竹叶状及砾状灰岩，局部含海绿石	
				$\in_2z^4$	11.99~15.20	薄层灰岩、页岩夹泥灰岩、鲕状灰岩及竹叶状灰岩	
				$\in_2z^3$	35.10~38.76	薄层、中厚层灰岩夹鲕状灰岩、竹叶状灰岩及泥灰岩	
				$\in_2z^2$	2.17~4.20	页岩夹灰岩，呈深灰、紫灰色	R_6 层厚 2.17~4.2 m
				$\in_2z^1$	32.20~32.30	中厚层灰岩、鲕状灰岩夹薄层灰岩及泥灰岩条带	
			徐庄组	$\in_2x$	>23	砂质页岩夹铁质砂岩，局部夹薄层石膏，顶部有一层厚约 3 m 的白云岩	

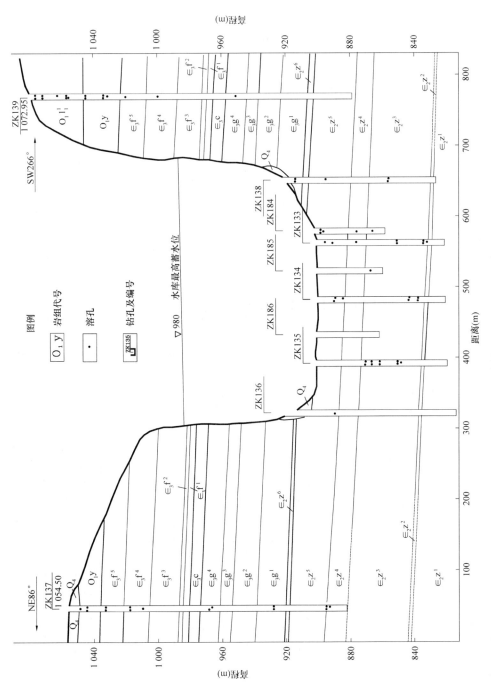

图 3-2　坝轴线(中Ⅱ线)地质剖面示意图

表 3-2　坝址两岸泥灰岩页岩集中带汇总

编号	层位	岩石名称	坝线处高程(m)		厚度(m)	泥灰岩、页岩单层厚度(cm)	泥灰岩、页岩岩层所占百分比(%)	地质描述
			左岸	右岸				
R_1	$\in_3 f^2$	薄层灰岩与薄层泥灰岩互层	977.00	946.00	1.65~2.50	0.3~0.6	22.17~25.78	分布连续,厚度变化不大,局部有扭压、错动及渗水现象
R_2	$\in_3 g^4$ 底部及 $\in_3 g^3$ 上部	薄层灰岩与薄层泥灰岩互层	955.50	946.00	4.20~6.40	0.3~0.6 厚者1~3	17.31~32.55 局部45	由上游向下游逐渐变薄,左岸从中II坝线下游约 100 m 起向下游呈断续分布,泥灰岩含量高,剪切带三条(CJ$_2$、CJ$_3$、CJ$_4$),泥化层二层(NJ01、NJ02)
R_3	$\in_3 g^2$ 中、上部	薄层灰岩夹薄层泥灰岩	940.30	929.00	2.50~3.10	0.3~0.8 厚者1~2	20.6~36.4 局部40	由上游和下游向坝线变薄,泥灰岩含量有降低,层间褶皱发育,据平硐探槽揭露有层间剪切带一条(CJ$_5$)、泥化夹层一层(NJ03)
R_4	$\in_3 g^1$ 下部	薄层灰岩夹薄层泥灰岩	915.00	901.00	1.50~3.50	0.2~0.5	26.6~37.4	厚度变化不大,连续性较好,据平硐揭露有层间剪切带一条(CJ$_7$)
R_5	$\in_2 z^6$	薄层中厚层泥灰岩夹薄层灰岩及砾状灰岩	912.00	898.00	1.35~3.00	2.0~3.0 大者<10	23.6~41.8	由下游向上游自左岸向右岸逐渐变厚,连续性好,据平硐揭露左岸有层间剪切带一条(CJ$_4$)、泥化夹层一层(NJ04)
R_6	$\in_2 z^4$	页岩、泥灰岩夹薄层灰岩	886.00	871.50	11.60~14.35	0.2~0.8 厚者1~4	35.6~45.6	厚度由下游向上游变厚,泥灰岩含量变化较小,在钻孔 ZK111、ZK106 等孔可见揉皱、擦痕、磨光面等,在竖井 SJ01 和 ZK135 孔见有泥化夹层二层(NJ06、NJ07)
R_7	$\in_2 z^2$	页岩夹薄层灰岩	831.28	821.90	2.17~2.81		大于80	页岩夹灰岩,分布稳定

表 3-3　坝址泥灰岩页岩集中带岩石矿物成分汇总

序号	集中带编号	岩层代号	野外定名	方解石(%)	白云岩(%)	绿泥石(%)	黑云母(%)	石英(%)	海绿石(%)	斜长石(%)	云母(%)	黏土矿物(%)	其他(%)	鉴定名称
1	R_2	$\in_3g^4$	泥灰岩	75.0		1.0	1.0	少量				20.0		含泥质粉晶灰岩
2	R_2	$\in_3g^4$	泥灰岩	35.0		5.0	5.0	40~50				10.0		钙质粉砂岩
3	R_2	$\in_3g^4$	泥灰岩	20~25	65~70			20.0		偶见		5.0		粉晶白云岩
4	R_6	$\in_2z^6$	泥灰岩	66.0	30.0		偶见	1.0~2.0	少量	少量		5.0		白云质灰岩
5	R_6	$\in_2z^4$	泥灰岩		20.0			5.0				70.0		含钙质泥岩
6	R_6	$\in_2z^4$	页岩	85.0	5.0		2.0	>0.5	1	少量		少量		粉晶灰岩
7	R_6	$\in_2z^4$	页岩	5~10.0				50.0				40~45		钙泥质粉砂岩

表 3-4　坝址泥灰岩页岩集中带岩石化学成分

序号	岩层代号	岩性	SiO_2(%)	Al_2O_3(%)	Fe_2O_3(%)	TiO_2(%)	CaO(%)	MgO(%)	K_2O(%)	Na_2O(%)	MnO(%)	P_2O_5(%)	FeO(%)	H_2O^+(%)	H_2O^-(%)	烧失量(%)	合计(%)	备注
1	$\in_3g^4$	泥灰岩	27.04	9.25	3.13	0.83	28.00	1.08	4.90	0.07	0.03	0.09	0.46	2.46	1.08	24.45	102.87	
2	$\in_2z^6$	泥灰岩	18.50	5.27	1.67	0.70	36.85	1.38	3.72	0.09	0.02	0.08	0.53	1.40	0.44	31.14	101.17	
3	$\in_2z^4$	泥灰岩	55.44	14.88	3.76	0.80	4.19	2.80	7.20	1.34	0.04	0.10	3.04	3.18	0.72	6.68	104.17	
4	$\in_2z^4$	页岩	38.60	9.37	2.74	0.73	20.86	1.61	4.58	1.36	0.07	0.17	1.64	2.32	0.65	18.62	103.32	
5	$\in_2z^4$	页岩	55.98	14.36	3.16	1.05	5.31	3.39	6.39	0.22	0.02	0.11	2.79	4.00	0.63	7.85	105.17	

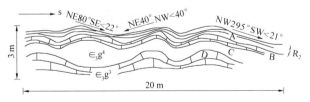

A为泥灰岩　B为薄层灰岩　C为泥岩单薄层灰岩互层　D为厚层灰岩

图 3-3　坝址层间褶曲素描图

　　坝址断层少且规模小，断层产状多为北西西向陡倾角，为张性或张扭性，破碎带宽度为 3~20 cm，局部最宽达 40 cm，延伸长 15 m，断层带内多为角砾岩、岩屑、糜棱岩、方解石及泥质物。坝址出露的断层见表 3-5。

表 3-5　坝址断层汇总

编号	位置	产状			结构面形状	力学性质	垂直断距(cm)	地质描述
		走向(°)	倾向	倾角(°)				
f_1	右岸中$_{I}$线上游 130 m	NW280	上部 SW 下部 NE	72~87	上部阶梯状 下部波状	张性	20	透镜体、角砾岩、岩屑、钙质胶结，下部有方解石
f_2	左岸中$_{II}$线上游 40 m	上部 NW285 下部 NE78	SW SE	84	阶梯状	张扭性	10	方解石、泥质、岩屑、角砾岩、糜棱岩，有水平擦痕
f_4	左岸中$_{I}$线上游 6 m	NW283	NE	85	阶梯状 锯齿状	张扭性	20~30	方解石、糜棱岩、角砾岩、钙质胶结
f_6	左岸中$_{II}$线上游 270 m	NE85~EW	上部 NW 下部 SE	70~84	上部波状 下部平直	张扭性	4~10	方解石、岩屑、泥质，有水平擦痕
f_{13}	右岸中$_{II}$线上游 15 m	NE	NW280	81~90	弯曲	张性	2	方解石、劈理发育
f_{21}	右岸中$_{II}$线下游串道沟	SW	NW282	76	粗糙	张性	16	角砾岩、糜棱岩、方解石

层间剪切带是坝址的主要缓倾角结构面，是在构造应力作用下，产生层间错动和后期风化、卸荷共同作用的结果，多发生在相对软硬相间的岩层接触带附近。在构造应力集中部位，层间剪切带进一步发展，则形成泥化夹层。泥化夹层多断续分布在层间剪切带内，个别泥化夹层延伸较长。层间剪切带及泥化夹层是坝址主要软弱结构面，尽管其发育规模有限，但对坝基抗滑稳定产生不利影响。

坝址陡倾角裂隙较为发育，主要有两组：一组为走向 NW275°~285°，倾向 NE 或 SW，倾角 70°~90°；另一组走向 NE10°~25°，倾向 NW 或 SE，倾角 70°~90°。一般延伸二三十米，张开宽度最大达 10 余 cm，其内充填有方解石晶体、岩块及泥质物，向岸里延伸逐渐闭合。其次，NNW 向及 NEE 向陡倾角裂隙也较多见，一般延伸数米至十余米，多闭合。较大裂隙间距一般为 1~2 m，局部地段呈网格状。坝址缓倾角裂隙主要表现为层面裂隙，一般多闭合，结合较紧密，延伸不长。

3.1.1.4　风化与卸荷

坝址基岩为碳酸盐岩地层，岩石坚硬，岩体完整性较好，风化层厚度不大。一般无全风化层，强风化层仅局部存在，弱风化下限深度：左岸 3~10 m(水平深度)，右岸一般 3~8 m(水平深度)，河床 0~6.8 m(垂直深度)。风化深度见表 3-6。卸荷带常沿构造裂隙发育，河谷两岸卸荷带深度基本与弱风化下限深度一致，河床卸荷带深度经竖井开挖左侧为 5.55 m，右侧为 4.25 m。

表 3-6　坝址岩体弱风化深度汇总

坝线	左岸		河床		右岸		备注
	勘探点	弱风化深度 (水平深度，m)	勘探点	弱风化深度 (垂直深度，m)	勘探点	弱风化深度 (水平深度，m)	
中I坝线	PD03	3.0	ZK106	2.12	PD04	2.2	
	PD14	6.0	ZK107	2.78	PD15	5.0	
	PD16	8.0	ZK127	2.44	PD23	5.2	
	PD18	5.2	ZK128	2.04			
			ZK108	0			
			ZK126	4.05			
			ZK131	2.4			
			ZK132	4.17			
			ZK124	3.5			
			ZK109	1.53			
			ZK110	3.26			
			ZK111	0.64			
			ZK125	3.69			
			SJ01	5.55			
中II坝线	PD17	8.2	ZK133	4.02	PD24	8.0	PD 为平硐代号、 ZK 为钻孔代号
	PD27	7.5	ZK 134	3.05	PD21	5.0	
	PD28	6.9	ZK135	2.57	PD25	5.0	
	PD20	10.0	ZK136	2.33	PD29	8.0	
	PD22	7.0	ZK130	2.37	PD26	6.0	
	PD31	6.8	ZK129	1.04			
	PD32	6.0	ZK141	2.07			
	PD30	9.0	ZK142	1.3			
			ZK143	3.4			
			ZK184	1.78			
			ZK185	2.8			
			ZK186	2.1			
			ZK188	2.3			
			ZK189	3.55			
			ZK166	6.8			
			SJ02	4.25			
			ZK187	2.5			
			ZK165	4.62			
			ZK167	3.65			
			ZK169	4.22			

3.1.1.5 岩溶

坝址岩溶不发育,其形态为溶洞、溶孔、溶隙等,主要沿裂隙、裂隙交汇带及裂隙与透水性相对较弱岩层交汇部位发育。地表由于奥陶系地层分布范围有限,地表岩溶主要集中在寒武系凤山组第三层灰岩及马家沟组灰岩中,地下岩溶则多发育在凤山组第五层、第三层及寒武系张夏组第五层、第三层灰岩中,见图 3-2。相对而言,两岸岩体岩溶比河床以下岩体岩溶发育,并且有随深度增加岩溶发育强度逐渐减弱的趋势。

3.1.2 坝基岩石(岩体)物理力学指标、岩体分类及地应力

3.1.2.1 坝基岩石(岩体)物理力学指标

坝基岩石主要为灰岩、白云岩、泥灰岩及页岩,岩层组成以中厚层为主,层厚为 10~50 cm,少数为厚层及薄层,层厚分别为 60~70 cm 和 1~5 cm。层面多闭合,接合紧密。岩石(岩体)主要物理力学指标见表 3-7~表 3-9。

表 3-7~表 3-9 中所列成果,均为坝基弱风化下部至微风化岩石的物理力学指标。从三个表中的数值可以看出,不同岩层中同一种岩石的各项物理力学指标相差不大。厚层、中厚层灰岩、白云岩、泥灰岩及薄层灰岩与泥灰岩互层、页岩的比重、天然密度、抗压强度及抗剪强度指标有依次降低而吸水率依次升高的规律。比重多在 2.72~2.75,天然密度大多在 2.60 g/cm³ 以上,饱和抗压强度一般大于 100 MPa,即使是相对比较"软弱"的泥灰岩页岩集中带内的"页岩"饱和抗压强度也为 93.4 MPa。岩石变形指标规律性不

表 3-7 坝基岩石物性试验成果统计

地层代号	岩性	比重	天然密度(g/cm³)	吸水率(%)
$\in_3 c$	薄层灰岩与泥灰岩互层	$3\dfrac{2.72 \sim 2.72}{2.72}$	$2\dfrac{2.72 \sim 2.63}{2.67}$	$3\dfrac{0.61 \sim 0.16}{0.39}$
$\in_3 g^4$	薄层灰岩与薄层泥灰岩互层 (泥灰岩页岩集中带 R_2)	$8\dfrac{2.76 \sim 2.73}{2.74}$	$11\dfrac{2.74 \sim 2.69}{2.72}$	$11\dfrac{1.00 \sim 0.06}{0.24}$
	泥灰岩	$5\dfrac{2.73 \square 2.73}{2.73}$	$5\dfrac{2.65 \sim 2.50}{2.60}$	$5\dfrac{1.88 \sim 1.21}{1.51}$
$\in_3 g^2$	薄层灰岩与薄层泥灰岩互层	$18\dfrac{2.75 \sim 2.74}{2.75}$	$23\dfrac{2.74 \sim 2.69}{2.71}$	$23\dfrac{0.68 \sim 0.12}{0.45}$
$\in_3 g^1$	薄层灰岩与薄层泥灰岩互层	$11\dfrac{2.76 \sim 2.72}{2.75}$	$11\dfrac{2.74 \sim 2.68}{2.71}$	$11\dfrac{0.89 \sim 0.03}{0.45}$
$\in_2 z^5$	中厚层灰岩	$6\dfrac{2.74 \sim 2.73}{2.74}$	$6\dfrac{2.74 \sim 2.70}{2.73}$	$6\dfrac{0.28 \sim 0.12}{0.18}$
	薄层灰岩与薄层泥灰岩互层	$3\dfrac{2.73 \sim 2.73}{2.73}$	$10\dfrac{2.79 \sim 2.71}{2.73}$	$10\dfrac{0.24 \sim 0.02}{0.11}$
$\in_2 z^5$	薄层灰岩与薄层泥灰岩互层 (泥灰岩页岩集中带 R_6)	$11\dfrac{2.76 \sim 2.73}{2.74}$	$11\dfrac{2.77 \sim 2.58}{2.68}$	$11\dfrac{1.84 \sim 0.10}{0.73}$
	页岩(泥灰岩页岩集中带 R_6)	$20\dfrac{2.75 \sim 2.72}{2.74}$	$24\dfrac{2.72 \sim 2.51}{2.62}$	$24\dfrac{2.89 \sim 0.23}{1.60}$

注:物性指标中的数值为:试验组数 $\dfrac{大值 \sim 小值}{平均值}$。

表 3-8　坝基岩石(岩体)抗压、抗剪强度试验成果统计

地层代号	岩性	室内抗压试验		软化系数	现场抗剪试验	
		干(MPa)	饱和(MPa)		f	C(MPa)
$\in_3 c$	薄层灰岩与泥灰岩互层	$(3)\dfrac{178.3\sim133.6}{149.5}$				
$\in_3 g^4$	薄层灰岩与薄层泥灰岩互层(泥灰岩页岩集中带 R$_2$)	$(5)\dfrac{281.6\sim117.6}{163.5}$	$(7)\dfrac{163.2\sim63.2}{105.0}$	0.58	$(2)\dfrac{1.22\sim0.77}{1.00}$	$(2)\dfrac{1.40\sim0.24}{0.82}$
	泥灰岩	$(2)\dfrac{144.4\sim63.2}{106.3}$	$(2)\dfrac{107.2\sim100.5}{103.9}$	0.98		
$\in_3 g^3$	薄层灰岩与薄层泥灰岩互层(泥灰岩页岩集中带 R$_2$)				$(2)\dfrac{1.07\sim0.61}{0.84}$	$(2)\dfrac{0.24\sim0.20}{0.22}$
$\in_3 g^2$	薄层泥岩与薄层泥灰岩互层	$(9)\dfrac{229.3\sim83.1}{168.6}$	$(8)\dfrac{158.9\sim93.3}{115.9}$	$(8)\dfrac{0.84\sim0.72}{0.78}$	$(2)\dfrac{1.32\sim1.05}{1.19}$	$(2)\dfrac{0.97\sim0.89}{0.93}$
$\in_3 g^1$	薄层灰岩与薄层泥灰岩互层	$(5)\dfrac{281.6\sim117.6}{163.5}$	$(5)\dfrac{158.7\sim65.5}{110.5}$	$(5)\dfrac{0.95\sim0.63}{0.79}$	$(2)\dfrac{0.71\sim0.70}{0.71}$	$(2)\dfrac{0.66\sim0.54}{0.60}$
$\in_2 z^6$	薄层泥灰岩夹薄层灰岩					
	泥灰岩				(1)0.63	(1)0.20
$\in_2 z^5$	中厚层灰岩	$(3)\dfrac{259.0\sim178.9}{216.5}$	$(3)\dfrac{181.3\sim172.5}{177.0}$	0.82	(1)2.23	(1)5.70
	薄层灰岩与薄层泥灰岩互层	$(7)\dfrac{214.7\sim113.4}{171.1}$			(1)1.38	(1)2.30
$\in_2 z^4$	薄层灰岩夹薄层泥灰岩或互层	$(6)\dfrac{163.6\sim107.4}{140.8}$	$(4)\dfrac{162.9\sim133.1}{148.3}$	0.90	$\triangle(34)\dfrac{1.28}{(0.94)}$	$\triangle(34)\dfrac{2.03}{(2.10)}$
	页岩	$(8)\dfrac{216.6\sim77.3}{164.2}$	$(15)\dfrac{168.3\sim52.7}{93.4}$		$\triangle(5)\dfrac{1.28}{(1.82)}$	$\triangle(5)\dfrac{1.46}{(1.82)}$
	页岩夹灰岩条带				$\triangle(6)\dfrac{0.97}{(0.86)}$	$\triangle(6)\dfrac{2.03}{(2.45)}$
	含砾灰岩					(1)4.43
	泥灰岩				$\triangle(7)\dfrac{1.23}{(1.45)}$	$\triangle(7)\dfrac{1.75}{(2.28)}$
接触面	$\dfrac{\in_2 z^5 竹叶状灰岩}{\in_2 z^4 薄层灰岩与薄层泥灰岩互层}$				(1)1.38	(1)1.78
	$\dfrac{\in_2 z^4 鲕状灰岩}{\in_2 z^4 泥灰岩}$					(1)1.76
	$\dfrac{混凝土}{\in_3 g^3 中厚层灰岩}$				$(2)\dfrac{1.32\sim1.05}{1.19}$	$(2)\dfrac{0.97\sim0.89}{0.93}$

注：①指标值为：(试验组点数)$\dfrac{大值\sim小值}{平均值}$。

②△ 为中型剪试验件试件为钻孔岩心，直径为 110~130 mm。

③抗剪强度成果整理方法，前面括号内数字为试验点数，成果中括号内数字为最小二乘法，其余为图解法。

表 3-9　坝基岩体变形试验成果统计

岩层代号	岩性	室内单轴 垂直层面 E_{50} 1×10^4 MPa	现场承压板法 铅直加荷 E_s 1×10^4 MPa	现场承压板法 铅直加荷 E_0 1×10^4 MPa	现场承压板法 水平加荷 E_s 1×10^4 MPa	现场承压板法 水平加荷 E_0 1×10^4 MPa
$\in_3 f^3$	中厚层灰岩					
$\in_3 f^2$	薄层灰岩与薄层泥灰岩互层					
$\in_3 f^1$	厚层白云岩					
$\in_3 c$	薄层灰岩与泥灰岩互层	$(2)\dfrac{2.77 \sim 1.50}{2.10}$				
$\in_3 g^4$	薄层灰岩与薄层泥灰岩互层(R_2)	$(11)\dfrac{3.52 \sim 1.77}{2.42}$				
$\in_3 g^3$	薄层灰岩与薄层泥灰岩互层(R_2)		$(1)6.58$	$(1)1.80$		
	中厚层灰岩		$(2)\dfrac{3.87 \sim 2.31}{3.09}$	$(2)\dfrac{2.02 \sim 1.78}{1.90}$	$(2)\dfrac{2.30 \sim 2.13}{2.22}$	$(2)\dfrac{1.17 \sim 1.10}{1.14}$
$\in_3 g^2$	薄层灰岩与薄层灰岩互层	$(5)\dfrac{5.19 \sim 1.48}{2.48}$	$(2)\dfrac{3.74 \sim 2.63}{3.19}$	$(2)\dfrac{2.63 \sim 2.34}{2.49}$	$(2)\dfrac{2.00 \sim 1.31}{1.66}$	$(2)\dfrac{1.41 \sim 0.55}{0.98}$
$\in_3 g^1$	薄层灰岩与薄层泥灰岩互层	$(11)\dfrac{3.30 \sim 1.64}{2.34}$	$(2)\dfrac{3.21 \sim 2.35}{2.78}$	$(2)\dfrac{1.46 \sim 1.39}{1.43}$	$(2)\dfrac{1.95 \sim 1.93}{1.94}$	$(2)\dfrac{1.06 \sim 0.85}{0.96}$
$\in_2 z^6$	薄层泥灰岩夹薄层灰岩(R_5)		$(2)\dfrac{1.19 \sim 1.05}{1.12}$	$(2)\dfrac{0.81 \sim 0.68}{0.75}$		
$\in_2 z^5$	中厚层灰岩	$(6)\dfrac{2.33 \sim 1.76}{2.11}$				
	薄层灰岩与薄层泥灰岩互层	$(6)\dfrac{3.02 \sim 1.38}{2.06}$				
$\in_2 z^4$	薄层灰岩夹薄层泥灰岩(R_6)	$(9)\dfrac{3.03 \sim 1.31}{2.01}$	$(2)\dfrac{0.06 \sim 0.05}{0.06}$	$(2)\dfrac{0.04 \sim 0.02}{0.03}$	$(2)\dfrac{0.81 \sim 0.52}{0.67}$	$(2)\dfrac{0.52 \sim 0.20}{0.37}$
	页岩(R_6)	$(6)\dfrac{1.89 \sim 1.29}{1.70}$				

续表 3-9

岩层代号	岩性	现场声波法			
		垂直层面		平行层面	
		E_d	u	E_d	u
		1×10^4 MPa		1×10^4 MPa	
$\in_2z^3$	中厚层灰岩	$\dfrac{—}{5.40}$			
$\in_3f^3$	中厚层灰岩	$(7)\dfrac{8.34\sim1.01}{2.48}$	$(7)\dfrac{0.40\sim0.32}{0.36}$	$(4)\dfrac{9.05\sim5.07}{7.56}$	$(4)\dfrac{0.31\sim0.24}{0.27}$
$\in_3f^2$	薄层灰岩与薄层泥灰岩互层	$(6)\dfrac{10.44\sim2.54}{5.64}$	$(6)\dfrac{0.41\sim0.28}{0.35}$	$(11)\dfrac{9.57\sim1.07}{6.17}$	$(11)\dfrac{0.37\sim0.27}{0.33}$
$\in_3f^1$	厚层白云岩	$(1)5.63$	$(5)\dfrac{0.39\sim0.26}{0.34}$	$(5)\dfrac{7.54\sim1.08}{4.87}$	$(5)\dfrac{0.37\sim0.24}{0.32}$
$\in_3c$	薄层灰岩与泥灰岩互层	$(1)7.89$	$(1)0.33$	$(20)\dfrac{10.58\sim1.14}{4.44}$	$(26)\dfrac{0.41\sim0.18}{0.33}$
$\in_3g^4$	薄层灰岩与薄层泥灰岩互层(R_2)	$(7)\dfrac{10.64\sim1.23}{4.40}$	$(7)\dfrac{0.33\sim0.18}{0.25}$	$(22)\dfrac{10.64\sim2.41}{5.76}$	$(24)\dfrac{0.39\sim0.20}{0.28}$
$\in_3g^3$	薄层灰岩与薄层泥灰岩互层(R_2)	$(2)\dfrac{9.47\sim5.33}{7.40}$	$(5)\dfrac{0.38\sim0.26}{0.31}$	$(44)\dfrac{11.38\sim1.08}{6.28}$	$(46)\dfrac{0.44\sim0.20}{0.29}$
	中厚层灰岩	$(1)1.20$	$(1)0.32$	$(44)\dfrac{12.61\sim1.22}{6.15}$	$(44)\dfrac{0.43\sim0.20}{0.28}$
$\in_3g^2$	薄层灰岩与薄层泥灰岩互层	$(11)\dfrac{9.84\sim1.19}{4.09}$	$(12)\dfrac{0.36\sim0.26}{0.32}$	$(33)\dfrac{10.78\sim2.23}{6.50}$	$(39)\dfrac{0.37\sim0.20}{0.30}$
$\in_3g^1$	薄层灰岩与薄层泥灰岩互层	$(3)\dfrac{8.82\sim5.15}{6.61}$	$(3)\dfrac{0.33\sim0.31}{0.32}$	$(9)\dfrac{10.68\sim2.19}{6.34}$	$(11)\dfrac{0.44\sim0.23}{0.33}$
$\in_2z^6$	薄层泥灰岩夹薄层灰岩(R_5)	$(1)0.58$	$(1)0.38$	$(7)\dfrac{6.76\sim2.79}{4.58}$	$(7)\dfrac{0.37\sim0.26}{0.32}$
$\in_2z^5$	中厚层灰岩	$(2)\dfrac{1.77\sim1.09}{1.43}$	$(4)\dfrac{0.39\sim0.20}{0.32}$	$(5)\dfrac{4.49\sim1.02}{3.14}$	$(5)\dfrac{0.39\sim0.26}{0.34}$
	薄层灰岩与薄层泥灰岩互层	$(1)2.00$	$(2)\dfrac{0.33\sim0.28}{0.31}$	$(1)1.64$	$(1)0.33$
$\in_2z^4$	薄层灰岩夹薄层泥灰岩(R_6)				
	页岩(R_6)				
$\in_2z^3$	中厚层灰岩				

注：①指标值为：(现场为试验组数，室内为岩块数) $\dfrac{大值\sim小值}{平均值}$。

②E_{50}：抗压强度 50%时的应力值对应的岩石变形模量，E_s：静弹模量，E_0：变形模量，E_d：动弹性模量。

③空格为未试验。

明显，分析其原因，主要是各试件(或试段)裂隙发育程度不同及试件加工有所差异所致。一般试验指标，铅直加荷载的现场静弹模量为$(1.05\sim6.58)\times10^4$ MPa。由此可见，坝基岩石(岩体)是比较完整坚硬的。应力~应变曲线反映岩石(岩体)属于脆性破坏。试验成果中，张夏组第四层(ϵ_2z^4)薄层灰岩夹薄层泥灰岩变形试验指标较低，垂直加载的弹性模量、变形模量分别为 0.06×10^4 MPa 和 0.03×10^4 MPa。其原因是，该试验地段裂隙发育，雨季受水浸泡，在自然条件下常年干湿交替，夏冬季节反复冻融所致。

3.1.2.2　坝基岩体分类

坝基岩体由厚层、中厚层夹薄层、极薄层岩层组成。由于坝址区构造应力不强，裂隙间距较大，岩层层面结合紧密，因此岩体完整性较好。根据钻孔岩心统计结果，坝址各层岩体质量指标 RQD 大多在 80%以上，最小值也在 60%。相对而言，泥灰岩页岩集中带岩体质量较差，这不仅是因为组成的岩层多为极薄层、薄层泥灰岩、页岩，强度相对较低，而且常有层间剪切带及泥化夹层分布，岩层面常失水干裂。根据坝址具体工程地质条件，结合对工程影响程度，勘察期间将坝基岩体划分为四类，即厚层、中厚层岩体，薄层岩体，层间剪切带及泥化夹层。

(1) I 类，厚层、中厚层岩体。主要由厚层、中厚层灰岩、白云质灰岩、白云岩夹少量薄层灰岩、泥灰岩组成，层面结合紧密，岩石强度高，抗风化能力强，岩体饱和抗压强度为 172.5~181.3 MPa，岩体完整性较好。坝址大部分地层均属该类岩体。

(2) II 类，薄层岩体。该类岩体主要指泥灰岩页岩集中带，呈薄层、极薄层结构，单层厚度一般为 0.5~5.0 cm，多呈条带状、互层状、夹层状分布，新鲜状态下岩体饱和抗压强度最低值为 63.2 MPa，最高值为 163.2 MPa，平均值为 93.4 MPa。该岩体从钻孔中取出的岩心较为完整，但暴露于大气之中，因地应力解除及失水而破裂成薄片状、碎块状。该类岩层中断续发育有层间剪切带和泥化夹层。

(3) III 类，层间剪切带。层间剪切带主要发育在薄层泥灰岩、页岩岩层接触面附近，呈顺层或与层面小角度相交发育。受构造应力作用，原岩的原始结构遭到破坏，形成裂隙、劈理较发育的集中带，组成物质多为劈理化岩片、岩屑，并可见到擦痕、磨光面，而且多呈薄片状、鳞片状和糜棱岩状。后期的风化、卸荷作用，使其结构进一步破坏，发育规模一般厚 1~6 cm，最厚达 15 cm，延伸长短不一，地表出露最长者达 300 m。勘察期间坝址发现共有 12 条。

(4) IV 类，泥化夹层。泥化夹层多发育在层间剪切带内或其下部，是层间剪切带在特定的地质条件下进一步发展的产物，为黄色、灰绿色泥质物，并含有岩屑及砂粒，呈硬塑状，遇水软化呈泥状。一般厚 0.2~6.0 cm，延伸不长。勘察期间坝址发现有 7 层。

与《水利水电工程地质勘察规范》(GB 50287—99)附录中《坝基岩体工程地质分类》对比，坝址区的奥陶系中统、下统及寒武系上统凤山组地层属于上述岩体分类中的 I 类厚层、中厚层岩体，相当于《水利水电工程地质勘察规范》分类中的 A II 及 A III 1 类岩体，寒武系上统长山组、崮山组及中统张夏组属于《水利水电工程地质勘察规范》分类中的 A III 2 类岩体。

3.1.3　坝址地应力环境

为了解坝址区地应力状况，在坝址河床、左岸及右岸依次布置了 ZKC1、ZKC2、ZKC3 三个钻孔，委托国家地震局地壳应力研究所采用水压致裂法进行了地应力测试，测试钻孔位置见图 3-4。

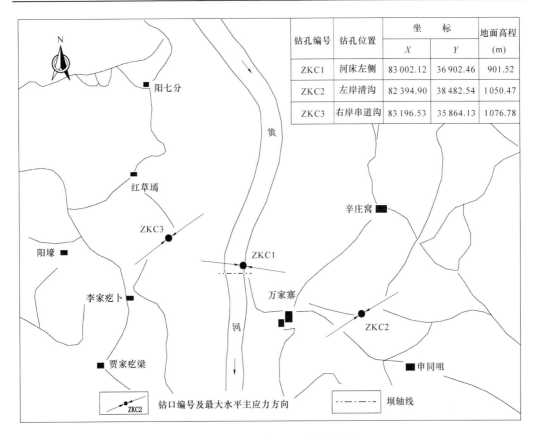

钻孔编号	钻孔位置	坐标		地面高程
		X	Y	(m)
ZKC1	河床左侧	83 002.12	36 902.46	901.52
ZKC2	左岸清沟	82 394.90	38 482.54	1 050.47
ZKC3	右岸串道沟	83 196.53	35 864.13	1 076.78

图 3-4 坝址地应力测试钻孔位置

3.1.3.1 ZKC1 孔地应力测试成果

该孔位于坝址黄河河床左侧滩地,孔口高程为 901.52 m,钻孔深度为 100.15 m,开孔孔径为 130 mm,孔口套管下至孔深 3.50 m,孔深 3.50~4.80 m 孔径为 91 mm,孔深 4.80 m 以下至孔底孔径均为 76 mm,钻孔水位达到孔口。孔内地层岩性自上而下为:孔深 0~3.50 m 为 Q_4 粉砂土夹碎石、砾石,3.50~17.43 m 为 $\in_2 z^5$ 中厚层灰岩夹鲕状、竹叶状灰岩,17.43~30.68 m 为 $\in_2 z^4$ 薄层泥灰岩与薄层灰岩互层夹页岩、鲕状灰岩、竹叶状灰岩,30.68~68.86 m 为 $\in_2 z^3$ 中厚层灰岩夹鲕状灰岩、竹叶状灰岩,68.86~70.97 m 为 $\in_2 z^2$ 泥灰岩夹灰岩,70.97~100.15 m 为 $\in_2 z^1$ 中厚层鲕状灰岩夹竹叶状灰岩。

该孔共进行 8 段地应力测试,测试成果见表 3-10,各测段测试数据进行线性回归,得到的应力随深度变化关系曲线见图 3-5。从测试成果可以看出,ZKC1 孔最大、最小主应力值及垂直主应力值随深度均呈线性增加趋势。应力状态为最大水平主应力(σ_H)>最小水平主应力(σ_h)>垂直主应力(σ_v);剪切应力(σ_H)随深度变化不大,平均值为 1.47 MPa,最大主应力与垂直主应力面的剪切应力(σ_{HV})随深度变化较大,从孔深 H=12 m 的 0.81 MPa 增加到孔深 H=94 m 的 3.97 MPa,线性回归结果为 τ_{HV}=0.34+0.041H,相关系数为 0.88,最小主应力与垂直主应力的剪切应力(τ_{hV})随深度变化不大,平均值为 1.01 MPa。

表 3-10　万家寨 ZKC1 孔应力测量结果

深度(m)	P_0(MPa)	P_b(MPa)	P_s(MPa)	P_r(MPa)	σ_V(MPa)	σ_h(MPa)	σ_H(MPa)	T(MPa)	σ_H方向	σ_A(MPa)	τ_{II}(MPa)	τ_{HV}(MPa)	τ_{hV}(MPa)	$\dfrac{\sigma_H}{\sigma_h}$	$\dfrac{\sigma_H}{\sigma_v}$	$\dfrac{\sigma_h}{\sigma_v}$	$\dfrac{\sigma_A}{\sigma_v}$
12	0.12	—	1.02	1.02	0.32	1.02	1.94	—	—	1.48	0.46	0.81	0.35	1.90	6.06	3.19	4.63
26	0.26	—	1.59	1.52	0.69	1.59	2.99	—	—	2.29	0.70	1.15	0.45	1.88	4.33	2.30	3.32
39	0.39	—	2.91	2.91	1.03	2.91	5.43	—	—	4.17	1.26	2.20	0.94	1.87	5.27	2.83	4.05
46	0.46	10.05	3.84	3.94	1.22	3.84	7.09	6.08	NW 68.5°	5.47	1.63	2.94	1.31	1.85	5.81	3.15	4.48
56	0.56	6.55	2.31	2.18	1.48	2.31	4.19	4.37	NW 68.5°	3.25	0.94	1.36	0.42	1.81	2.83	1.56	2.20
63	0.63	9.59	4.55	4.59	1.67	4.55	8.43	5.00	NW 77.0°	6.49	1.94	3.38	1.44	1.85	5.05	2.72	3.89
80	0.80	12.59	5.49	5.57	2.12	5.49	10.10	7.02	—	7.80	2.31	3.99	1.69	1.84	4.76	2.59	3.68
94	0.94	8.86	5.42	4.90	2.49	5.42	10.42	3.96	NE 68.5°	7.92	2.50	3.97	1.47	1.92	4.18	2.18	3.19

注：最大水平主应力平均方向 NW 81.4°。$\sigma_h=0.52+0.058\,8H$(MPa)，相关系数：0.968。$\sigma_H=0.92+0.111\,0H$(MPa)，相关系数：0.986。$\sigma_v=0.026\,5H$(MPa)，$\rho=2.70$ g/cm³。

P_0 为孔隙压力，P_b 为破裂压力，P_s 为关闭压力，P_r 为重新张开压力，σ_v 为垂直应力，σ_h 为最小水平主应力，σ_H 为最大水平主应力，T 为抗张强度，$\sigma_A=(\sigma_h+\sigma_H)/2$，$\tau_H=(\sigma_H-\sigma_h)/2$，$\tau_{HV}=(\sigma_H-\sigma_v)/2$，$\tau_{hV}=(\sigma_h-\sigma_v)/2$。

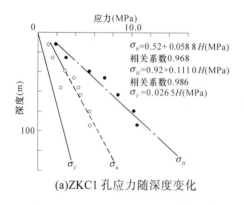

(a)ZKC1 孔应力随深度变化

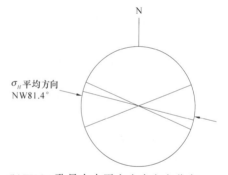

(b)ZKC1 孔最大水平主应力方向分布

图 3-5　ZKC1 孔地应力测量成果

由此可知，坝体坐落的张夏组第五层($\in_2 z^5$)最大水平主应力为 1.94 MPa，剪切应力为 0.46 MPa。张夏组第四层($\in_2 z^4$)最大水平主应力为 2.99 MPa，剪切应力为 0.70 MPa。由各测段数值平均得到的最大水平主应力方向为 NW278.6°，即近于垂直河谷走向。

3.1.3.2　ZKC2 孔地应力测试成果

该孔位于坝址左岸清沟附近，孔口高程为 1 050.47 m，钻孔深度 229.93 m，钻孔孔径：孔深 0~5.60 m 为 110 mm，孔深 5.60~85.00 m 为 91 mm，孔深 85.00 m 以下为 76 mm。套管下至 89.00 m，孔内水位埋深 140 m。孔内地层岩性自上而下为：孔深 0~22.30 m 为 $\in_3 f^{3\sim1}$ 中厚层灰岩夹薄层灰岩，底部为白云质灰岩；22.30~29.10 m 为 $\in_3 c$ 竹叶状灰岩夹薄层灰岩、泥灰岩；29.10~85.24 m 为 $\in_3 g^{4\sim1}$ 中厚层灰岩夹鲕状灰岩、竹叶状灰岩、薄层灰岩、泥灰岩条带；85.24~195.04 m 为 $\in_2 z^{6\sim1}$ 中厚层灰岩、薄层灰岩夹竹叶状灰岩、泥灰岩；195.04~229.93 m 为 $\in_2 x$ 砂质泥岩、页岩、铁质石英砂岩。

该孔共进行 10 段地应力测试,其成果见表 3-11。将各测段的测试数据进行线性回归,得到的应力随深度变化曲线见图 3-6。ZKC2 孔主应力浅部应力状态为 $\sigma_V > \sigma_H > \sigma_h$,垂直主应力为最大主应力,而在深度 100 m 以下为 $\sigma_H > \sigma_h > \sigma_V$。剪切应力随深度有增加趋势,$\tau_H$ 由孔深 $H=113$ m 的 2.19 MPa 增加到孔深 $H=204$ m 的 5.29 MPa,线性回归 $\tau_H = -1.13 + 0.026\ 3H$,相关系数为 0.84。$\tau_{HV}$ 由孔深 $H=113$ m 的 2.73 MPa 增加到孔深 $H=204$ m 的 7.30 MPa,线性回归 $\tau_{HV} = -2.20 + 0.039H$,相关系数为 0.80。$\tau_{hV}$ 随深度变化不大,平均为 1.06 MPa。相当于河床高程部位的最大水平主应力约为 13.66 MPa,方向为 NE65.0°,各测段测试数值平均得到的最大水平主应力方向为 NE61.4°。

表 3-11 万家寨 ZKC2 孔应力测量结果

深度 (m)	P_0 (MPa)	P_b (MPa)	P_s (MPa)	P_r (MPa)	σ_V (MPa)	σ_h (MPa)	σ_H (MPa)	T (MPa)	σ_H 方向	σ_A (MPa)	τ_H (MPa)	τ_{HV} (MPa)	τ_{hV} (MPa)	$\dfrac{\sigma_H}{\sigma_h}$	$\dfrac{\sigma_H}{\sigma_V}$	$\dfrac{\sigma_h}{\sigma_V}$	$\dfrac{\sigma_A}{\sigma_V}$
113	0	6.76	4.07	3.76	3.00	4.07	8.45	3.00	NE 47.5°	6.26	2.19	2.73	0.54	2.08	2.82	1.36	2.09
129	0	11.67	4.25	3.92	3.42	4.25	8.83	7.75	NE 58.0°	6.54	2.29	2.71	0.42	2.08	2.58	1.24	1.91
158	0.18	11.45	7.14	7.58	4.19	7.14	13.66	3.87	NE 65.0°	10.40	3.26	4.74	1.48	1.91	3.26	1.70	2.48
162	0.22	12.57	6.60	6.62	4.29	6.60	12.96	5.95	—	9.78	3.18	4.34	1.16	1.96	3.02	1.54	2.28
167	0.27	9.29	6.14	5.92	4.43	6.14	12.23	3.37	NE 53.0°	9.19	3.06	3.90	0.86	1.99	2.76	1.39	2.07
171	0.31	14.20	5.73	5.71	4.53	5.73	11.17	8.49	—	8.45	2.72	3.32	0.60	1.95	2.47	1.26	1.87
182	0.42	13.13	6.70	6.82	4.82	6.70	12.86	6.31	NE 67.0°	9.78	3.08	4.02	0.94	1.92	2.67	1.39	2.03
190	0.50	13.53	6.43	4.90	5.04	6.43	13.89	8.63	NE 78.0°	10.16	3.73	4.43	0.70	2.16	2.76	1.28	2.02
195	0.55	16.83	8.92	9.45	5.17	8.92	16.76	7.38	—	12.84	9.92	5.80	1.88	1.88	3.24	1.73	2.48
204	0.64	13.67	9.44	7.67	5.41	9.44	20.01	6.00	—	14.73	5.29	7.30	2.02	2.12	3.70	1.74	2.72

注:$\sigma_h = -2.49 + 0.054\ 0H$(MPa),相关系数:0.911,$\sigma_H = -4.84 + 0.107\ 8H$(MPa),相关系数:0.910,$\sigma_H$ 平均方向 NE 61.4°。
$\sigma_v = 0.026\ 5H$(MPa),$\rho = 2.70$ g/cm³。表中符号含义同表 3-10。

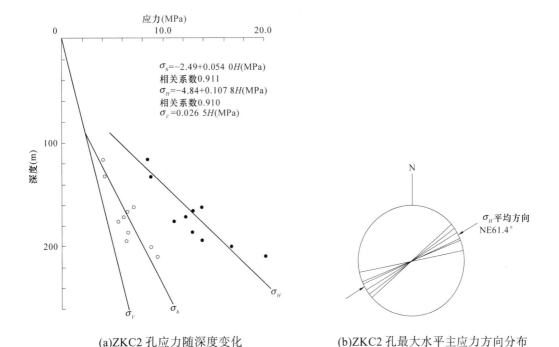

(a)ZKC2 孔应力随深度变化   (b)ZKC2 孔最大水平主应力方向分布

图 3-6 ZKC2 孔地应力测量成果

3.1.3.3　ZKC3 孔地应力测试成果

该孔位于坝址右岸串道沟附近，孔口高程为 1 076.78 m，钻孔深度为 275.00 mm，孔深 0~43.77 m 孔径为 130 mm，孔深 43.77~150.00 m 孔径为 91 mm，孔深 150.00~275.00 m 孔径为 76 mm，套管下至孔深 89 m，孔内水位埋深 120 m。孔内地层岩性自上而下为：孔深 0~10.00 m 为 Q_3 黄土；10.00~27.35 m 为 Q_2 砾石土；27.35~53.03 m 为 O_1l 中厚层白云岩夹泥质白云岩；53.03~86.47 m 为 O_1y 中厚层浅黄色白云岩、灰岩；86.47~142.98 m 为 $\in_3 f^{5\sim1}$ 中厚层白云岩、灰岩夹薄层灰岩、泥灰岩；142.98~150.00 m 为 $\in_3 c$ 中厚层灰岩、鲕状灰岩夹泥质条带；150.00~205.00 m 为 $\in_2 g^{4\sim1}$ 中厚层灰岩夹鲕状灰岩、竹叶状灰岩、薄层灰岩、泥灰岩条带；205.00~275.40 m 为 $\in_2 z^{6\sim3}$ 中厚层灰岩、鲕状灰岩夹薄层灰岩、页岩。

该孔共进行 8 段地应力测试，其成果见表 3-12。将各测段的测试数据进行线性回归得到应力随深度变化曲线见图 3-7。ZKC3 孔浅部应力状态为 $\sigma_H > \sigma_h > \sigma_v$，而孔深 128~594 m 变为 $\sigma_H > \sigma_v > \sigma_h$，垂直应力为中间主应力，推测孔深 594 m 以下则变为 $\sigma_V > \sigma_H > \sigma_h$，垂直主应力为最大主应力。剪切应力随深度变化不大，τ_H 平均值为 1.65 MPa，τ_{HV} 平均值为 0.79 MPa，τ_{hV} 平均值为 –0.53 MPa。相当于河床高程部位的最大水平主应力约为 7.05 MPa。各测段测值平均得到的最大水平主应力方向为 NE59.1°。

表 3-12　万家寨 ZKC3 孔应力测量结果

深度 (m)	P_0 (MPa)	P_b (MPa)	P_s (MPa)	P_r (MPa)	σ_V (MPa)	σ_h (MPa)	σ_H (MPa)	T (MPa)	σ_H 方向	σ_A (MPa)	τ_H (MPa)	τ_{HV} (MPa)	τ_{hV} (MPa)	$\dfrac{\sigma_H}{\sigma_h}$	$\dfrac{\sigma_H}{\sigma_v}$	$\dfrac{\sigma_h}{\sigma_v}$	$\dfrac{\sigma_A}{\sigma_v}$
143	0.23	8.81	4.03	4.67	3.79	4.03	7.19	4.14	—	5.61	1.58	1.70	0.12	1.78	1.90	1.06	1.36
161	0.41	6.89	3.67	3.68	4.27	3.67	6.93	3.21	NE 48.5°	5.30	1.63	1.33	−0.30	1.89	1.62	0.86	1.24
171	0.51	7.92	3.50	2.97	4.53	3.50	7.05	4.95	—	5.28	1.78	1.26	−0.52	2.01	1.56	0.77	1.17
187	0.67	6.91	4.14	3.94	4.96	4.14	7.81	2.97	NE 63.5°	5.98	1.84	1.43	−0.41	1.89	1.57	0.84	1.21
202	0.82	7.83	3.83	3.37	5.35	3.83	7.30	4.46	—	5.57	1.74	0.98	−0.76	1.91	1.36	0.72	1.04
217	0.97	6.00	3.71	3.61	5.75	3.71	6.56	2.39	NE 56.0°	5.14	1.43	0.41	−1.02	1.77	1.14	0.65	0.89
243	1.23	8.55	5.01	4.68	6.44	5.01	9.12	3.87	NE 68.5°	7.07	2.06	1.34	−0.72	1.82	1.42	0.78	1.10
270	1.50	8.01	3.74	3.69	7.16	3.74	6.03	4.32	—	4.89	1.15	−0.57	−1.71	1.61	0.84	0.52	0.68

注：σ_h=1.95+0.011 3H(MPa)，相关系数：0.740。σ_H=3.86+0.020 0 H(MPa)，相关系数：0.860，σ_H 平均方向 NE 59.1°。σ_V=0.026 5H(MPa)，ρ=2.70 g/cm³。表中符号含义同表 3-10。

综合三个地应力孔测试成果可以看出：

(1)在测试深度范围内，最大水平主应力值、最小水平主应力值及垂直主应力值随深度呈线性增加趋势。随深度增加的梯度及应力大小，由测区东部(ZKC2 孔)向西部(ZKC3 孔)有逐渐减小的趋势。而应力比值随深度变化不大，各孔的最大水平主应力与最小水平主应力之比的平均值 ZKC1 孔 1.87、ZKC2 为 2.01、ZKC3 孔为 1.84，各孔的平均水平主应力与垂直主应力之比平均值 ZKC1 孔为 3.68、ZKC2 为 2.20、ZKC3 孔为 1.09。

(2)在测试深度范围内，剪应力有随深度加深而增大的趋势，但是增加的梯度远小于主应力增加的梯度。剪应力值东部(ZKC2 孔)比西部(ZKC3 孔)要大。

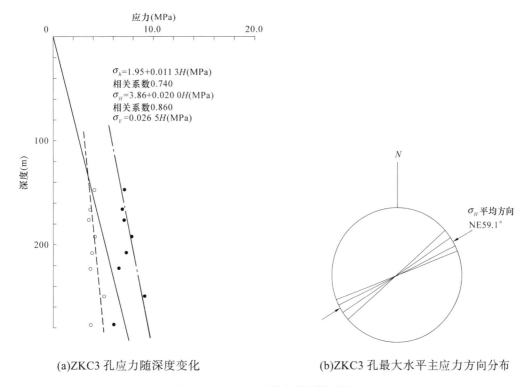

(a)ZKC3 孔应力随深度变化　　　　(b)ZKC3 孔最大水平主应力方向分布

图 3-7　ZKC3 孔地应力测量成果

(3)地应力测试成果进行弹性静力学有限元分析,分析结果最大水平主应力作用面向深处与水平面近于平行,在斜坡部位则与斜坡面近于平行,见图 3-8,最大、最小主应力在剖面上没有明显的应力集中区,从最大水平主应力分布图可以看出,在河床张夏组第五层($\in_3z^5$)与张夏组第四层($\in_3z^4$)界面附近,最大水平主应力为 2~3 MPa,见图 3-9、图 3-10。

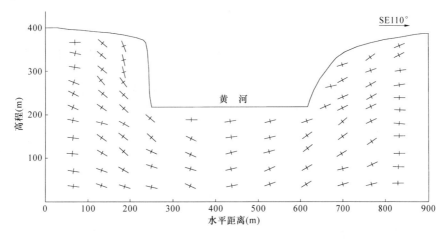

图 3-8　坝址应力方向

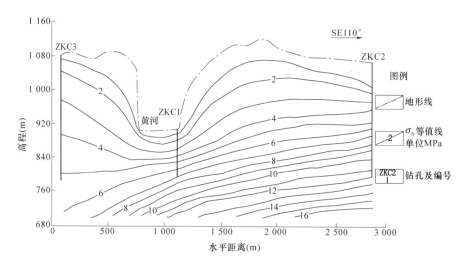

图 3-9　ZKC3→ZKC1→ZKC2 剖面最小水平主应力(σ_h)等值线图

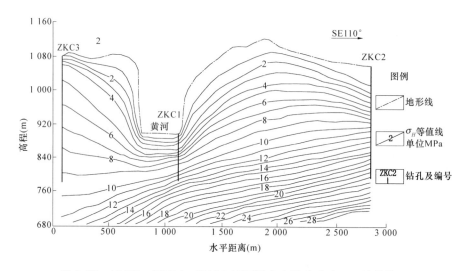

图 3-10　ZKC3→ZKC1→ZKC2 剖面最大水平主应力(σ_H)等值线图

(4)由本区应力测试结果，结合东侧与之相邻的《山西省万家寨引黄工程地应力测试报告》，可以看到这样一种现象，即从引黄地区上水头附近片麻岩出露地带，向西至本区构成一个东西两侧不同的应力区，见图 3-11。从应力值大小来看，西侧以黄河为界，向西应力值减小；东侧以虎头山为界，向东应力值也减小，而黄河至虎头山之间地带应力值保持较高的态势。从应力值随深度增加的梯度来看，在黄河至虎头山之间地带应力随深度增加的梯度相当大，一般为 0.1 以上，而东、西两侧应力随深度增加的梯度明显减小，一般为 0.02~0.05。上述应力分布特点，从地质构造来看恰恰与本测区正处在山西台隆与鄂尔多斯台坳的过渡地带相吻合。

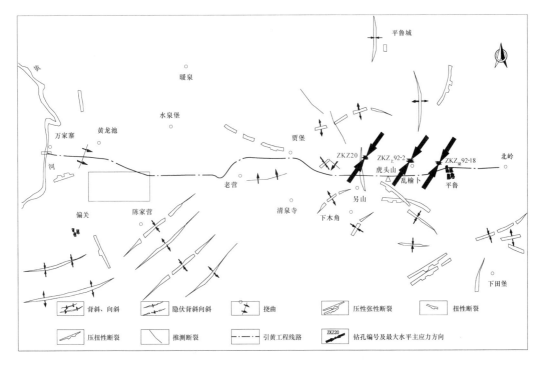

图 3-11　万家寨引黄入晋工程地应力测试位置

3.2　坝址、坝线比较

3.2.1　坝址比较

1958 年，北京院在万家寨河段开展初设第一期选坝阶段勘察设计时，对技经阶段所拟定的上、中、下三个坝址进行了工程地质勘察。主要完成了坝区 1/5 000 工程地质测绘 12.25 km²，平硐 6 个，坑槽探 580 m³，机钻孔 1 602 m，压水试验 151 段次。基本查明了三个坝址的工程地质条件，为坝址比较提供了依据。坝址、坝线位置见图 3-1。

三个坝址地质条件相近，都适于修建混凝土重力坝。坝址比较见表 3-13。由表可以看出：

(1)相对而言，下坝址工程地质条件较差，主要表现为：河谷较宽，左右两岸壁较破碎，不整齐，风化厚度较大，开挖方量大，河床张夏组第四层 $\in_2 z^4$ 在建基面下埋深较浅，对建筑物抗滑稳定不利，两岸山顶无良好的施工场地。

(2)中、上坝址工程地质条件相近，相对中坝址而言，上坝址虽然河谷断面稍窄，但左坝肩风化厚度较大，开挖方量较大；$\in_2 z^4$ 层距建基面埋深较浅，对建筑物抗滑稳定不利，两岸山顶无良好的施工场地。

(3)中坝址两岸坝肩岩壁整齐，大裂隙数量少，岩体渗透性弱；$\in_2 z^4$ 层距建基面埋深较大，对建筑物抗滑稳定有利；左岸有三、四级阶地，可提供良好的施工场地。

经当时的选坝委员会综合比较，选定了中坝址。

表 3-13　黄河万家寨河段坝址比较

项目		上坝址	中坝址	下坝址
河谷宽度(m)	河水面	238(900.6 高程)	218(899.5 高程)	235(897.2 高程)
	高程 980 m	398	400	442
	峡谷顶	381(995.5 高程)	403(1 012 高程)	465(1 012 高程)
陡壁高度(m)	左岸	118	126	112.5
	右岸	95	111	148
陡壁风化深度(m)	左岸(水平方向)	4~5	8.0	4.0
	右岸(水平方向)	7.5	4.0	4.1
河床覆盖厚度(m)		0.36	0.5	1.8
河床基岩面高程(m)		898.6	897.0	894.7
陡壁平碉内裂隙率(%)	左岸	0.199	0.106	0.108
	右岸	0.145	0.117	0.092 1
山麓堆积厚度(m)	左岸	5.0~19.0	4.5~18.0	4.5~10.5
	右岸	5.5~17.0	4.0~24.5	2.0~16.5
建议开挖深度(m)	左岸(水平方向)	5.5~6.0	5.0~8.5	4.0~5.0
	河床	4.0	4.0	4.0~8.0
	右岸(水平方向)	7.5~8.0	4.5~5.5	3.5~5.5
河床 $\omega<0.01$ L/(min·m·m)界线高程(m)		888.3	865.0	879.61
$\in_2 z^4$ 顶板距建基面埋深(m)		8.5~14.4	10.6~16.4	6.0~13.0
泉水出露	类型	裂隙下降泉	裂隙下降泉	裂隙下降泉
	数量	4 个	1 个	16 个
	流量(L/min)	一般 0.1~1.0	0.2~0.3	0.2~2.5
地下水位(m)	两岸	913.54~931.8	898~940	927.01~929.79
	河中	902.5	902.4~904.15	903.37~916.93
坝肩附近崩塌体		有 3 处	有 3 处	

3.2.2　坝线比较

1983 年，天津院对万家寨工程进行可行性研究阶段勘测设计时，通过对以往资料的分析研究，重点对中坝址进行补充勘察，坝址完成的控制性勘察工作有坝址 1/500 陆地摄影地质填图，机钻孔 10 个，累积进尺 926.87 m，平碉 8 个，累积进尺 133.90 m，压水试验 140 段次。勘察结论认为，北京院曾选定的中坝址是适宜的。1984 年，经原水电部审查最终确定中坝址。

在随后开展的初步设计工作中，在北京院进行初步设计的中坝线下游约 200 m 又选择一条坝轴线，进行坝线比较。原中坝线为中Ⅰ坝轴线，新选坝轴线为中Ⅱ坝轴线。

中Ⅰ坝轴线位于黄河河道由南西向转为南东向的拐弯处附近，坝轴线方位为 NE89°。中Ⅱ坝轴线位于拐弯处下游，坝轴线方位为 NE86°。两条坝轴线工程地质条件相差不大，均适宜修建混凝土重力坝。两条坝轴线工程地质条件见表 3-14。中Ⅱ坝轴线比中Ⅰ坝轴线河谷宽度窄约 20 m，两岸岸顶低约 25 m，距离三级阶地平台更近。而中Ⅰ坝轴线库水下泄时将直接冲刷右岸岸壁，且右岸坝线下游约 100 m 有串道沟，呈半悬状态。雨季泥石俱下冲刷坝趾，将增加工程防护措施。经过认真比选，最终选定中Ⅱ坝轴线。

表 3-14 中ᵢ、中ᵢᵢ坝轴线工程地质条件

序号	项目		中ᵢ坝轴线			中ᵢᵢ坝轴线		
			左岸	河床	右岸	左岸	河床	右岸
1	河谷宽(m)	河水位高程898.5 m时		245			228	
		最高蓄水位980 m时		434			416	
		峡谷顶		445			422	
2	峡谷顶高程(m)		1 030		1 030	1 005		1 007
3	覆盖层	崩坡积 $\frac{厚度(m)}{底宽(m)}$	$\frac{2\sim35}{55}$		$\frac{2\sim40}{55}$	$\frac{2\sim28}{30}$		$\frac{2\sim40}{20}$
		河床冲积层厚度(m)		$0\sim2$			$0\sim2$	
4	坝基(肩)建基面地层代号		$\in_2z^5\sim\in_3f^3$	$\in_2z^5$	$\in_2z^6\sim\in_3f^3$	$\in_2z^6\sim\in_3f^3$	$\in_2z^5$	$\in_2z^6\sim\in_3f^3$
5	基岩面下$\in_2z^4$层埋深(m)			15.47~27.58			14.71~20.40	
6	小断层数量(条)					1		1
7	大裂隙数量(条)			1				
8	泥化夹层(层次)		2	3	2	2	1	1
9	层间剪切带(条)		6	2	2	7	1	3
10	地下水位	$\in_3g$层 $\frac{高程(m)}{年-月-日}$	$\frac{953.52}{1983-05-21}$			$\frac{937.96}{1984-07-26}$		
		$\in_2z^5$层 $\frac{高程(m)}{年-月-日}$	959.20	$\frac{899.85}{1985-03-20}$	$\frac{898.29}{1992-06-20}$	940.75	$\frac{898.53}{1985-05-08}$	
		$\in_2z^3$层 $\frac{高程(m)}{年-月-日}$	$\frac{902.80}{1985-03-20}$	$\frac{900.11}{1984-09-20}$		$\frac{900.07}{1985-03-20}$	$\frac{898.41}{1985-05-11}$	
11	建议防渗帷幕下限高程(m)		930	870	920	920	873~880局部 852	910
12	弱风化深度(m)		3~8(水平)	0~5.55(垂直)	2.2~5.2(水平)	6~10(水平)	1.04~6.8(垂直)	5~8(水平)
13	卸荷带深度(m)				与弱风化深度基本一致			

3.3 基坑开挖与建基岩体质量

3.3.1 拦河坝与电站厂房

拦河坝为半整体式混凝土直线重力坝。坝顶高程为 982 m,坝顶长度为 443 m,最大

坝高 105 m。坝体自左向右分为 22 个坝段，其中①~③坝段为左岸挡水坝段，④~⑩坝段为河床左侧溢流坝段，⑪坝段为隔墩坝段，⑫~⑰坝段为河床右侧电站厂房坝段，⑱~㉒坝段为右岸挡水坝段。每个坝段沿坝轴线方向底宽 19~24 m，垂直坝轴线方向底长：挡水坝段 16.0~83.2 m，溢流坝段 73.7~78.8 m，隔墩坝段 85 m，电站厂房坝段 83.2 m。每个坝段分为 1~4 个坝块(甲、乙、丙、丁)。

溢流坝段下游采用长护坦挑流消能，护坦长 80 m。其后，护坦下游又增设了长约 15 m 的防冲板、宽约 10 m 的防齿槽及宽约 5 m 的护脚板。

电站厂房为坝后式，共安装 6 台单机容量 180 MW 的机组。沿坝轴线方向底宽 148.0 m，垂直坝轴线方向底长从坝趾算起为 45.5 m。电站厂房左右两侧分别设置有主、副安装间和副厂房，枢纽布置见图 3-12。

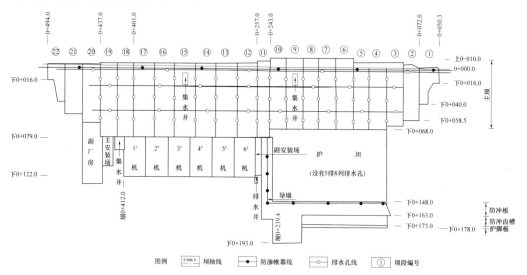

说明：1.主帷幕左坝肩外延 100 m，右坝肩外延 83 m；
　　　2.左坝肩在 912.0 m、950.0 m 高程，右坝肩在 910.0 m、939.0 m 设有水平排水硐，硐内均设有排水孔。

图 3-12　万家寨水利枢纽平面布置图

3.3.1.1　基坑开挖

坝址河床部位原基岩面高程为 896.5~897.5 m。岩性为寒武系中统张夏组第五层的中厚层灰岩夹薄层灰岩、鲕状灰岩。该层总厚 22.63~25.06 m，河床部位厚 14.0~22.0 m。该层岩石坚硬，完整性较好，但该层中发育有数条层间剪切带，破坏了岩体完整性，对坝基抗滑稳定不利。张夏组第五层其下为张夏组第四层，主要由薄层灰岩、页岩夹泥灰岩、竹叶状灰岩、鲕状灰岩组成，层厚 11.75~15.20 m。岩石相对较"软"，裂隙不甚发育，透水性微弱。但岩体失水易干裂和卸荷回弹开裂。

两岸坝肩基岩地层自坝顶向下依次为寒武系上统凤山组第 3~1 层($\in_3 f^{3\sim1}$)、长山组($\in_3 c$)、崮山组第 4~1 层($\in_3 g^{4\sim1}$)及中统张夏组第六层($\in_2 z^6$)、第五层($\in_2 z^5$)上部。岩层主要为中厚层、薄层灰岩、竹叶状灰岩、鲕状灰岩、泥质白云岩及白云岩。初设勘察时，两岸坝肩陡壁曾发现数条层间剪切带及泥化夹层，但经施工开挖后已不甚明显。两岸坝肩岩石坚硬，总体稳定性较好。

拦河坝与电站厂房为一等工程 1 级建筑物，综合考虑基础岩体的物理力学指标及渗透性，基坑需开挖至弱风化下部岩体，建基面附近尽量避开不良结构面。初设阶段确定的开挖深度，河床部位为 3~6 m，建基面高程大约为 892 m；两岸坝肩水平开挖深度为 8~10 m，开挖边坡为 6:1(1:0.17)~4:1(1:0.25)。技施阶段优化设计时，大多在原建议开挖深度基础上减少开挖深度约 2 m。

施工开挖过程中，根据层间剪切带性状和分布，对河床基坑开挖深度进行了调整。河床左侧④~⑪坝段基坑以挖除 SCJ07 层间剪切带为准，并将较破碎岩体全部清除。一般开挖深度为 5~6 m，局部地段最深开挖达 10.6 m。河床右侧⑫~⑲坝段基坑，坝基甲、乙块基础将上覆岩层厚度小于 3 m 的 SCJ01 层间剪切带挖除，电站坝段丙、丁块及电站厂房基础，则根据建筑物结构要求，分别挖至 882.0 m 及 877.0~875.0 m 高程，一般开挖深度：电站厂房坝段甲、乙块及⑱、⑲坝段 2~4 m；电站厂房坝段丙块约 15 m；丁块及电站厂房 15~20 m。两岸坝肩(左岸①~③坝段、右岸⑳~㉒坝段)开挖，为了有利于边坡坝段的坝体稳定，每个边坡坝段均设置基础平台，平台一般宽为 10 m，开挖边坡一般为 6:1，局部为 4:1，坝肩水平开挖深度一般为 8~10 m，最深约 20 m。建基岩体验收标准为建基面地震波纵波速张夏组第五层 $V_p \geq 4\,000$ m/s，张夏组第四层 $V_p \geq 3\,500$ m/s。各坝段及电站厂房开挖深度及建基面高程见表 3-15。

表 3-15 拦河坝及电站厂房开挖深度与建基面高程统计

坝块编号(电站厂房)		原始基岩面高程(m)	设计开挖高程(m)	实际开挖高程(m)	开挖深度(m)	备注	
①	甲		928.0	927.6~929.2		左岸边坡	挡水坝段
	乙		928.0	928.0~929.2			
②	甲	905.4~947.0	902.0	902.7~903.2	2.7~27.4		
	乙	912.6~948.0	902.0	902.8~903.9	9.4~32.1		
③	甲	898.2~903.8	894.0	894.3~895.0	3.7~8.4		
	乙	898.0~916.0	894.0	894.7~895.4	5.3~15.0		
	丙	904.6~907.6	894.0	895.0~895.7	9.5~11.0		
④	甲	901.4~901.8	891.5	891.0~891.8	9.6~10.6	河床	溢流坝段
	乙	901.2~901.7	891.5	891.3~891.8	9.5~10.1		
	丙	900.2~900.4	891.5	891.5~892.0	8.2~8.8		
⑤	甲	897.6~897.8	891.0~891.5	891.3~891.8	5.9~6.7		
	乙	897.6~897.8	891.5	891.2~891.8	5.7~6.4		
	丙	900.0~900.7	891.5	890.8~891.5	8.5~9.7		
⑥	甲	901.3~901.6	891.0~891.5	891.1~891.6	9.9~10.4		
	乙	900.5~901.1	891.5	891.2~891.8	9.0~9.7		
	丙	900.4~900.8	891.5	891.4~892.0	8.8~9.1		
⑦	甲	897.2~897.7	891.0~891.5	890.7~891.4	5.7~6.7		
	乙	897.0~897.8	891.5	890.5~891.7	5.7~7.1		
	丙	897.0~897.6	891.5	891.4~891.8	5.4~6.0		

续表 3-15

坝块编号 (电站厂房)		原始基岩面高程 (m)	设计开挖高程 (m)	实际开挖高程 (m)	开挖深度 (m)	备注	
⑧	甲	896.3~897.6	890.6~891.6	890.2~891.5	5.0~6.2	溢流坝段	
	乙	896.2~897.4	889.8~891.5	890.6~891.7	5.1~6.8		
	丙	897.4~897.7	891.2~891.6	890.6~892.4	6.0~6.7		
⑨	甲	897.0~897.4	889.8~890.8	890.0~890.5	6.4~7.2		
	乙	896.0~896.6	890.3~891.1	890.8~891.6	5.2~5.4		
	丙	896.4~896.6	890.7~891.4	891.3~892.3	4.4~5.2		
⑩	甲	897.4~897.6	888.8~890.2	888.6~890.2	7.4~8.4		
	乙	896.2~896.4	889.6~890.6	889.8~891.3	5.6~6.5		
	丙	896.4~896.5	890.3~891.3	890.8~891.8	4.6~5.7		
⑪	甲	896.3~896.8	888.5~889.6	889.2~889.9	6.5~7.1	隔墩坝段	
	乙	897.5~897.9	889.2~890.1	889.8~890.8	6.9~7.7		
	丙	897.0~897.3	890.0~890.6	890.5~891.5	5.6~6.7		
⑫	甲	897.1	894.0	893.4~894.4	2.7~3.7	河 床	电 站 厂 房 坝 段
	乙	897.1	894.0	893.1~894.8	2.3~4.0		
	丙	897.1	882.0	881.9~890.6	6.5~15.2		
	丁	897.1	882.0	881.6~890.9	6.2~15.5		
			877.0	877.0~878.1	19.0~20.1		
⑬	甲	896.8~897.1	894.0	893.1~894.1	2.7~4.0		
	乙	896.6~897.0	894.0	893.7~894.4	2.5~3.3		
	丙	896.9	882.0	880.9~882.4	14.5~16.0		
	丁	896.9	882.0	880.6~881.1	15.8~16.3		
			877.0	876.2~877.3	19.6~20.7		
⑭	甲	897.2~897.4	894.0	892.2~893.6	3.6~4.9		
	乙	891.0~897.3	894.0	892.6~893.9	3.0~4.6		
	丙	897.2	882.0	880.7~882.2	15.0~16.5		
	丁	897.2	882.0	879.9~881.0	16.2~17.3		
			877.0	876.3~877.3	19.9~20.9		
⑮	甲	897.2~897.6	894.0	891.8~892.7	4.4~5.6		
	乙	897.0~897.6	894.0	891.9~892.7	4.7~5.5		
	丙	897.3	882.0	881.1~882.3	15.0~16.2		
	丁	897.3	882.0	880.4~880.6	16.7~16.9		
			877.0	876.1~877.3	20.0~21.0		
⑯	甲	897.3~897.7	894.0	893.4~894.5	2.7~4.1		
	乙	897.7~897.9	894.0	891.1~892.0	5.8~6.7		
	丙	897.6	882.0	881.6~882.4	15.2~16.0		
	丁	897.6	882.0	881.2~882.0	15.6~16.4		
			877.0	876.8~877.6	20.0~20.8		

续表 3-15

坝块编号(电站厂房)		原始基岩面高程(m)	设计开挖高程(m)	实际开挖高程(m)	开挖深度(m)	备注	
⑰	甲	897.6~898.3	894.0	893.8~894.6	3.4~4.0	河床	电站厂房坝段
	乙	897.6~898.2	894.0	890.4~891.5	6.4~7.4		
	丙	898.0	882.0	881.7~882.3	15.7~16.3		
	丁	898.0	882.0	881.5~882.3	15.8~16.5		
			877.0	876.2~876.8	21.2~21.8		
⑱	甲	898.5~898.8	894.0	893.8~894.6	4.0~4.8		
	乙	898.0~898.2	894.0	894.0~894.5	3.6~4.1		
	丙	898.4	882.0	881.7~882.6	15.8~16.7		
	丁	898.4	882.0	880.0~882.1	16.3~18.4		
			877.0	876.7~878.0	20.4~21.7		
⑲	甲	898.7~898.8	894.0	893.7~894.3	4.4~5.1		挡水坝段
	乙	898.8	894.0	893.8~894.2	4.6~5.0		
	丙	898.8	894.0	893.8~894.9	3.9~5.0		
	丁	898.8	898.0	897.0~898.4	0.4~1.8		
⑳	甲	900.0~903.0	898.0	895.1~895.5	4.5~7.8	右岸边坡	
	乙	900.0~902.2	898.0	894.9~895.4	4.6~7.2		
	丙	899.0~902.8	898.0	894.2~895.7	4.6~7.0		
㉑	甲		907.0	906.4~907.2			
	乙		907.0	905.0~907.2			
	丙		907.0	905.8~907.5			
㉒			937.0	938.0~938.9			
1#机组		896.52~897.69	875.0~877.0	874.3~876.4	21.1~23.2	电站厂房	
2#机组		896.52~897.69	875.0~877.0	874.6~876.6	20.9~22.9		
3#机组		896.52~897.69	875.0~877.0	874.4~877.0	20.5~23.1		
4#机组		896.52~897.69	875.0~877.0	874.3~876.6	20.9~23.2		
5#机组		896.52~897.69	875.0~877.0	874.3~876.9	20.6~23.2		
6#机组		896.52~897.69	875.0~877.0	874.2~877.0	20.5~23.4		

3.3.1.2　建基地层与岩性

河床坝段除右岸电站坝段丁块，基础均坐落在寒武系中统张夏组第五层地层上。岩性组成为中厚层灰岩、薄层灰岩、泥灰岩及其互层，夹少量鲕状灰岩、竹叶(砾)状灰岩。

经开挖处理后，各坝段表层岩体呈弱风化~微风化状态，具体情况如下：

河床左侧④~⑪坝段，建基面岩性以中厚层灰岩为主。其中，④~⑧坝段中线以左坝段，表层中厚层灰岩单层厚 0.3~0.4 m；⑧坝段中线以右~⑪坝段表层灰岩为厚层，单层厚 1.2 m 左右。

河床右侧⑫~⑮坝段甲、乙块和⑯~⑰坝段乙块，建基表面中厚层灰岩约占 20%，薄层岩体约占 80%，薄层岩体一般厚 5~10 cm，其下伏岩体为中厚层灰岩，层面胶结良好；⑯、⑰坝段甲块和⑱、⑲坝段，建基面出露岩性以中厚层灰岩为主，该层厚 0.3~1.0 m；电站坝段(⑫~⑰坝段)丙块基础，开挖深度约 15 m，已进入新鲜岩体，建基面岩性以中厚层灰岩、薄层灰岩为主。

电站厂房及电站坝段丁块基础直接坐落在寒武系中统张夏组第四层岩体之上。施工中，根据该层岩体的具体特性，清除了表层易风化的泥灰岩和页岩，建基面岩体多为中厚层，层厚 0.15~0.3 m，坚硬完整。下伏 0.05~0.15 m 厚度不等的薄层岩体，整体基础为中厚层灰岩与薄层类岩体互层，上部岩体有卸荷现象(开挖形成的卸荷)，卸荷深度为 1.0~2.5 m，以下为新鲜完整岩体。

两岸坝肩利用岩体自上而下由寒武系上统凤山组、长山组、崮山组及中统张夏组的中厚层、薄层灰岩、竹叶状灰岩、鲕状灰岩、泥质白云岩及白云岩组成。左岸①坝段基础平台为崮山组第一层，②、③坝段基础平台为张夏组第五层；右岸⑳、㉑、㉒坝段基础平台分别为崮山组第三层、崮山组第一层、张夏组第五层。岩层产状平缓，岩石坚硬，岩体完整性较好。

坝基基坑开挖形态及地层分布见图 3-13。

3.3.1.3 基础岩体张夏组第五层的开挖卸荷回弹

基础岩体张夏组第五层开挖过程表现出明显的因开挖卸荷引起的回弹变形。在河床左侧基坑开挖过程中进行了钻孔声波测量，当开挖至高程 894.0 m 时，其波速值为 4 580~6 100 m/s。当开挖至建基高程(高程 890.5~892.0 m)后，岩体裸露长达 20 天，波速值为 3 770~5 520 m/s，与第一次声波测量成果相比，声波值下降率为 5.4%~32.3%，一般在 10% 左右。表明岩体产生了新的卸荷带，卸荷带深度一般为 1.0 m 左右，最深达 2.1 m。基础浇筑混凝土后(混凝土厚度在 3.0 m 以上)，又进行了钻孔声波测量，结果表明：在相应部位建基面附近岩体声波值都有所回升，上升率多在 10% 以上，与开挖导致的波速值下降大致相当。钻孔声波测量成果见表 3-16、表 3-17。由此可以说明，坝基张夏组第五层岩体因开挖引起的卸荷回弹变形，主要是层面张开，在短时间内属于弹性变形，随着混凝土的浇筑，岩体基本可以恢复原来状态。

3.3.1.4 电站坝段丁块及发电厂房基础张夏组第四层岩体时间效应与变形特征

勘察期间发现，张夏组第四层在钻孔中刚取出的岩心较为新鲜完整，抗压强度较高，但在地表放置一定时间后，便开裂成饼状。为了研究放置时间对抗剪强度的影响，曾对张夏组第四层主要岩体，即薄层灰岩与薄层泥灰岩互层(或夹层)，进行了不同放置时间与抗切强度关系的试验，其成果见图 3-14。试验表明，岩样放置时间越长，其抗切强度降低越多。分析其主要原因是：岩样在自然状态下放置，由于地应力逐渐释放及岩样失水而引起结构松弛，从而导致岩体力学强度降低，当达到一定程度，使岩块自然开裂。

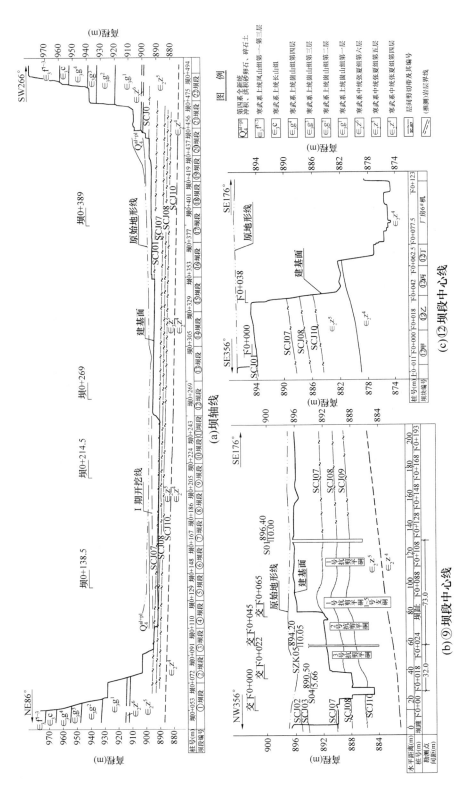

图 3-13　坝基基坑开挖形态及地层分布

表 3-16　坝基张夏组第五层岩体开挖卸荷前后钻孔声波测量成果

坝块	观测岩体高程(m)	一期开挖后声速(m/s)	基坑裸露 20 天后声速(m/s)	声速下降率(%)
④丙	891.8~891.2	4 800	4 180	12.9
⑤乙	891.3~890.8	4 580	3 770	17.1
⑦丙	891.2~890.3	5 020	4 750	5.4
⑧丙	891.7~891.3	5 990	4 390	26.7
⑨乙	891.0~888.9	5 760	3 900	32.3
⑩丙	891.0~890.4	6 050	5 630	6.9
⑪乙	890.8~889.3	5 290	4 980	5.9
⑪丙	890.7~888.6	6 100	5 520	9.5

表 3-17　坝基张夏组第五层岩体混凝土浇筑前后钻孔声波测量成果

坝块	观测岩体高程(m)	覆盖前声速(m/s)	覆盖后声速(m/s)	声速提高率(%)
⑤	891.4~890.3	3 660	4 920	34.3
⑤	891.6~891.1	3 420	3 920	14.6
⑥	891.0~890.2	4 600	4 800	4.3
⑦	890.8~889.3	4 160	4 990	20.0
⑦	890.7~889.5	3 800	4 500	18.4
⑦	891.1~890.2	4 740	5 450	14.9
⑧	890.3~889.4	4 610	5 870	27.3
⑧	890.5~890.1	4 300	4 750	10.5
⑧	891.0~889.7	4 520	5 150	13.9
⑨	891.0~889.7	4 450	4 450	0
⑨	891.0~889.9	2 730	4 720	72.9
⑩	889.5~887.8	3 080	4 100	33.0
⑩	890.5~890.0	5 420	5 740	5.9

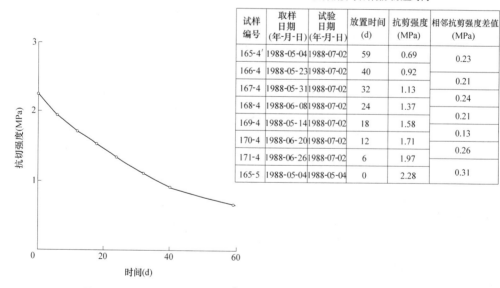

抗切强度与岩样露天放置时间

试样编号	取样日期(年-月-日)	试验日期(年-月-日)	放置时间(d)	抗剪强度(MPa)	相邻抗剪强度差值(MPa)
165-4'	1988-05-04	1988-07-02	59	0.69	0.23
166-4	1988-05-23	1988-07-02	40	0.92	0.21
167-4	1988-05-31	1988-07-02	32	1.13	0.24
168-4	1988-06-08	1988-07-02	24	1.37	0.21
169-4	1988-05-14	1988-07-02	18	1.58	0.13
170-4	1988-06-20	1988-07-02	12	1.71	0.26
171-4	1988-06-26	1988-07-02	6	1.97	0.31
165-5	1988-05-04	1988-05-04	0	2.28	

图 3-14　张夏组第四层($\in_2 z^4$)岩样放置时间与抗切强度关系曲线

为了解张夏组第四层变形特征，在电站厂房基坑开挖结束后，对建基岩体进行了变形试验和开挖基岩面位移监测。

岩体变形试验采用刚性承压板法共进行 4 个测点。在张夏组第四层的鲕状灰岩中进行 2 个测点，位置分别在 3# 机组 B 块、4# 机组 C 块；在页岩层中进行 2 个测点，位置分别在 6# 机组 E 块左侧和右侧。试验成果见表 3-18。试验荷载与变形过程曲线见图 3-15。试验结果表明，在低荷载条件下岩体有较大的压密变形量，随着岩体被压密，在高荷载条件下变形量即很小。以最后一个循环荷载为例，当岩体单位面积上承受 1.0 MPa 压力时，鲕状灰岩与页岩试件的压缩变形量占总变形量的 81%；当压力升高到 1.5 MPa 时，鲕状灰岩与页岩试件的压缩变形量分别占总变形量的 88% 和 92%，总变形量仅分别增加了 7% 和 11%；当压力超过 2.0 MPa 时，荷载~变形曲线则成斜率很大的直线。这说明张夏组第四层岩体因开挖卸荷产生的回弹变形，其位移主要表现为层面开度扩大及隐层理的开裂。当上覆荷载加到一定程度后，岩体又会被压密，但已无法恢复到原来的状态。

表 3-18 建基岩体张夏组第四层岩体变形试验成果

地层岩性	试点位置	试点编号	变形模量(GPa)	弹性模量(GPa)	岩性描述
张夏组第四层鲕状灰岩	3# 机组 B 块	1#	1.4	17.8	鲕状灰岩层厚 20~40 cm，2# 试点有一条闭合的 NWW 向陡倾角裂隙
	4# 机组 C 块	2#	1.3	15.3	
张夏组第四层紫色页岩	6# 机组 E 块右侧	3#	0.3	5.1	页岩层厚 0.8~1.0 m，单层厚 1~2 cm，4# 试点顶部有一层厚 15 cm 的页岩层
	6# 机组 E 块左侧	4#	0.38	—	

注：试验单位为中科院地质研究所。

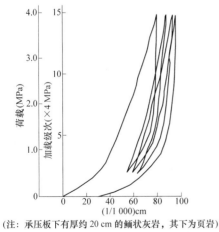

(注：承压板下有厚约 20 cm 的鲕状灰岩，其下为页岩)

(a) 3# 机 B 块荷载~变形过程曲线

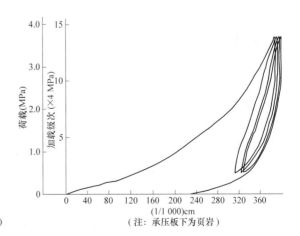

(注：承压板下为页岩)

(b) 6# 机 E 块偏右荷载~变形过程曲线

图 3-15 电站厂房基础张夏组第四层($\in_2 z^4$)荷载~变形过程曲线

为了解开挖后张夏组第四层岩体最大回弹量及向上位移的变化过程，在 6#发电机组基础采用孔内多点伸长计，在 2 个钻孔内进行了回弹变形的监测。根据两孔监测结果综合绘成岩体向上位移随深度变化曲线，见图 3-16。由曲线可以看出，岩体向上回弹位移随深度变化而减小，至埋深约 8 m，位移趋近于零，岩体表部最大位移量约 16 mm。

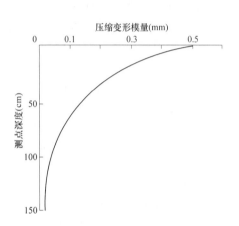

(a)承压板法岩体压缩变形随深度的变化

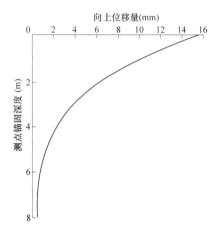

(b)稳定岩体(8 m)以上岩体向上位移变化趋势

图 3-16　电站厂房基础张夏组第四层压缩变形与深度关系曲线

3.3.1.5　建基岩体物理力学试验指标与质量评价

建基面清基、撬挖基本完成后，对基础岩体进行了地震波检测、回弹仪测试、岩样室内物理力学试验及孔内弹性模量测量，其成果见表 3-19~表 3-22。从表中所列成果可知，大坝基础岩体地震波纵波速平均值大多在 4 000 m/s 以上，电站发电机组基础岩体在 3 500 m/s 以上，大坝及电站基础岩体单轴饱和抗压强度为 80.10~184.50 MPa、饱和抗拉强度为 6.38~9.74 MPa、冻融损失率为 0~0.02%、饱和弹性模量为 26.0~74.5 GPa。

上述各项指标综合说明，基础岩体各项指标较优，岩体质量良好。浇筑混凝土前的基础验收，基本满足设计要求。

3.3.1.6　基础处理

大坝与电站厂房基础开挖至建基面后，除均进行了认真撬挖、清洗，还针对基础岩体存在的地质缺陷进行了重点处理。

1.基础岩体固结灌浆

为增强建基岩体的完整性，大坝及主厂房基础普遍进行了固结灌浆。一般分三序次进行，主要采用排间分序加密及环间分序、环内加密的布置，间、排距一般采用 3 m×3 m，个别部位视具体情况略有调整。孔深视具体地质条件分别为 5 m、7 m、10 m(8 m)，对于孔深为 5 m、7 m、10 m 的上部 3 m，灌浆压力Ⅰ、Ⅱ、Ⅲ序孔分别采用 0.3 MPa、0.4 MPa、0.5 MPa；对于孔深为 10 m 的下部 7 m，灌浆压力Ⅰ、Ⅱ、Ⅲ序孔分别采用 0.4 MPa、0.5 MPa、0.5/0.6 MPa。

固结灌浆过程中，跑浆、漏浆现象时有发生，平均单位耗灰量据不完全统计，河床左侧③~⑪坝段为 55 kg/m 左右，右侧⑫~⑳坝段甲、乙块为 12 kg/m，电站厂房(试验块)为 54 kg/m 左右。总体看其单位耗灰量 $q_Ⅰ>q_Ⅱ>q_Ⅲ$。

表 3-19 拦河坝、电站厂房建基面地震波纵波速(V_p)测试成果

坝段号 (电站厂房)		测线总长度 (m)	波速范围值 (m/s)	平均值 (m/s)	$V_p<4\,000$ m/s(3 500 m/s)的 测段占测线总长(%)	说明
①		80.0	5 330~1 900	4 000	48.0	
①左坝肩		21.0	5 130~3 200	3 930	61.9	
②		117.5	5 880~2 000	4 380	30.2	
③		148.0	6 000~3 030	5 290	3.4	
④		161.0	6 000~3 390	4 950	7.2	
⑤		213.7	5 560~2 940	4 520	12.2	
⑥		183.2	6 000~2 610	4 810	15.2	
⑦		181.5	5 940~3 570	4 740	1.1	
⑧		176.7	6 000~2 550	4 730	14.1	
⑨		172.0	5 750~3 100	4 890	5.8	
⑩		192.0	6 000~3 300	5 080	6.8	
⑪		180.0	6 000~2 860	4 900	8.9	
⑫	甲乙丙	184.0	6 000~2 670	4 400	28.26	1.①、②、㉒坝段地震波测试值相对较低,主要由于两岸坝肩开挖后裸露风化时间较长,裂隙张开度增大,岩体完整性降低
	丁	24.9	4 210~2 610	3 190	*56.22	
⑬	甲乙丙	234.4	5 710~1 960	4 160	31.57	
	丁	28.3	3 680~2 690	3 200	*61.11	
⑭	甲乙丙	217.5	6 000~1 180	4 430	19.45	
	丁	31.0	4 170~2 690	3 100	*41.94	
⑮	甲乙丙	187.5	6 000~1 330	4 370	21.49	
	丁	30.7	5 000~2 700	3 350	*77.20	
⑯	甲乙丙	210.5	5 460~1 250	4 330	24.70	2.*为⑫~⑱坝段丁块及电站厂房基础岩体张夏组第四层建基面 $V_p<3\,500$ m/s的测段占该基础块测线长度百分数
	丁	30.5	4 470~2 910	3 620	*54.10	
⑰	甲乙丙	208.0	5 800~1 200	4 490	15.00	
	丁	28.0	5 450~2 700	4 460	*14.29	
⑱	甲乙丙	149.7	6 000~2 130	4 200	28.86	
	丁	19.9	3 290~2 690	3 120	*100.00	
⑲		163.4	6 000~3 080	4 460	17.3	
⑳		158.2	5 710~2 560	5 080	11.2	
㉑		108.5	5 330~1 470	4 550	14.2	
㉒		54.3	4 810~2 500	3 400	89.6	
㉒右坝肩		20.3	4 110~2 080	3 020	88.67	
1#机组		156.8	5 500~2 800	4 370	*6.3	
2#机组		120.1	5 330~2 020	4 280	*10.6	
3#机组		73.6	5 300~2 130	4 310	*17.1	
4#机组		79.8	5 330~2 580	4 140	*8.0	
5#机组		53.9	5 710~1 750	4 270	*24.5	
6#机组		68.6	5 330~2 270	3 890	*25.1	
集水井		40.5	5 000~2 500	4 050	*2.4	
副厂房		17.8	5 200~2 630	4 670	*16.9	

表 3-20　拦河坝、电站厂房建基面回弹测试成果

位置	回弹平均值(MPa)	单轴抗压强度平均值(MPa)	标准点数	岩性	说明
②甲	27.6	46.9	8	b·Ls	
③甲	27.4	46.9	15	b·Ls	
④甲	51.0	179.7	14	Zh·Ls	
⑤甲	56.2	202.1	12	Zh·Ls+ b·Ls	
⑤丙	30.6	56.5	12	Zh·Ls	
⑥甲	39.9	94	6	Zh·Ls+ b·Ls	
⑥丙	29.9	53.3	13	b·Ls+ Zh·r·Ls	
⑦甲	50.5	169.2	15	Zh·Ls+ r·Ls	
⑦乙	35.0	70.6	15	r·Ls	1.回弹平均值及单轴抗压强度平均值为该坝块所有标点算术平均值
⑦丙	57.4	212.9	12	Zh·r·Ls	
⑧甲	49.0	160.8	22	Zh·Ls+ b·Ls	
⑧乙	30.7	55.4	15	b·Ls	
⑧丙	55.1	220.2	19	b·Ls+ Zh·r·Ls	2.各坝块回弹值差异较大，主要原因系开挖后暴露时间长短不一，个别坝段测试值较低(小于 50 MPa)，浇筑混凝土前已要求施工单位将表层松动岩体撬除
⑨甲	56.17	219.54	10	b·Ls	
⑩甲	35.9	75.5	18	Zh·Ls+ b·Ls	
⑫乙	50.9	108.57	13	b·MI+ b·Ls	
⑫丁	53.8	124.8	5	Zh·Ls+ MI	
⑬乙	57.0	146.3	10	b·Ls+ b·MI	
⑬丙	50.1	104.3	10	Zh·Ls+ r·Ls	
⑬乙	53.0	122.4	12	Zh·r·Ls+ b·MI	
⑭两	56.9	146.1	18	b·Ls+ b·MI	3.岩性一栏中，"b·Ls"即薄层灰岩，"Zh·Ls"即中厚层灰岩，"r·Ls"即鲕状灰岩，"b·MI"即薄层泥灰岩，"Z·Ls"即竹叶状灰岩
⑭丁	55.6	138.8	15	b·MI	
⑭乙	43.2	70.5	9	Zh·Ls+ b·MI	
⑮丙	49.7	102.9	9	Zh·r·Ls	
⑮丁	55.5	138.4	13	Zh·Ls+ b·MI	
⑯甲	47.8	95.4	15	Zh·Ls	
⑯丙	52.9	118.2	11	Zh·r·Ls	
⑰甲	58.0	157.4	13	Zh·Ls+b·Ls	
⑰丙	47.4	88.7	10	Zh·r·Ls+b·Ls	
⑰丁	49.5	101.6	8	Z·Ls+b·MI	
⑱甲	46.5	87.0	15	Zh·Ls	
⑱丁	55.7	138.4	11	Zh·Ls+Z·Ls	
⑲甲	38.6	55.7	14	b·Ls	
⑲乙	53.7	125.7	12	Zh·Ls	
⑲丙	49.7	102.6	14	Zh·Ls+b·MI	

续表 3-20

位置	回弹平均值(MPa)	单轴抗压强度平均值(MPa)	标准点数	岩性	说明
⑳甲	56.2	142.8	15	b·MI+b·Ls	
⑳甲	54.7	130.7	6	b·Ls+r·Ls	
⑳乙	51.4	107.7	3	b·Ls	
⑳丙	46.4	90.7	10	b·Ls+ b·MI	
㉑甲	51.1	108.1	10	Zh·Ls+b·MI	
㉑乙	51.2	110.8	12	Zh·Ls+b·Ls	
㉑丙	47.6	89.6	6	b·Ls	
1#机组	52.3	116.4	67	Zh·r·Ls+b·MI	
2#机组	55.1	134.3	56	Zh·r·Ls+b·MI	
3#机组	50.2	105.5	49	r·Ls+b·Ls	
4#机组	50.7	110.0	38	r·Ls+b·Ls	
5#机组	49.0	100.8	49	r·Ls+b·Ls	
6#机组	47.5	93.0	52	r·Ls+b·MI	
厂房检修廊道	49.8	103.2	10	Zh·r·Ls+b·MI	

表 3-21　拦河坝、电站厂房孔内弹性模量测量成果

序号	测试钻孔位置	测试高程(m)	孔口坐标	测段岩性	变形模量 E_0(GPa)	弹性模量 E(GPa)
1	⑫丁	872.8	坝 0+274.25 下 0+067.75	上部为薄层灰岩,下部为紫色页岩	3.76	8.14
2	⑱丙	876.7	坝 0+407.0 下 0+055.50	中厚层灰岩夹薄层泥灰岩	3.94	5.26
3	⑬丙	880.7	坝 0+287.0 下 0+043	上部为薄层泥灰岩,下部为中厚层竹叶状灰岩、灰岩	5.19	9.01
4	厂房 5#机	871.1	坝 0+293.5 下 0+108.75	上部为薄层泥灰岩,下部为中厚层竹叶状灰岩、灰岩	2.93	4.81
5	厂房 5#机	873.85	坝 0+303.5 下 0+119.75	薄层泥灰岩	1.31	2.04
6	厂房 1#机	871.75	坝 0+405.50 下 0+105.00	薄层泥灰岩夹薄层灰岩	5.46	8
7	厂房 1#机	870.3	坝 0+405.50 下 0+105.00	薄层泥灰岩夹薄层灰岩	1.73	4.93
备注	孔内弹性模量测量是在基础固结灌浆后实施,试验单位为中科院地质研究所					

表 3-22　拦河坝、电站厂房基础岩石室内物理力学性质试验成果

采样地点		岩石名称	干容重 (kN/m³)	饱和容重 (kN/m³)	孔隙率 (%)	饱和吸水率 (%)	单轴抗压强度(MPa)			抗拉强度 (MPa)		弹性模量 (GPa)		泊松比		冻融(饱和)		
							烘干	饱和	饱和冻融	烘干	饱和	烘干	饱和	烘干	饱和	次数	损失率(%)	系数
主坝	④乙	中厚层灰岩	27.31	27.33	0.21	0.07	162.46	158.20	63.28	7.85	7.57	71.2	69.6	0.23	0.25	50	0.01	0.400
	⑤乙	鲕状灰岩	27.21	27.24	0.58	0.15	143.80	129.60	61.17	9.85	9.51	37.5	32.0	0.24	0.27	50	0.00	0.472
	⑥甲	中厚层灰岩	27.33	27.35	0.25	0.03	154.10	148.70	54.28	10.20	9.58	71.0	68.0	0.19	0.22	50	0.00	0.365
	⑥乙	中厚层灰岩	27.22	27.26	0.36	0.15	191.30	166.30	22.51	8.92	8.39	70.2	68.7	0.18	0.20	50	0.00	0.436
	⑦甲	薄层灰岩	27.14	27.18	0.33	0.17	177.60	154.10	74.43	8.14	7.93	39.7	38.1	0.23	0.21	50	0.018	0.483
	⑦丙	中厚层灰岩	27.69	27.74	0.57	0.14	168.40	99.50	81.59	9.85	9.74	64.0	57.0	0.18	0.24	50	0.008	0.820
	⑧丙	中厚层灰岩	27.70	27.73	0.43	0.13	212.20	184.50	52.03	9.92	9.20	37.8	34.3	0.26	0.29	50	0.01	0.282
	⑨甲	中厚层灰岩	27.18	27.22	0.33	0.10	137.40	124.80	51.66	7.05	6.38	47.0	44.2	0.29	0.32	50	0.01	0.414
	⑨丙	中厚层灰岩	27.14	27.18	0.62	0.14	172.50	163.50	79.13	8.94	8.82	41.5	38.4	0.22	0.25	50	0.018	0.484
	⑪乙	中厚层灰岩	27.03	27.06	0.22	0.13	184.70	181.60	112.71	9.79	9.11	74.0	61.8	0.25	0.27	50	0.028	0.621
	⑫丁	中厚层灰岩	27.17	27.23	1.60	0.22	142.60	132.10	97.35	11.4	9.67	46.0	34.5	0.29	0.31	50	0.00	0.74
	⑬丁	中厚层鲕状灰岩	27.18	27.23	0.44	0.16	117.13	105.25	86.71	8.75	8.63	69.0	54.0	0.26	0.30	50	0.018	0.82
	⑭丙	中厚层灰岩	27.22	27.25	0.29	0.12	108.08	100.36	80.76	9.85	7.97	32.0	26.0	0.31	0.34	50	0.01	0.80
	⑭丁	鲕状灰岩	27.15	27.21	0.44	0.21	158.76	144.46	97.45	9.86	6.99	82.2	74.5	0.21	0.25	50	0.00	0.67
	⑯丙	中厚层灰岩	27.14	27.24	2.80	0.37	114.26	94.19	65.02	8.50	7.30					50	0.01	0.69
	⑯丁	中厚层灰岩	27.25	27.29	0.54	0.15	98.64	80.10	46.40	12.9	9.03	58.0	59.5	0.27	0.29	50	0.028	0.58
	⑰丙	中厚层灰岩	27.50	27.58	0.29	0.29	148.45	132.79	111.29	10.2	8.89	79.2	72.3	0.23	0.23	50	0.00	0.84
	⑳丙	中厚层灰岩	27.29	27.33	0.36	0.15	144.59	124.11	95.11	10.4	8.25	60.4	52.3	0.19	1.24	50	0.008	0.77
厂房	3#机	鲕状灰岩	27.45	27.50	0.43	0.20	165.36	144.50	124.63	8.84	8.03	72.0	69.0	0.21	0.22	50	0.01	0.86
	4#机	鲕状灰岩	27.27	27.30	0.36	0.10	142.13	133.72	96.93	9.60	7.89	47.0	44.0	0.30	0.33	50	0.00	0.72
备注		1.试验单位为天津院科研所；2.坝基岩样取自张夏组第五层，厂房岩样取自张夏组第四层																

每个坝块固结灌浆结束后，均进行了压水试验及孔内声波检测。检测结果：各坝块灌浆后岩体透水率均小于 3 Lu，满足设计要求；灌浆后岩体纵波速度有所提高，尤其以浅部卸荷岩体(指灌前 V_p<4 000 m/s)及泥灰岩页岩集中带提高较明显。卸荷岩体及泥灰岩页岩集中带灌后平均波速提高率为 16.90%。检测结果表明，固结灌浆降低了岩体的透水性，提高了岩体的波速值，基本达到了提高岩体完整性的目的。从检查孔岩心看，水泥结石多在层面裂隙，其次在垂直裂隙中存在。

另外，为对河床左侧坝基层间剪切带进行加固处理，以及考虑部分坝段坝基渗水的实际情况，对④~⑩坝段采用磨细水泥进行补强灌浆，补强灌浆孔间距 2 m，孔深以深入 SCJ10 剪切带以下 1 m 为控制。

2.较大裂隙的处理

对于建基面上发育的少量张开较宽(一般 1 cm 以上)、延伸较长的陡倾角裂隙及较大裂隙密集带，在施工中针对其具体状态及所处部位，分别采取了预埋灌浆管、调整灌浆孔位、铺设防裂钢筋和设置锚筋桩等处理措施。河床左侧坝基及电站厂房基础，一般多采用预埋灌浆管或调整灌浆孔位的措施，进行有针对性的补强固灌。河床右侧坝基，多采用设置锚筋、铺设防裂钢筋并结合补强固灌的综合措施。对于层间卸荷裂隙，如集水井侧壁岩体和河床右侧乙、丙块斜坡段岩体，受爆破开挖影响，岩体沿层面及裂隙切割面发生局部位移或层面张开，根据实际情况，在不宜采取撬挖处理的情况下，一般采取锚筋加固结和补强固灌的措施。基础主要裂隙发育、破碎部位加固处理统计见表 3-23。

表 3-23　基础主要裂隙发育、破碎部位加固处理统计

坝段	加固措施
④	丙块桩号下 0+062 附近发育有 Z_1 小背斜，轴部岩石较破碎，撬挖深约 1 m，松动岩石基本挖除
⑤	丙块桩号 0+129~0+137、下 0+050~下 0+060 范围内，因有小背斜，岩石多沿层面开裂，并有渗水，进行锚固及加强灌浆处理
⑦	甲块右侧中厚层灰岩底部局部开裂采取锚固处理；丙块中厚层鲕状灰岩底层面局部开裂并见有泥膜，预埋灌浆管
⑧	甲块 L_8^9 裂隙预埋灌浆管
⑨	甲块 L_2、L_3、L_8，丙块 L_{32}、L_{52} 裂隙预埋灌浆管
⑫	甲、乙块表层中厚层灰岩局部张开，采取锚固处理
⑬	甲块 L_{22} 裂隙铺设预裂钢筋；乙块 L_{73}、L_{76} 裂隙预埋灌浆管，对桩号下 0+032~下 0+036 之间的裂隙密集带增加固结灌浆孔
⑭	甲块 L_1、L_2、L_{19}、L_{20} 裂隙预埋灌浆管
⑮	甲块集水井东侧壁岩石进行锚固；丁块桩号下 0+070 附近岩层局部开裂进行锚固并加固灌浆
⑯	甲块 L_{32}、L_{52} 裂隙与下游侧之间岩体局部顺层开裂进行锚固，L_{59}、L_{60} 裂隙预埋灌浆管
⑰	乙块 L_{42}、L_{48}、L_{49}、L_{50}、L_{52}、L_{53} 等裂隙张开较宽并互相连通预埋灌浆管
⑳	坝肩右侧壁 $\in_3 l^3$ 下部高程 967~970 m 有顺层溶洞断续分布，掏除充填物浇筑混凝土后，打孔灌浆回填

3.层间剪切带加固处理

经设计核算，河床左侧溢流坝段基础内存在的 SCJ08、SCJ09、SCJ10 三条层间剪切带影响坝基抗滑稳定，必须进行加固处理。经过多种加固处理方案的比选，确定采用混凝土抗剪平硐并结合磨细水泥补强灌浆的方案。即平行坝轴线在坝基下布置两条、护坦下布置一条抗剪平硐，垂直三条抗剪平硐设有长度不等的 3~4 条横向抗剪支硐，在 2 号、1 号抗剪平硐之间护坦部位设一条纵向抗剪支硐。平硐宽度分别为 4 m、5 m，平硐底位于 SCJ10 以下 2 m，平硐顶位于 SCJ08 以上 1.5 m，硐高约为 5.5 m。④、⑤坝段 SCJ08 已经挖除，相应硐高为 3.5~5.5 m。

抗剪平硐和支硐开挖完成后，经认真清洗、撬挖，验收合格后采用低热微膨胀混凝土分两层进行回填。回填前平硐内设置了抗剪重轨和钢筋网，顶部及底部设有锚筋。顶部及侧壁预埋接触灌浆管路。混凝土冷却到稳定温度，采用磨细水泥进行接触灌浆。之后，还在坝基廊道及护坦面，向因开挖平硐引起的松动岩体及防渗帷幕，打孔采用磨细水泥进行补强灌浆。

3.3.1.7 两岸坝肩山体防护

左右岸坡开挖以后，岩体裸露，受施工爆破、岩体卸荷、顺河向裂隙以及雨水、冻融等的影响，造成部分地段岩石裂隙张开、岩层松动，直接威胁到邻近建筑物和道路交通的安全。此外，枢纽区原始山体山高壁陡，顺河向陡倾角裂隙发育，部分岩体裂隙张开，高悬河床之上，也威胁到邻近建筑物和交通道路的安全。水库蓄水以后，两岸水文地质条件发生变化，更加剧了这种危险。因此，对枢纽区两岸山体进行了防护处理。

1.左岸山体防护

左岸山体防护包括左岸坝上游山体防护、坝肩上部防护处理、坝肩下游山体防护以及左岸进场道路山体危岩处理等内容。

左岸坝肩上游山体防护，清除桩号上 0+006.30~上 0−015.00、高程约 960.00 m 以上范围内高边坡坡面的松动破碎岩石，同时清除该范围内坡面的松动覆盖层及危石和碎石。对高程 965.00~982.00 m 水位变化区内的岩体采用钻孔设置了 Φ25 锚筋束、挂 Φ20@30 钢筋网、贴壁浇筑混凝土的防护措施。在桩号上 0−006.30~上 0−015.30，高程 953.00 m 至高程 963.00 m 贴坡浇筑混凝土防护，在靠水三面布置 Φ25 钢筋网。在高程 982.00 m 以上至 1 002.00 m 范围内，上 0−000.00~上 0−015.00，坝 0+045.00~坝 0+057.00，此范围内贴坡浇筑混凝土进行防护。坡面布设锚筋桩(3Φ28)，入岩 9 m，与水平面夹角 30°。岩体内设了排水孔延伸至防护混凝土表面。

左岸坝肩上部岩体防护处理，左岸坝肩开挖面高程 975.00~982.00 m 在坝肩削坡后进行了预喷混凝土防护。

左岸坝肩下游山体防护，左岸坝肩下游高程 955.00~982.00 m，桩号下 0+016.00~下 0+050.00(左岸钢管出线塔基础)范围内的山体贴坡浇混凝土防护，并设有 3Φ25 锚筋束，锚筋束入岩 5.0 m。混凝土护面设有排水孔。

左岸进场公路岸边山体危岩处理，对左岸出线塔基下游至下 0+168.00 范围，左岸进场公路与左岸上坝公路之间山体危岩进行清理。清理部位包括：岩体倒悬，侧面有裂缝部位；岩体未倒悬，但与山体结合部位有垂直裂隙切割，并有缓倾角裂隙在底部出露的松动岩块和岩体；风化破碎带及土石堆积层。

2.右岸山体防护

右岸山体防护包括副厂房右侧开挖面防护处理、右岸坝肩山体防护等。

1)副厂房右侧开挖面防护

副厂房右侧山体对高程 909.00~913.00 m、高程 910.00 m 排水平硐出口至副厂房下游侧范围内浇筑贴坡混凝土防护墙，墙顶设防护网以保证消防通道的安全；高程 913.00~982.00 m 区域，清除坡面风化松动破碎岩体，并对局部风化破碎较严重的部位设锚杆。其中，高程 982.00 m 在坝肩削坡时，为施工机械转移开挖的便道，浇筑混凝土补齐；副厂房右侧山体范围：桩号下 0+027.50~下 0+138.00，高程 982.00 m 以上以及桩号下 0+138.00~下 0+156.00，高程 943.00 m 以上至低缆平台以下，喷混凝土进行防护。其中，高程 995.00 m 以上范围为挂网喷锚，高程 982.0~995.0 m 采用锚杆素喷；根据现场条件，对副厂房右侧山体岸坡部分地段岩体松动较严重，且不具备彻底清除的条件，在该区域增设 3Φ28 锚筋桩；在右岸山体高程约 1 006.00 m，桩号下 0+097.00~下 0+120.00 冲沟处设挡渣坝一座，坝顶高程为 1 014.00 m。坝基面设两排 3Φ28 锚筋桩。

2)右岸坝肩山体防护

为保证右岸坝肩及上坝公路行人和车辆安全，对高程 982.00 m 以上、桩号下 0+027.50 上游侧范围内的边坡进行了防护处理。对该范围内高边坡坡面上的松动破碎岩石以及虽未松动但明显倒悬的凸出岩体进行了适当清理，直到确认不会塌落时为止，同时清除该范围内坡面顶部的松散覆盖层以及危岩和碎石，并对该范围岩体进行挂网喷混凝土防护。在部分区域增设了 3Φ28 锚筋桩。

3.3.2 泄流冲刷区

泄流冲刷区建筑物包括护坦、防冲板、防冲齿槽及护脚板。护坦、防冲板布置在河床左侧④~⑩坝段下游，防冲齿槽及护脚板布置在④~⑧坝段防冲板下游。

3.3.2.1 建基面开挖及处理

由于护坦和防冲板属 3 级水工建筑物，对基础要求相对较低，其设计建基高程为 896.0 m，仅要求挖除浅部 0.5~1.5 m 较破碎岩石，将表面清理干净，即可浇筑混凝土。实际开挖中，各基础块基本保持在原设计高程 896.0 m 附近。在护坦⑦-3~⑦-4、护坦⑥-4 防冲板 B₄ 几个基础块中，由于分别发育有 Z_3、Z_4 小背斜构造，岩体较破碎，清基时，挖除了背斜影响带，开挖深度达 3.5 m。

防冲齿槽及护脚板位于防冲板下游，是在防冲板下游冲刷坑形成后设立的，要求防冲齿槽底部深入 SCJ10 以下，开挖深度 2~8 m，其建基高程为 888.3~896.0 m。清基时，挖除浅部较破碎岩石，并将表面清理干净。

3.3.2.2 建基岩体

护坦、防冲板和防冲齿槽基础，直接坐落在河床表层寒武系中统张夏组第五层岩体之上，岩性由中厚层灰岩、薄层灰岩、泥灰岩及其互层组成，夹有鲕状、竹叶状灰岩及其透镜体。建基面出露岩性以中厚层灰岩和薄层灰岩为主。护坦和防冲板位于弱风化带的中、上部，防冲齿槽挖至弱风化带的中下部。

在护坦和防冲板基础内分布有 SCJ07、SCJ08、SCJ10 层间剪切带，局部 SCJ07 层间剪切带已挖除；防冲齿槽部位这三条层间剪切带已挖除。该区分布的裂隙仍以 NWW 向和 NNE 向两组陡倾角裂隙为主，其发育数量、规模略大于坝基岩体。

建基面岩体回弹测试成果表明，建基面岩体(石)单轴抗压强度一般在 50 MPa 以上，强度较高。建基面岩体回弹测试成果见表 3-24。

表 3-24　护坦及防冲板建基面回弹测试成果统计

位置		回弹平均值(MPa)	单轴抗压强度平均值(MPa)	标准点数	岩性	说明
护坦	⑤-1	28.3	48.9	9	b·r·Ls	1.回弹平均值及单轴抗压强度平均值均为该坝块所有标点算术平均值 2.岩性一栏中，"b·Ls"即薄层灰岩，"Zh·Ls"即中厚层灰岩，"r·Ls"即鲕状灰岩，基础岩体为张夏组第五层
	⑤-2	52.2	171.04	10	Zh·Ls	
	⑤-3	40.1	94.0	13	b·Ls	
	⑤-4	47.34	139.9	15	Zh·r·Ls+ b·Ls	
	⑥-1	27.6	47.3	14	b·Ls	
	⑥-2	51	174.3	15	Zh·Ls+ b·Ls	
	⑥-3	48	155.8	15	b·Ls+ Zh·r·Ls	
	⑥-4	28.2	49.0	14		
	⑦-1	31	57.1	15		
	⑦-2	43.5	115.5	15	b·Ls+ Zh·r·Ls	
	⑦-3	52.2	184.6	15	b·Ls+ Zh·r·Ls	
	⑧-1	29.65	53.4	14	Zh·Ls+ Z·Ls	
	⑧-2	53.3	175.3	9	b·Ls+ Zh·Ls	
	⑧-4	50.5	169.1	8	Zh·Ls+ b·Ls	
	⑨-1	31.8	58.9	15		
	⑨-2	44.1	117	15	Zh·Ls+ b·Ls	
	⑨-3	42.8	108.7	13	Zh·Ls	
	⑩-1	38.1	82.6	5	b·Ls+ Zh·Ls	
	⑩-2	34.6	69.4	9	b·Ls	
	⑩-3	28.9	50.3	12	b·Ls	
防冲板	A₁	27.2	46.8	12	b·r·Ls+b·Ls	
	B₃	50.5	171.5	8	b·Ls+ Zh·Ls	
	B₄	52.6	189.6	12	b·Ls+ r·Ls	
	B₅	36.6	79.5	12	b·Ls+ Zh·Ls	
	⑨₅	37.1	78.6	15	b·Ls	
	⑨₆	31.6	58.6	18		
	⑩₅	29.8	54.5	9	Zh·Ls	
	⑩₆	32.4	62.3	10	Zh·Ls	

在护坦部位，混凝土覆盖后，根据基础具体地质条件，进行了常规的水泥固灌处理。灌浆孔距 4 m×3 m，孔深 5~10 m。灌浆压力与大坝基础固结灌浆相同。水泥灌浆前后岩体声波测试成果表明，灌浆前波速为 2 500~4 660 m/s，灌后为 2 700~5 400 m/s，平均波速提高率为 21.1%，固结灌浆基本达到了提高岩体完整性的目的。

另外，在枢纽工程下闸蓄水后，随着泄水建筑物的运行及下游冲坑的形成，下游河水顺冲坑上游壁岩层层面渗入护坦下的排水廊道，且渗流量较大，为防止长时间渗流危及工程安全，在护坦下游④~⑩坝段设置了下游防渗帷幕，并在护坦末端⑪坝段导墙下部排水廊道内顺河流向布设防渗帷幕，与护坦下游横向防渗帷幕构成一个封闭系统。

综上所述，泄流冲刷区尽管建基岩体内陡倾角裂隙较发育，且存在三条产状平缓的层间剪切带，但建基岩体以中厚层灰岩和薄层灰岩为主，岩体强度较高，完整性较好，可满足建基要求。

3.4 坝址水文地质简况及坝基渗流

3.4.1 基岩地下水类型及动态

坝址基岩地层由于岩性不同，其透水性也不相同。凤山组第五、四、三、一层，崮山组及张夏组第五、三、一层主要由中厚层灰岩、白云质灰岩及白云岩组成，岩溶裂隙较为发育，透水性相对较强，为相对含水透水岩层。而凤山组第二层、长山组及张夏组第六、四、二层主要由薄层灰岩、泥灰岩、页岩组成，岩溶不甚发育，裂隙多闭合，透水性微弱，为相对隔水层。坝址基岩地下水按其埋藏条件，可划分为两大类型：岩溶裂隙潜水及岩溶裂隙承压水。

岩溶裂隙潜水主要赋存在黄河两岸崮山组地层及河床部位张夏组第五层内。两岸潜水位高程，左岸在距河岸边 100 m 附近约为 914.80 m(ZK137 孔)，右岸在距河岸边约 500 m 地段为 898.29 m(ZK183 孔)~906.32(ZK140 孔)，河床张夏组第五层潜水位受黄河水位影响明显，与黄河水位基本一致，一般为 896~898 m。

岩溶裂隙承压水主要赋存在张夏组第一、三层及黄河两岸向岸里距河边一定距离的张夏组第五层内。相对隔水层为张夏组第二、四、六层。承压含水层因埋藏条件不同，其承压水头略有差异，但一般相差不多。承压水埋藏条件及水位见表 3-25。

表 3-25 坝址区含水层、隔水层埋藏条件及地下水位统计

含水层代号	隔水层代号	左岸				河床				右岸			
		厚度(m)	顶板埋深(m)	顶板高程(m)	地下水位(m)	厚度(m)	顶板埋深(m)	顶板高程(m)	地下水位(m)	厚度(m)	顶板埋深(m)	顶板高程(m)	地下水位(m)
$\in_3 g$		51.97~53.17	49.64~81.29	974.10~966.15						50.31~52.35	93.72~139.10	951.81~947.21	
	$\in_2 z^6$	2.08~2.59	101.61~133.97	921.42~913.43						2.28~2.84	127.70~190.83	900.28~895.25	
$\in_2 z^5$		22.63~22.92	104.20~136.18	919.21~911.35	914.80(ZK137)	13.11~30.86		905.70~892.54	896.06(ZK129)~902.13(ZK131)	23.31~24.12	147.96~193.36	897.55~892.97	898.25(ZK183)~906.32(ZK140)
	$\in_2 z^4$	12.77~13.95	127.12~153.43	895.10~888.72		11.02~15.20	13.11~31.98	886.18~867.31		12.80~12.85	173.33~199.30	873.65~869.68	
$\in_2 z^3$		>35.43	141.07~166.20	875.95~875.40	900.65(ZK123)~902.88(ZK101)	35.70~37.99	25.41~47.16	873.86~852.11	897.71(ZK185)~909.96(ZK130)	>13.46	186.13~191.04	860.50~856.88	913.61(ZK103)
	$\in_2 z^2$					2.17~2.84	63.22~78.54	837.22~821.90					
$\in_2 z^1$						>20.96	65.66~80.73	834.75~819.68	895.19(ZK142)~901.20(ZK110)				

注：地下水位观测期间，黄河水位为 898~901 m。

地下水位观测资料表明，左岸岩溶裂隙潜水位高于黄河水位，主要接受大气降水补给，地下水向黄河径流补给黄河水。右岸岩溶裂隙潜水位，在黄河岸边附近地下水位与黄河水位持平或略高于黄河水位，在平水期基本是右岸地下水补给黄河水，但在岸边一定距离以外，地下水位则明显下降，向黄河相反方向径流。

岩溶裂隙潜水与承压水水质基本一致，为重碳酸–钙、镁或镁、钙型水。黄河水质随季节变化而有所不同，多为重碳酸–钙、钠、镁型水，重碳酸、硫酸–钾、钠、钙、镁型水。地下水及黄河水对水泥无腐蚀性。水质分析成果见表 3-26。

表 3-26　坝址区水质化学成分库尔洛夫表达式

取样日期 (年-月-日)	水样编号及 取样地点	含水层 代号	水化学成分表达式	地下水类型
1983-07-31	泉 18 寨子陡壁下清沟底	$\in_3 g^1$	$M_{0.26} \dfrac{HCO_3 79 SO_4 14}{Ca 49 Mg 36 (K+Na) 15} T_{23.5,}$ pH 7.8	HCO_3–Ca · Mg 型
1984-05-25	泉 18 寨子陡壁下清沟底	$\in_3 g^1$	$M_{0.26} \dfrac{HCO_3 70 SO_4 21}{Ca 43 Mg 43 (K+Na) 13} T_{10.0,}$ pH 8.36	HCO_3–Ca · Mg 型
1983-07-31	泉 19 下坝线左岸 PD5#	$\in_3 g^1$	$M_{0.23} \dfrac{HCO_3 75 SO_4 14}{Ca 47 Mg 39 (K+Na) 14} T_{23.5,}$ pH 8.18	HCO_3–Ca · Mg 型
1983-07-31	泉 23 上坝线右岸 PD2#洞内	$\in_3 g^2$	$M_{0.22} \dfrac{HCO_3 75 SO_4 18}{Mg 48 Ca 34 (K+Na) 18} T_{23.5,} PH 8.4$	HCO_3–Ca · Mg 型
1984-05-25	ZK127-1　ZK127 钻孔内(抽水前)	$\in_2 z^5$	$M_{0.32} \dfrac{HCO_3 63 SO_4 22 C111}{Ca 43 Mg 36 (K+Na) 20} T_{10.5,}$ pH 7.77	HCO_3–Ca · Mg 型
1984-05-28	ZK127-2　ZK127 钻孔内(抽水结束)	$\in_2 z^5$	$M_{0.35} \dfrac{HCO_3 61 SO_4 23 c112}{Ca 40 Mg 36 (K+Na) 23} T_{11.0,}$ pH 7.55	HCO_3–Ca · Mg 型
1984-06-08	ZK127-3　ZK127 钻孔内(抽水前)	$\in_2 z^3$	$M_{0.34} \dfrac{HCO_3 62 C116 SO_4 15}{Ca 38 Mg 35 (K+Na) 27} T_{11.0,}$ pH 7.33	HCO_3–Ca · Mg(K+Na) 型
1984-06-13	ZK127-4　ZK127 钻孔内(抽水结束)	$\in_2 z^3$	$M_{0.31} \dfrac{HCO_3 65 SO_4 20}{Ca 41 Mg 38 (K+Na) 21} T_{11.5,}$ pH 7.82	HCO_3–Ca · Mg 型
1983-07-13	清沟沟口附近	黄河水	$M_{0.27} \dfrac{HCO_3 54 C122 SO_4 21}{Ca 42 Na 33 Mg 25} T_{23.5,}$ pH 8.3	HCO_3–Ca · Na · Mg 型
1984-05-25	坝轴线附近	黄河水	$M_{0.51} \dfrac{HCO_3 36 SO_4 33 C130}{(K+Na) 44 Ca 29 Mg 27} T_{22.0,}$ pH 8.36	HCO_3 · SO_4 · Cl–(K+Na) · Ca · Mg 型
1984-06-08	坝轴线附近	黄河水	$M_{0.62} \dfrac{SO_4 34 HCO_3 33 C132}{(K+Na) 47 Ca 27 Mg 26} T_{22.0,}$ pH 8.22	SO_4 · HCO_3 · Cl–(K+Na) · Ca · Mg 型
1991-06-12	坝址附近	黄河水	$M_{0.47} \dfrac{HCO_3 39 C131 SO_4 30}{(K+Na) 41 Ca 34 Mg 25} T_{21.7,}$ pH 7.88	HCO_3 · Cl · SO_4–(K+Na) · Ca · Mg 型

3.4.2　坝基岩体渗透性

坝基岩层两岸坝肩自上而下为凤山组第三~一层($\in_3 f^{3\sim1}$)、长山组($\in_3 c$)、崮山组第四~一层($\in_3 g^{4\sim1}$)及张夏组第六层($\in_2 z^6$)；河床坝基为张夏组第五层($\in_2 z^5$)，以下依次为张夏组第四~一层($\in_2 z^{4\sim1}$)。在水库正常蓄水位 980 m 以下岩层中进行了压水试验，其成果见表 3-27、表 3-28。从两表中可以看出，坝基岩层总体渗透性不强，在坝址总共 515 段次，累积试验段长 2 625.84 m 的压水试验中，单位吸水量 ω 在 0.05~0.01 L/(min · m · m) 的有 118 段次，单位吸水量 $\omega \leq 0.01$ L/(min · m · m) 的有 326 段次，分别占总压水段次的 22.9%、63.3%，属于微、极微透水。由此也可以看出，坝基岩体透水性是不均一的。在微、弱透水岩层中，也有一些段次的压水试验成果属于强或极强透水，即使在相对隔水层中也有单位吸水量较大的段次，如长山组共做压水试验 11 段次，就有 1 段次单位吸水量 $\omega > 1.0$ L/(min·m·m)为极强透水。在压水过程中还有些钻孔发生无压漏水，如在右岸的 ZK122 孔孔深 85~90 m 凤山组地层漏水量为 87.9 L/s，在左岸的 ZK101 孔孔深 75~80 m、79.0~84.0 m 的长山组、崮山组地层漏水量分别为 58 L/s、51.8 L/s。

表 3-27　坝址钻孔压水试验单位吸水量(ω)分级统计

岩层代号	压水钻孔数	总段次/总段长(m)	$\omega>1.0$		$1.0\geqslant\omega>0.1$		$0.1\geqslant\omega>0.05$		$0.05\geqslant\omega>0.01$		$\omega\leqslant0.01$		备注
			段次/段长(m)	%/%	段次/段长(m)	%/%	段次/段长(m)	%/%	段次/段长(m)	%/%	段次/段长(m)	%/%	
$\in_3f^3$	5	16/80.27	1/5	6.3/6.2					1/5	6.3/6.2	14/70.27	87.5/87.5	
$\in_3f^2$	6	7/40.37									7/40.37	100/100	相对隔水层
$\in_3f^1$	5	5/25							1/5	20/20	4/20.0	80/80	
$\in_3c$	9	11/60	1/5	9.1/8.3							10/55	90.9/91.7	相对隔水层
$\in_3g^4$	8	16/85.4	1/5.7	6.3/6.7			1/4.70	6.3/5.5	4/25.0	25/29.3	10/50	62.5/58.5	
$\in_3g^3$	7	10/50.3			1/5.3	10.0/10.5			4/20.0	40.0/39.8	5/25	50.0/49.7	
$\in_3g^2$	7	20/101.00							9/45	45.0/44.4	11/56	55.0/55.3	
$\in_3g^1$	7	17/90.31					2/10	11.8/11.1	3/15	17.6/16.6	12/65.31	70.6/72.3	
$\in_2z^6$	5	5/30.09							1/5	20.0/16.6	4/25.09	80.0/83.4	相对隔水层
$\in_2z^5$	34	103/527.60	1/5	0.9/0.9	22/110.0	21.4/20.8	8/40	7.8/7.6	25/125.0	24.3/23.7	47/247.6	45.6/46.9	
$\in_2z^4$	33	84/423.17			2/10.0	2.4/2.4	2/10	2.4/2.4	17/85.0	20.2/20.1	63/318.17	75.0/75.2	相对隔水层
$\in_2z^3$	32	179/902.22			14/70	7.8/7.8	10/50	5.6/5.5	36/180.0	20.1/20.1	119/602.22	66.5/66.7	
$\in_2z^2$	12	12/60			1/5	8.3/8.3			4/20.0	33.3/33.3	7/35	58.3/58.3	相对隔水层
$\in_2z^1$	12	30/149.78			1/5	3.3/3.3	3/15	10.0/10.0	13/65.0	43.3/43.4	13/64.78	43.3/43.3	
合计		515/2 625.84	4/20.70	0.8/0.8	41/205.3	8.0/7.8	26/129.7	5.0/4.9	118/595	22.9/22.7	326/1 675.01	63.3/63.8	

注：单位吸水量 ω 的单位为 L/(min·m·m)。

表 3-28　河床坝基部分钻孔压水试验单位吸水量(ω)成果

岩层代号	坝轴线附近钻孔 ZK138	ZK184	ZK133	ZK185	ZK134	ZK186	ZK135	ZK136	平均值/段次	电站厂房中心线附近钻孔 ZK187	ZK141	ZK142	ZK188	ZK143	ZK189	ZK130	平均值/段次
$\in_2z^6$	0.069 0																
$\in_2z^5$	0.013 2	0.017 3	0.022 5	0.020 7	0.579 2	0.335 5	0.110 8	0.054 7	$\dfrac{0.127\,4}{25}$	0.014 7	0.136 3	0.485 9	0.056 4	0.243 7	0.346 7	0.052 0	$\dfrac{0.139\,9}{17}$
	0.026 5	0.490 0	0.209 6	0.056 1	0.336 7	0.007 3	0.158 3	0.036 3		0.018 4	0.200 0	0.440 1	0.035 5	0.015 6	0.083 3	0.000 0	
	0.023 3	0.217 3	0.347 5	0.037 8	0.008 0	0.034 0		0.002 6		0.120 8	0.027 0					0.000 0	
	0.029 4																
	0.009 6																
$\in_2z^4$	0.007 2	0.030 7	0.009 2	0.046 7	0.000 0	0.008 0	0.000 0	0.000 0	$\dfrac{0.009\,5}{18}$	0.041 2	0.008 5	0.026 0	0.000 0	0.013 0	0.062 0	0.000 0	$\dfrac{0.055\,9}{18}$
	0.005 0	0.000 0	0.000 0	0.034 7	0.009 8	0.000 0	0.009 3	0.002 6		0.035 8	0.006 5	0.017 7	0.000 0	0.035 8	0.720 0	0.000 0	
		0.000 0	0.139 8							0.028 0		0.000 0	0.012 0			0.000 0	
$\in_2z^3$	0.008 5	0.000 0	0.002 6	0.040 1	0.019 6	0.000 0	0.008 4	0.108 8	$\dfrac{0.035\,5}{42}$	0.060 8	0.196 4	0.019 4	0.012 7	0.013 2	1.958 0	0.000 0	$\dfrac{0.076\,5}{37}$
	0.006 1	0.005 3	0.000 0	0.034 0	0.008 5	0.000 0	0.000 0	0.359 4		0.000 6	0.014 4	0.213 4	0.000 0	0.022 2	0.005 3	0.000 0	
	0.009 2	0.000 0	0.000 0		0.000 0		0.009 2	0.000 0			0.011 0	0.017 5		0.000 0	0.006 7	0.000 0	
	0.002 9		0.340 3		0.000 0		0.000 0	0.112 2			0.017 2	0.015 1		0.012 6		0.000 0	
	0.022 1		0.000 0		0.000 0		0.001 3	0.080 5			0.036 6	0.028 4		0.009 1		0.000 0	
	0.000 7		0.000 0		0.000 0		0.000 0	0.023 4			0.034 3	0.013 3		0.020 8		0.000 0	
	0.010 5		0.042 4		0.094 7			0.009 1			0.024 8	0.015 1		0.000 0			
	0.027 6										0.018 1			0.034 9			
$\in_2z^2$	0.029 8		0.012 6					0.139 1									
$\in_2z^1$		0.000 0	0.000 0					0.019 9	$\dfrac{0.040\,6}{5}$		0.019 5			0.037 9		0.000 0	$\dfrac{0.016\,4}{9}$
								0.145 0			0.021 5			0.276 0		0.005 3	
								0.025 1						0.031 1		0.000 0	
								0.013 2								0.000 0	

备注：
1. 钻孔从河床右侧向左侧排列，每孔压水试验成果自上而下依次排列，单位吸水量的单位为 L/(min·m)。
2. $\in_2z^2$ 层厚度不足 5 m，压水段长一般包括上、下接触面，试验段饮少未计算平均值。

从表 3-28 中可以看出：①河床坝基范围内岩体透水性，在张夏组第五层坝轴线附近 8 个钻孔 25 段次压水试验单位吸水量平均值为 0.127 4 L/(min·m·m)，在厂房中心线附近 7 个钻孔 17 段次压水试验单位吸水量平均值为 0.139 9 L/(min·m·m)，属于中等透水岩体；张夏组第三层坝轴线附近 8 个钻孔 42 段次压水试验单位吸水量平均值为 0.035 5 L/(min·m·m)，厂房中心线附近 7 个钻孔 37 段次压水试验单位吸水量平均值为 0.076 5 L/(min·m·m)，属于弱透水岩体。②河床坝基岩体透水层不论从平面分布还是铅直方向都表现出明显的不均一性。但在铅直方向从上而下有明显减弱的趋势。③张夏组第四层比其上下的张夏组第五层、第三层透水性明显要弱，尤其在坝轴线附近表现最为明显。8 个钻孔 18 段次压水试验单位吸水量平均值为 0.009 5 L/(min·m·m)，分别小于张夏组第五层、第三层的 13 倍、3 倍。据此，可将张夏组第四层视为相对隔水层。

为了进一步论证坝基岩体的渗透性，在中 II 坝轴线河床部位的 ZK127 孔做了抽水试验，采用主孔抽水，设有 2 个观测孔，由于涌水量小，使用提桶抽水，计算求得渗透系数，张夏组第五层平均值为 0.56 m/d，第三层平均值为 0.29 m/d。据此评价岩体属于强透水。渗透系数与单位吸水量比值，张夏组第五层为 $K=5.46\omega$，第三层为 $K=8.63\omega$。对比成果见表 3-29。

表 3-29 中 II 坝轴线河床坝基渗透系数、单位吸水量成果

地 层	抽水渗透系数(m/d)			压水单位吸水量(L/(min·m·m))		
	大值	小值	平均值	大值	小值	平均值
$\in_2 z^5$	0.907	0.201	0.56	0.49	0.002 6	0.102 6
$\in_2 z^3$	0.304	0.279	0.29	0.351 4	0.000 0	0.033 6

综上所述，坝基岩体总体渗透性不强，多为弱透水和中等透水，但渗透性不均一，局部地段渗透性则较强，张夏组第四层透水性较弱，属微透水或极微透水岩体。

3.4.3 坝基渗流控制措施

坝基渗流控制采取灌排结合的工程措施。河床坝基防渗和排水布置见图 3-12。

3.4.3.1 坝基防渗帷幕灌浆

河床坝基防渗帷幕沿坝轴线布置，灌浆廊道中心线桩号为下 0+002.5。河床左侧④~⑪坝段灌浆孔为 2 排，上游排孔向上游呈 5°~10° 倾角，下游排孔为竖直方向。河床右侧⑫~⑱坝段考虑电站厂房基础开挖深度较大，灌浆孔为 3 排，中间孔为竖直方向，上游排向上游呈 15° 倾角，下游排向下游呈 7° 倾角。灌浆孔排距 0.7 m，间距 3 m，呈相间及梅花形布置。灌浆孔深度，除局部地段渗透性较大，根据灌浆导孔资料深入到张夏组第三层一定深度，一般竖直方向灌浆孔深入张夏组第四层 5 m，进入基岩深度一般为 20.5~24 m，最大深度为 44 m。倾斜方向灌浆孔除河床右侧向上游倾斜孔深入基岩约 5 m，其余均深入张夏组第四层 3 m，进入基岩深度为 19.5~34 m。

　　两岸坝肩防渗帷幕沿坝轴线向岸坡里延伸，深入岸坡长度由坝顶坝肩计起，左岸为100 m，右岸为83 m。灌浆孔为2排，上游排孔向上游呈5°~7°倾角，下游排孔为竖直方向。排距0.7 m，孔距3 m，呈相间布置。孔深随建基面上升逐步减小。

　　工程施工后期，还在④~⑩坝段护坦下游桩号下0+150.5部位增设防渗帷幕，并在⑪坝段导墙排水廊道内增设了顺河流方向防渗帷幕，以使河床左侧坝基下游形成封闭的防渗系统。灌浆孔均为单排孔，横向帷幕灌浆孔孔距2 m，孔深进入张夏组第四层4 m，顺河流方向帷幕灌浆孔，孔距2.5 m，孔深进入张夏组第四层2 m。

　　帷幕灌浆分三序次进行，采用孔口封闭式灌浆法，自上而下第一灌浆段为2.0 m(包括0.5 m混凝土)，第二段为2.0 m，第三段为3.0 m，第四段及其以后各段均为5.0 m，最长段不大于10 m。相应灌浆压力第一、二、三段分别为1.5 MPa、2.0 MPa、2.5 MPa，第四段及其以后各段均为3.5 MPa。灌注材料采用大同525#硅酸盐水泥。

　　帷幕灌浆合格标准是透水率<1 Lu。当最后一段透水率>1 Lu时要求再加深一段。

　　根据对现有灌浆资料和检查孔检验情况的统计，可以看出：

　　河床坝基灌前导孔最大吕荣值为8.6 Lu，平均值为1.78 Lu；灌后检查孔最大吕荣值为0.83 Lu，最小值为0，平均值为0.11 Lu，满足设计要求。

　　单位耗灰量：总的趋势符合灌浆随孔序的增加而单位注入量依次递减的规律，说明帷幕灌浆的孔、排距设计基本合理。灌前导孔最大单位注入量为1 178.8 kg/m，最小值为0.97 kg/m，平均值为117.11 kg/m；灌后检查孔最大值为7.8 kg/m，最小值为0，平均值为0.84 kg/m，灌后水泥单耗量减少较明显。个别坝段，如⑨、⑪、⑱、⑲坝段，出现Ⅲ序孔单位注灰量大于Ⅱ序孔单位注灰量的反常现象，分析原因主要是灌浆操作上存在问题或受串冒浆影响。

　　声波检测：在河床⑦、⑧坝段分别布置了灌浆前后的声波检测。⑦坝段灌前导孔岩体纵波波速为V_p=3 400~6 670 m/s，灌后检查孔为3 900~6 670 m/s，平均提高率为10%；⑧坝段灌前导孔岩体纵波速度为V_p=3 000~6 450 m/s，灌后提高到3 800~6 670 m/s，平均提高率为10%~15%。由此可见，帷幕灌浆后岩体的完整性也比帷幕灌浆前有所提高。

　　施工单位的灌浆资料表明，在④~⑲坝段的16个检查孔岩心中，除⑲坝段检查孔无水泥结石，其他检查孔均不同程度可见水泥结石及水泥膜。

　　综上所述，从施工灌浆资料和检查孔检查情况看，帷幕灌浆提高了岩体的完整性，降低了岩体的透水率。帷幕防渗效果较好，但具体情况有待观测资料验证。

　　另外，考虑到坝基抗剪平硐爆破施工对坝基防渗帷幕可能造成的影响，对④~⑩坝段上游帷幕亦进行磨细水泥补强灌浆。补强帷幕线与原设计帷幕重合，分主、副两排，入岩深度为10 m，孔距2 m。

3.4.3.2 坝基排水减压

　　河床坝基排水系统由坝基主排水孔、基础排水孔、厂房基础排水孔、护坦排水孔、承压排水孔和⑨坝段、⑮坝段与电站厂房左、右侧及导墙下游集水井组成。

河床坝基设置了三排平行坝轴线的排水幕。主排水幕设在防渗帷幕灌浆廊道内，位于帷幕下游约 1.1 m，排水孔倾向下游，倾角 7°~10°，孔距 2.5 m，孔径 130 mm，孔深进入张夏组第四层 3 m。两岸坝肩范围内还设有排水平硐。第一基础排水廊道设在桩号下 0+022。第二基础排水廊道河床左侧设在桩号下 0+049，河床右侧设在桩号下 0+051。第一、二基础排水廊道排水孔孔距为 3 m，孔径 110 mm，孔深 8~12 m，三条排水幕以坝段之间的骑缝排水廊道相连形成浅层排水网格，汇入⑨坝段、⑮坝段集水井后排出坝外。坝后护坦基础设置了 5 排 8 列排水孔，孔距 3 m，孔径 110 mm，孔深一般 6 m，个别 12 m，通过半圆排水管相连形成浅层排水网格，最终汇入④坝段护坦末端导墙外的集水井排出。为了防止河床坝基渗流可能对层间剪切带的破坏作用，在部分排水孔中安装了过滤体。

为了释放坝基下张夏组第三层承压水，在坝基下游部位、电站尾水下部、两侧坝肩排水平硐内，设置了深孔排水孔，孔距 10 m，孔深 15~52 m。并在相邻两深孔之间布置两个浅孔，孔深 6~10 m，以利排出浅层渗水。

河床坝基补强灌浆后，原坝基部分排水孔被浆液充填而报废。为降低坝基扬压力，确保大坝安全，对坝基排水孔进行修复，并对局部进行加强。主排水孔重新钻孔，孔距为 2.0 m，孔深为 15~17 m，倾角为 13°，孔内设反滤体。第一、第二基础排水廊道内排水孔按原设计孔位、孔深重新扫孔。同时在横向排水廊道内增设排水孔，孔距为 2 m，孔深为 8~12 m。

两岸坝肩排水，除在防渗帷幕灌浆廊道内设有一排排水孔，还在左坝肩 950 m 高程、912 m 高程，右坝肩 939 m 高程分别设置排水平硐，并在排水平硐内设有一排排水孔(其中左坝肩 912 m 高程、右坝肩 910 m 高程排水平硐内，还设置了承压水排水孔)，共同组成坝肩的排水系统。

3.4.4　坝基渗流观测

坝基完成主廊道防渗帷幕灌浆和坝基基础灌浆后，开始进行坝基排水孔的施工。在排水孔施工过程中，部分排水孔有地下水从排水孔孔口溢流，为了解坝基处理后的坝基渗流情况，对坝基排水孔进行了水位和流量观测、孔内电视观察及坝基渗流示踪剂连通试验。

3.4.4.1　河床坝基排水孔水位和流量观测

在坝基排水孔施工间断期间，分别于 1997 年 11 月 11~22 日和 1998 年 3 月 9 日~4 月 4 日对已完成的部分排水孔进行了水位、流量观测。两次观测所得结果基本一致。由于第二次观测历时较长，选择观测的排水孔较多，且正值黄河凌汛期，河水位变化较大，因此在分析水位、流量变化规律时，以第二次观测数据为准。

第二次水位、流量观测时，坝基范围内已经完成的排水有：④~⑪坝段主排水廊道内排水孔、第二基础排水廊道内排水孔及⑬~⑰坝段主排水廊道内排水孔各 2 孔，共计 110 个。其中，有地下水从排水孔孔口溢出的有 35 个，占已经完成排水孔总数的 31.8%。选择了主排水廊道 11 个孔、第二基础排水廊道 6 个孔进行观测。观测孔位置见图 3-17，观测情况见表 3-30，水位观测历时曲线见图 3-18。从中可以看出：

(1)不论主帷幕排水廊道排水孔，还是第二基础排水廊道排水孔，孔内地下水位都不高，一般与排水孔孔口持平或略高。排水孔孔口高程与所在廊道底板高程一致，均低于原河床基岩面高程 897 m。地下水位高出孔口比较明显的排水孔有主 6-5、Ⅱ5-2、Ⅱ6-5，地下水位高出孔口 0.19~0.63 m。有水从孔口溢出的排水孔中，有少数排水孔，如主 5-2、主 17-8、Ⅱ8-2、Ⅱ11-3 有部分时段地下水位低于孔口。

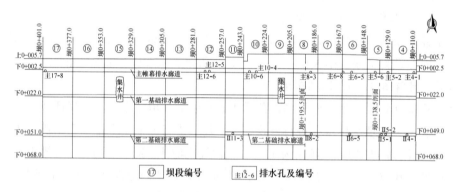

(a)坝基排水孔观测孔平面位置图

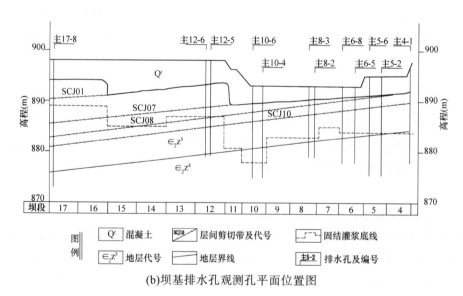

(b)坝基排水孔观测孔平面位置图

图 3-17　河床坝基排水孔观测孔位置示意图

表 3-30 坝基部分排水孔水位、流量观测统计

孔号		廊道底板高程(m)	水位(m)			流量(L/min)
			范围值	水位差	高出廊道底板	
主帷幕排水廊道	主4-1	896.67	896.70~896.84	0.14	0.03~0.17	
	主5-2	895.00	894.74~895.14	0.40	−0.26~0.14	
	主5-6	893.00				0.014~0.047
	主6-5	893.00	893.74~893.38	0.34	0.04~0.38	
	主6-8	893.00				0.007~0.072
	主8-2	893.00				0.087~0.435
	主8-3	893.00	893.02~893.13	0.11	0.02~0.13	
	主10-4	893.00	893.10~893.15	0.05	0.10~0.15	
	主10-6	893.00	893.03~893.15	0.12	0.03~0.15	
	主12-5	898.00	897.62~898.12	0.50	−0.38~0.12	
	主12-6	898.00	897.46~898.22	0.76	−0.54~0.22	
	主17-8	898.00	896.90~898.04	1.14	−1.10~0.04	
第二基础排水廊道	Ⅱ4-1	893.63	895.13~895.52	0.39	1.50~1.89	0.033~0.060
	Ⅱ5-2	892.50	892.65~893.13	0.48	0.15~0.62	1.10~11.04
	Ⅱ5-3	892.50				
	Ⅱ6-5	892.50	892.50~892.84	0.34	0.00~0.34	0.011~5.80
	Ⅱ8-2	892.50	892.15~892.59	0.44	−0.35~0.09	
	Ⅱ11-3	892.50	892.27~892.75	0.48	−0.23~0.25	

(2)观测期间,坝前库水位由 3 月 9 日开始观测时的 905.60 m,至 3 月 13 日达到凌汛期最高值 922.10 m,仅 4 天水位上升了 16.50 m,以后又很快回落,3 月 19 日降至 907.10 m。坝前水位变化缓慢时,坝基排水孔地下水位基本不变;坝前水位急剧变化时,坝基排水孔水位与坝前水位有一定水力联系。变化最明显的排水孔有主 5-2、主 6-5、Ⅱ 5-2、Ⅱ 6-5,孔内地下水位变幅达 0.48~0.50 m。一般主帷幕排水廊道排水孔与坝前水位变化同步,而第二基础排水廊道排水孔水位变化滞后约 1 昼夜。

(3)绝大多数坝基排水孔孔口溢出的水量不大,一般小于 0.01 L/min,与坝前水位变化不明显。个别坝基排水孔如主 8-2、Ⅱ 6-5、Ⅱ 5-2 孔口溢出量相对较大,大多大于 0.1 L/min,且随坝前水位升高而流量加大。在坝前水位最高的 922.10 m 时,Ⅱ 6-5 孔孔口溢出水量约 5.80 L/min,Ⅱ 5-2 孔在坝前水位 905.65 m 时达 11.04 L/min。

上述坝基排水孔水位、流量观测表明,坝基排水孔水位较低,多数坝基排水孔地下水与坝前蓄水水力联系不明显或是弱水力联系,排水孔溢出孔口水量很小,说明坝基岩体渗透性不强,已形成的帷幕及排水孔具有较好的防渗减压效果;少数排水孔地下水与坝前水位有一定水力联系,说明帷幕局部地段防渗效果相对较差。防渗效果较差的地段,集中在⑤、⑥、⑧坝段。

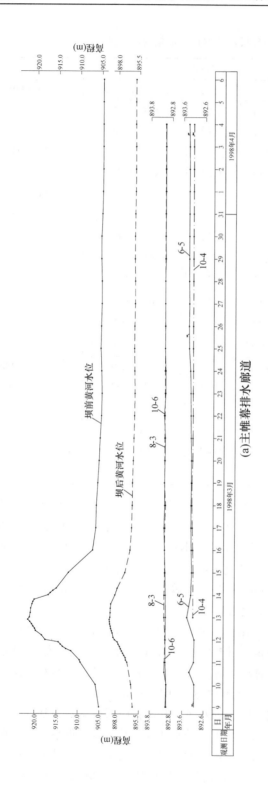

(a)主帷幕排水廊道

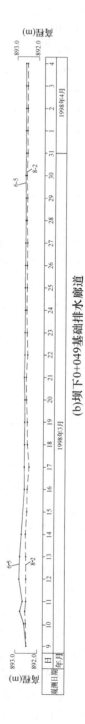

(b)坝下0+049基础排水廊道

图 3-18　坝基排水孔水位历时曲线

3.4.4.2　河床坝基排水孔孔内电视观察

在第二次坝基排水孔水位、流量观测时，在第二基础排水廊道 11 个有水从孔口溢出的排水孔中，进行了孔内电视观察，其中Ⅱ4-1、Ⅱ4-4 两个排水孔孔壁有附着物清洗不彻底，孔内电视录像效果较差外，其余 9 个排水孔观察效果较好。

观察的排水孔中，孔壁出水点现象不普遍，仅发现出水点共 27 个，其中沿层面出水点 18 个，占总数的 67%；沿 SCJ10 号层间剪切带出水点 7 个，占总数的 26%；沿坝体混凝土与坝基岩体接触面出水点 2 个，占总数的 7%。观察成果见表 3-31。观察表明：

表 3-31　坝基排水孔电视录像出水点一览

孔号	出水点孔深 (m)	出水点特征	孔号	出水点孔深 (m)	出水点特征
Ⅱ4-3	1.35	SCJ10	Ⅱ5-3	4.22	层面裂隙
	2.13	层面裂隙		5.23	层面裂隙
Ⅱ4-6	1.5	层面裂隙	Ⅱ5-4	4.59	层面裂隙
	1.8	SCJ10		9.15	层面裂隙
	2.7	层面裂隙	Ⅱ5-5	2.8	SCJ10
Ⅱ5-1	1.85	层面裂隙		4.8	层面裂隙
	2.54	层面裂隙	Ⅱ5-6	1.95	层面裂隙
	2.72	层面裂隙		3.7	层面裂隙
	6.0	层面裂隙	Ⅱ6-1	3.0	SCJ10
Ⅱ5-2	1.85	混凝土/岩石		5.0	层面裂隙
	2.29	SCJ10		6.0	层面裂隙
	4.45	层面裂隙	Ⅱ6-2	1.6	混凝土/岩石
Ⅱ5-3	2.1	层面裂隙		3.4	SCJ10
	2.5	SCJ10	备注：Ⅱ4-4 孔内电视观察未见出水点		

(1)坝基岩体总体渗透性很弱，坝基渗流微弱但不均匀。尽管坝基已完成了固结灌浆及接触灌浆，但仍有局部渗水通道。渗水通道主要是近水平的层面裂隙和层间剪切带。分析其原因是由于开挖放炮，使坝基岩体内破裂张开的近水平结构面，未完全被水泥灌浆充填所致。未见到沿陡倾角裂隙出水的现象，也说明坝基岩体陡倾角裂隙大多闭合，岩体"侧限"作用明显，因此开挖放炮对陡倾角裂隙的张开破坏作用不明显。

(2)出水点位置均在张夏组第五层，在张夏组第四层中未发现出水点，也可说明张夏组第四层渗透性很弱，作为防渗帷幕下限是可行的。

3.4.4.3　河床坝基排水孔示踪剂连通试验

第二次坝基排水孔进行水位、流量观测时，委托原地矿部水文地质工程地质研究所进行了排水孔示踪剂连通试验，同时对水温、pH 值及矿化度进行了观测。

示踪剂采用亚硝酸钠($NaNO_2$)、碘化钾(KI)及钼酸铵$[(NH_4)_6Mo_7O_{24}\cdot4H_2O]$。投源点在主帷幕排水廊道的主 12-5、主 10-6、主 8-3、主 6-5、主 5-2、主 4-1 排水孔，每 2 个孔为 1 组，依次投放亚硝酸钠、碘化钾、钼酸铵。接收点为第二基础排水廊道的Ⅱ4-1、Ⅱ5-2、Ⅱ5-3、Ⅱ6-5、Ⅱ8-2、Ⅱ11-3 排水孔。投源点投放示踪剂后，在接收点进行定时、定深采样分析。投放初期每间隔 2 h 一次，根据各排水孔采样分析情况，从第 3 天或第 4 天后改为每天 1~2 次，再往后每 3~4 天观测一次，直至结束，共采集样品 324 个，进行分析数据 1 474 个。接收点示踪剂超分辨率估算的运移视速度和峰值耗时见表 3-32 及图 3-19。从资料分析可知：在 6 个接收孔中，除Ⅱ4-1 示踪剂显示不甚明显，其余 5 个接收排水孔中都有示踪剂显示。以Ⅱ6-5、Ⅱ8-2 显示最为明显，Ⅱ6-5 孔三种示踪剂中以 NO_2^- 视速度最快达 46.0 m/h，I^- 视速度最慢为 10.4 m/h；Ⅱ8-2 孔三种示踪剂中以 Mo(Ⅵ)视速度最快达 46.0 m/h，I^- 最慢为 4.7 m/h。其次为Ⅱ11-3 孔，三种示踪剂中以 NO_2^- 视速度最快为 24.5 m/h，I^- 最慢为 0.63 m/h。再次为Ⅱ5-2、Ⅱ5-3 孔，Ⅱ5-2 孔三种示踪剂中以 NO_2^- 视速度最快为 3.60 m/h，I^- 视速度最慢为 0.28 m/h；Ⅱ5-3 孔 Mo(Ⅵ)视速度最快为 0.35 m/h，对 NO_2^- 则一直没有检测到。Ⅱ4-1 排水孔对三种示踪剂均未检测到，分析其原因：一方面可能是④坝段透水性很弱，在检测时段内仍未扩散到该孔；另一方面也可能是紧靠左坝肩，坝基接受左岸地下水渗流补给，使示踪剂不易到达该孔。

在做示踪剂连通试验的同时，对坝基排水孔中地下水的水温、矿化度及 pH 值进行量测，其成果见表 3-33。由表中资料可以看出，因为是凌汛期，黄河水水温较低，在 1~2 ℃，而坝基平硐内基岩裂隙渗水高达 11 ℃，坝基排水孔水温介于两者之间，而且第二排水廊道排水孔中水温普遍比主帷幕灌浆廊道排水孔水温要高，说明黄河水渗入坝基，坝基地下水自上游向下游渗流。从矿化度、pH 值也可看出，排水孔中地下水矿化度比原基岩裂隙水要高，pH 值比原基岩裂隙水要低。其中，主Ⅱ6-8、Ⅱ6-5、Ⅱ5-2 排水孔中地下水的水温、矿化度和 pH 值与黄河水相近，说明这三个孔所在地段黄河水与坝基地下水联系密切，岩体透水性相对较强。

表 3-32　河床坝基排水孔示踪剂运移视速度和峰值耗时统计

孔号	示踪剂	背景浓度	接收时间	接收浓度	时间(h)	视速度(m/h)	峰值浓度	峰值耗时(h)
Ⅱ11-3	NO_2^-(mg/L)	4.20	13 日 11：30	6.00	2	24.5	20.00	168
	I^-(μg/L)	9.00	19 日 10：00	12.40	144	0.63	24.00	262
	Mo(μg/L)	4.91	14 日 21：30	7.93	34	3.64	17.30	155
Ⅱ8-2	NO_2^-(mg/L)	4.00	13 日 15：32	4.20	6	12.45	5.60	264
	I^-(μg/L)	20.00	13 日 21：33	24.00	11	4.70	47.50	264
	Mo(μg/L)	13.50	13 日 1：38	16.60	2	46.0	27.17	167
Ⅱ6-5	NO_2^-(mg/L)	0.05	13 日 11：37	0.64	2	46.0	2.500	192
	I^-(μg/L)	6.50	13 日 15：37	10.00	5	10.4	36.00	288
	Mo(μg/L)	3.03	13 日 13：45	8.00	2.5	24.0	11.50	66
Ⅱ5-3	NO_2^-(mg/L)	0.136	未显示				未显示	
	I^-(μg/L)	7.00	24 日 9：43	11.00	239	0.20	14.00	576
	Mo(μg/L)	5.09	19 日 1：35	10.80	143.5	0.35	10.80	143
Ⅱ5-2	NO_2^-(mg/L)	0.32	14 日 17：37	0.056	32	3.56	0.20	194
	I^-(μg/L)	6.00	21 日 9：45	11.00	190	0.28	16.00	384
	Mo(μg/L)	2.88	14 日 5：39	6.33	18.50	2.7	10.60	149
Ⅱ4-1	NO_2^-(mg/L)	1.60	未显示				未显示	
	I^-(μg/L)	20.00	未显示				未显示	
	Mo(μg/L)	10.22	未显示				11.07	143

注：亚硝酸根投入时间为 13 日 9：37，碘投入时间为 13 日 10：28，钼投入时间为 13 日 11：06。

3.4.4.4 河床坝基承压水($\in_2 z^3$含水层)观测

前期勘察期间,根据水位观测资料及地层岩性,认定坝基下张夏组第三层($\in_2 z^3$)为承压含水层。承压水水头高出该岩层顶面二三十米,承压水水位基本在 900 m 高程上、下波动,实测最低值为 897.71 m(ZK185 孔),最高值为 909.96 m(ZK130 孔),与黄河水水位基本一致或略高于黄河水水位。为避免承压水对坝基产生较大的浮托力,在溢流坝段下游护坦尾部纵向(平行坝轴线,下同)排水廊道、电站尾水下部纵向排水廊道及左岸高程912 m、右岸高程 910 m 排水平硐内设置了承压水排水孔,排水孔孔深进入张夏组第三层3 m(河床部位孔深约 10 m),相邻两孔之间设置两个浅层排水孔。

在坝基帷幕灌浆主排水廊道内设置 4 个张夏组第三层承压水观测孔,孔深深入张夏组第三层 3 m 和 8 m。对该层承压水进行观测,以论证坝基张夏组第三层承压水对大坝稳定的影响。

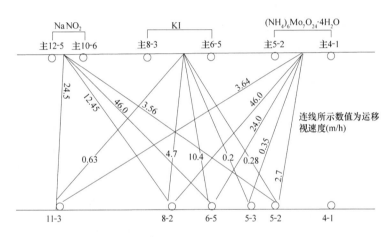

(a)按示踪剂超分辨率估算的运移视速度图

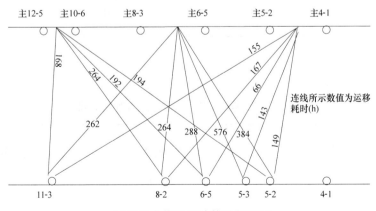

(b)按最大值出现计算的耗时图

注:(a)、(b)图中上排孔为主帷幕排水廊道投源点,下排孔为第二基础排水廊道接收点。

图 3-19　河床左侧坝基排水孔示踪剂运移示意图

水库蓄水初期，对承压水排水孔进行了观测。溢流坝段下游护坦尾部纵向排水廊道(桩号下 0+145.5)观测资料见表 3-34、表 3-35。该廊道内共设承压水排水孔 14 个，其中 10-3 排水孔已经堵塞失效，其余 13 个排水孔中，有 4 个排水孔有水从孔口溢出，5-2 孔流量最大为 200 mL/s，其次为 4-1 孔 52.38 mL/s；有 2 个孔有滴水；其余孔均无水从孔口溢出。承压水水头高出廊道底板，4-1 孔为 1.43~1.62 m，5-2 孔为 1.05~1.20 m；相应承压水水位 4-1 孔为 897.73~897.92 m，5-2 孔为 897.35~897.50 m。由此可以看出：张夏组第三层承压水水量较小，在坝前水位 960.62~973.10 m 时，该廊道承压水排水孔流出孔口水量仅为 2.25 m³/d；在现状防渗排水条件下，承压水水位大约为 897 m，与勘察期间水位基本一致，不会对建筑物基础产生较大的浮托力；承压水水位与库水位联系不甚显著，以此判断，水库蓄水至最高蓄水 980 m 时，对建筑物浮托力的影响也不会产生较大变化。

表 3-33　坝基渗流示踪试验实测水温、矿化度和 pH 值成果

排水孔号	水温(℃)		矿化度 (mg/L)	pH 值
	实测值	平均值		
主 17-8	7~8	7.2		
主 12-6	7~8	7.5		
主 8-2	8	8		
主 6-8	6~7.5	6.8		
主 5-6	8~10	9		
主 4-1	7~10	8.5		
II 11-3	7.5	7.5	1 420~1 850	12.42~12.78
II 8-2	8~10	9	940~1 790	12.12~12.75
II 6-5	9~11	9.8	430~580	8.02~9.69
II 6-2	10	10		
II 5-3	10~12	10.6	540~600	
II 5-2	10~12	10.8	510~600	7.87~9.97
II 4-1	9.5	9.5	430~550	8.04~9.31
黄河水	1~2	1.5	450	8.11
平碉基岩裂隙水	11	11		8.12

注：1.观测取样时间为 1998 年 3 月 12~19 日。
2.空格无测值。

表 3-34　张夏组第三层承压水流量观测成果

孔号	溢出孔口流量(mL/s)	孔号	溢出孔口流量(mL/s)	孔号	溢出孔口流量(mL/s)
4-1	52.38	6-2	0	9-1	0
4-2	0	7-1	滴水	10-1	0
5-1	滴水	7-2	0	10-2	0
5-2	200.0	8-1	2.08	10-3	堵塞
6-1	6.7	8-2	0	合计	2.25 m³/d

注：1.观测位置为溢流坝下游护坦尾部纵向排水廊道承压水排水孔。
2.观测时间 2002 年 3 月 9 日，坝前水位约 960 m，下游尾水约 900 m。

表 3-35 张夏组第三层承压水水位观测成果

观测	年-月-日	2002-03-10	2002-03-10	2002-03-11
时间	时	08:00	15:00	15:00
坝前水位(m)		960.62	967.77	973.10
下游尾水位(m)		900.62	900.11	900.67
高出廊道	4-1	1.60	1.43	1.62
底板水头(m)	5-2	1.20	1.05	1.16
承压水	4-1	897.90	897.73	897.92
水位(m)	5-2	897.50	897.35	897.46

注：1.观测位置为溢流坝段下游护坦尾部纵向排水廊道排水孔，4-1、5-2 为排水孔号。
  2.廊道底板高程为 896.30 m，建基基岩面高程约为 893.50 m。

3.4.4.5 两岸坝肩地下水观测

两岸坝肩各设有地下水位观测孔 8 个。左坝肩防渗帷幕上游有 2 孔，下游有 6 孔；右坝肩防渗帷幕上游有 2 孔，下游有 5 孔，灌浆廊道内有 1 孔。观测孔位置见图 3-20。

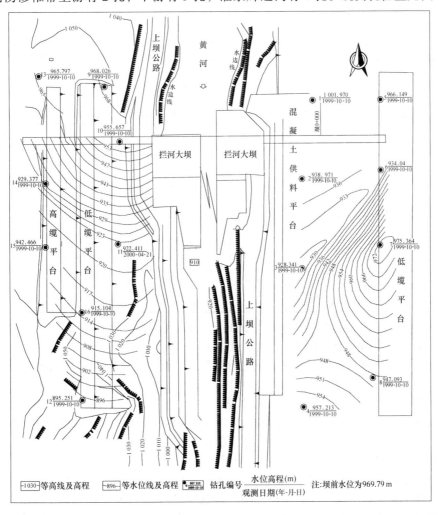

图 3-20 两岸坝肩观测孔位置及地下水等水位线

在排水孔施工时，选择左坝肩的1、3、5、7号四个孔，右坝肩的9、13号两个孔进行压水试验。压水试验成果表明，两坝肩岩体渗透性较弱。在6个孔共115段次压水试验中，只有9号孔在寒武系上统凤山组第一层中，有一段次透水率为11.4 Lu，其余段次透水率均小于10 Lu，而且绝大部分小于5 Lu，岩体属于弱、微、极微透水。两坝肩岩层透水性分级见表3-36。

表3-36　两坝肩岩层透水性分级统计

岩层代号	压水钻孔数	总段次 / 压水段总长(m)	中等透水 100~10 Lu 段次 / 段次长(m)	% / %	弱透水 10~5 Lu 段次 / 段次长(m)	% / %	弱透水 5~1 Lu 段次 / 段次长(m)	% / %	微至极微透水 <1 Lu 段次 / 段次长(m)	% / %	备注
$\in_3 f^3$	2	6 / 29.09					6 / 29.09	100 / 100			弱透水
$\in_3 f^2$	4	4 / 12.69					4 / 12.69	100 / 100			弱透水
$\in_3 f^1$	6	6 / 22.54	1 / 4.18	17 / 19			3 / 11.31	50 / 50	2 / 7.05	33 / 31	主要为弱透水，少数为微至极微透水，个别为中等透水
$\in_3 c$	6	8 / 34.41					7 / 29.41	87 / 85	1 / 5.00	13 / 15	微至极微透水
$\in_3 g^4$	6	16 / 67.55					15 / 62.55	94 / 93	1 / 5.00	6 / 7	微至极微透水
$\in_3 g^3$	6	11 / 44.60			1 / 5.00	9 / 11	9 / 34.80	82 / 78	1 / 4.80	9 / 11	主要为弱透水，个别为微至极微透水
$\in_3 g^2$	6	22 / 93.60					19 / 78.60	86 / 84	3 / 15.00	14 / 16	主要为弱透水，部分为微至极微透水
$\in_3 g^1$	6	23 / 103.68			1 / 5.00	4 / 5	22 / 98.68	96 / 95			弱透水
$\in_2 z^6$	6	6 / 11.04					5 / 9.84	83 / 89	1 / 1.20	17 / 11	弱及微至极微透水
$\in_2 z^5$	6	13 / 52.15					12 / 47.15	92 / 90	1 / 5.00	8 / 10	弱及微至极微透水
合计		115 / 471.35	1 / 4.18		2 / 10.00		102 / 414.12		10 / 43.05		

根据1998年10月1日下闸蓄水至2000年3月，历时约一年半的水位观测资料分析，右坝肩地下水位观测孔中，上游2个观测孔(9号、13号)地下水位与坝前水位水力联系较为明显，观测孔中地下水位随坝前水位上升而升高，而且靠近岸边的9号孔地下水位比岸里的13号孔中地下水位高，表明地下水随坝前水位的升高从岸边向岸里渗流。防渗帷幕下游侧的地下水位，则由坝体附近逐渐从上游向下游、从岸里向岸边渗流。处于下游的16号、12号观测孔地下水位，受坝前水位的影响不甚明显。由此可以说明，右坝肩已经发生了绕坝渗流，坝肩下游的影响范围大体在16号观测孔附近。右坝肩绕坝渗漏量已在水库右岸岩溶渗漏中一并考虑，不再单独计算。

左坝肩地下水位观测孔中，1、4、7号观测孔地下水位异常，1、7号两观测孔，在观测期间地下水位始终高于坝前水位，4号观测孔长期处于高水位状态，分析其原因主要是由于施工用水及居住区排水，致使左坝肩地下水位规律性不甚明显，但仍可看出左坝肩绕坝渗流的总趋势是符合一般规律的。从目前水位分布情况可以判断，在 3 号至 6 号孔地带相对较强，再往下游受绕坝渗漏的影响已不甚明显。

左坝肩绕坝渗漏量按宾捷曼公式计算(岩体渗透系数采用观测孔透水率值换算取 $K=0.022$ m/d)，在库水位 980 m 时约为 18.06 m^3/d，其渗漏量有限。两岸坝肩观测孔位置及地下水等值线分布见图 3-20，观测孔历时曲线见图 3-21。

上述对河床坝基及两岸坝肩渗流的认识，由于观测时段较短，有待长期观测资料的分析验证。

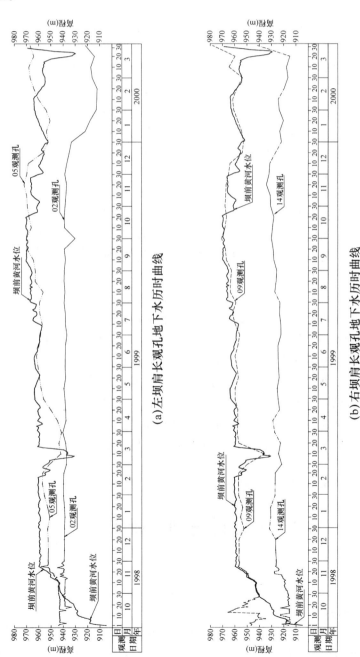

(a) 左坝肩长观孔地下水历时曲线

(b) 右坝肩长观孔地下水历时曲线

图 3-21 两岸坝肩观测孔地下水历时曲线

第4章 天然建筑材料

4.1 勘察简况

天然建筑材料勘察是工程地质勘察的重要组成部分，万家寨历次工程地质勘察都进行了相应工作。与设计阶段相呼应，工作较系统的天然建筑材料勘察主要有三次，即北京院在20世纪50年代的初步设计、天津院1983年可行性研究及1984年以后的再次初步设计。

北京院初步设计拟定坝型为混凝土宽缝重力坝，比较坝型为堆石坝。砂砾石料沿黄河调查了韭菜滩、前后滩、刘家滩、大滩、马宗滩及寺沟等料场，对其中的柳树滩、前后滩、寺沟三个料场进行了B级精度勘察，推荐柳树滩、前后滩为开采料场，寺沟为备用料场。石料场选在坝址上游的山寨尔庙沟，进行了一般性调查。土料则选择天峰坪、大峪两个土料场进行了B级精度勘察。

天津院可行性研究针对混凝土坝进行初查精度的天然建筑材料勘察。砂砾石料勘察了柳树滩、前后滩、大东梁、太子滩四个料场，推荐使用大东梁和太子滩两个料场。作为人工骨料使用的石料场，勘察了右坝头、牛郎贝沟口右侧(即北京院的山寨尔庙沟)、十八盘北及辛庄窝—东长咀四个石料场。推荐使用辛庄窝—东长咀石料场。用做围堰填筑的土料，勘察了天峰坪、大峪、西沟、台子梁四个土料场，推荐使用台子梁土料场。

天津院再次初步设计时，重点对柳树滩、前后滩两个砂砾石料场、辛庄窝—东长咀、明灯山(即十八盘北)两个石料场及台子梁土料场进行了详查。由于枢纽布置、方案比较的需要，又在黄河右岸选择了李家疙卜、柳清塔两个石料场和黑湾土料场进行了必要的勘察。勘察结果表明，砂砾石料除以往发现的料场分散、运输开采条件不便及砂砾石层中多含有夹泥和黏土透镜体、砾石偏细且多有超径大孤石和大块石、砂料偏细、含泥量较高等缺陷，本次勘察又证实砾石抗冻指标不符合规程要求。因此，推荐混凝土粗、细骨料采用人工骨料，选择辛庄窝—东长咀为开采石料场，柳清塔为备用石料场，围堰填筑使用台子梁土料场。

主要料场位置见图4-1，勘察工作量见表4-1。

4.2 主要料场勘察成果

4.2.1 砂砾石料

4.2.1.1 前后滩砂砾石料场

该料场位于坝址下游10 km(公路距离53 km)的偏关河与黄河交汇处，地处偏关河口村北，为黄河河床左侧漫滩，已改造为农田，人工填土厚一般0.5~1.0 m，最厚达3.5 m。地面

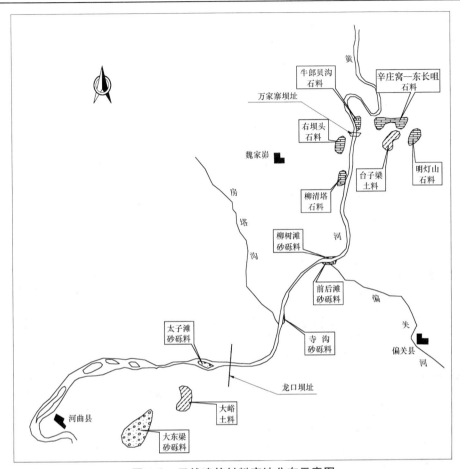

图 4-1　天然建筑材料产地分布示意图

高程为 885~893 m，为黄河、偏关河的冲洪积堆积物，地下水位略低于黄河、偏关河河水位。北京院进行了 B 级精度勘察，可研时进行了普查，再次初设时进行了详查。

料场有效层分为两层，上部为砂卵砾石层，下部为砂层。砂卵砾石层一般厚 12~19 m，最大厚度达 20 m。卵砾石大小不一，磨圆度差，主要成分为灰岩，其次为白云岩、石英砂岩；砂层厚度为 5~18 m，以细砂为主，主要成分为灰岩岩屑、石英、长石等。主要质量问题为：粗细骨料均偏细，卵石缺少 7.5~15 cm 粒径，孤石、块石多；砾卵石冻融损坏率、软弱颗粒含量、砂料膨胀率及砂卵砾石层和砂层含泥量均超标。有效储量：砂料 96 万 m³，砾石料 200 万 m³，无效体积 55 万 m³。

4.2.1.2　柳树滩砂砾石料场

该料场位于前后滩料场对岸的黄河河床右侧的河漫滩，已改造为农田，人工填土厚 0.2~1.4 m，地面高程为 884~890 m，洪水期将被河水淹没。北京院进行了 B 级精度勘察，可研进行了初查，再次初设时进行了详查。

卵砾石级配较好，主要成分为灰岩，其次为白云岩、砂岩，砂料以中细砂为主，成分以石英为主，质较纯。主要质量问题：粗细骨料粒径偏细；卵砾石冻融损失率超标。有效储量：砂料 10.4 万 m³，砾石料 88 万 m³，无效体积 18.5 万 m³。

表 4-1 天然建筑材料勘察工作量

料场名称	项目	比例尺	单位	勘察阶段		合计	备注
				可行性	初设		
辛庄窝—东长咀石料场	地质测绘	1:5 000 1:2 000	km²		0.95 1.00	0.95 1.00	
	柱状剖面		m		218.51	218.51	
	坑槽探		m³		845.42	845.42	
	钻孔		m/个		304.84/8	304.84/8	
	平硐		m/个		270.60/10	270.60/10	
	试验		组	2	24	26	
明灯山石料场	地质测绘	1:5 000	km²		0.70	0.70	
	柱状剖面		m		200.0	200.0	
	坑槽探		m³		600.0	600.0	
	试验		组		6	6	
李家疙卜石料场	地质测绘	1:5 000	km²	1.7		1.70	1. 20 世纪 80 年代以前曾对砂砾料进行地质测绘,比例尺 1:2 000,8.5 km²,共取样 381 组,具体位置不详,表中未列 2. 辛庄窝—东长咀、柳清塔石料场为初步设计段选定人工骨料场,台子梁为围堰用土料场,施工中仅使用辛庄窝—东长咀石料场和台子梁土料场
	柱状剖面		m	90.0		90.0	
	坑槽探		m³	350.0		350.0	
	试验		组	3		3	
柳清塔砂砾石料场	地质测绘	1:5 000 1:2 000	km²	1.5	0.60	1.50 0.60	
	柱状剖面		m		62.14	62.14	
	坑槽探		m³	235.6	306.53	542.13	
	钻孔		m/个		568.78/8	568.78/8	
	试验		组	4	7	11	
前后滩砂砾石料场	地质测绘	1:2 000	km²		0.4	0.4	
	坑(井)探		m³	8.2	396.4	404.6	
	钻孔		m		115.8/7	115.8/7	
	试验		组		25	25	
柳树滩砂砾石料场	地质测绘	1:5 000 1:2 000	km²	0.4	0.34	0.40 0.34	
	坑(井)探		m	16.4	106.8	123.2	
	钻孔		m/个		112.05/14	112.05/14	
	试验		组	5	7	12	
大东梁砂砾石料场	地质测绘	1:2 000	km²	0.7			
	坑槽探		m³/个	32.84/9			
	钻孔		m/个	123.66/6			
	试验		组	9			
太子滩砂砾石料场	地质测绘	1:2 000	km²	0.8			
	坑槽探		m³/个	41.92/9			
	钻孔		m/个	26.84/6			
	试验		组	14			
台子梁土料场	地质测绘	1:5 000	km²		0.12	0.12	
	柱状剖面		m		95.5	95.5	
	探坑		m³	7.0	655.0	662.0	
	钻孔		m/个		339.9/13	339.9/13	
	试验		组	10	43	53	

4.2.1.3 大东梁砂砾石料场

该料场位于坝址下游黄河左岸河曲县大东梁村附近,距坝址直线距离约 36 km,公路距离 80 km,可研时进行初查。

料场属黄河三级阶地,为长条形地带,地面高程为 925~935 m,地表覆盖厚 3~17 m 的上更新统黄土,其下为冲积砂砾石层,厚度为 8~30 m,层中夹有黏土团块和透镜体,除无效开挖体积较大,质量基本符合规程要求。有效储量:砂料 144 万 m³,砾石料 336 万 m³,无效体积 420 万 m³。该料场砂砾石料储量丰富,现勘察范围往南、往西还有较大潜力可挖,只是无效体积开挖量所占比例将更大。

4.2.1.4 太子滩砂砾石料场

该料场位于龙口坝址下游峡谷出口处的黄河河床中心滩上,洪水时绝大部分被淹没,地面高程为 860~862.5 m,距坝址沿河道距离约 24 km,公路运距约 67 km。可研时进行了初查。

砂砾石为黄河冲积层,厚 3~5 m。其内夹有粉砂和黏土透镜体,其上覆盖厚 0~1.7 m 的冲积、淤积土层。砂砾石质量除粒径偏细、含泥量较高,未进行冻融试验。有效储量:砂料 41.33 万 m³,砾石料 109.69 万 m³,无效体积 22.67 万 m³。

砂砾石料场试验成果见表 4-2。

4.2.2 石料

4.2.2.1 辛庄窝—东长咀石料场

该料场为再次初步设计推荐及施工开采的混凝土人工骨料石料场。料场位于黄河左岸辛庄窝、东长咀两村之间,距坝址 1.8~3.0 km。料场地形为一环状山脊,地面一般高程为 1 150~1 285 m,最高达 1 300 m。山体单薄,地面坡度不大。料场地层岩性为奥陶系中统马家沟组下段第二层($O_2m^2_1$)厚层、中厚层灰岩夹薄层灰岩、白云质灰岩、白云岩。按岩性特征自下部向上部划分为两个有效层、两个无效层,依次为:第一有效层(又分为 I -1、I -2)、第一无效层、第二有效层、第二无效层。有效层为厚层、中厚层岩体,石料质量较好,无效层为薄层岩体;加工砾石成材率低,岩粉较多。分层描述见表 4-3。

有效层储量 567 万 m³,无效体积 58 万 m³。

4.2.2.2 明灯山石料场

该料场即可研时的十八盘北石料场,质量较好,储量丰富,但运距稍远,且开挖放炮可能对进场公路运输有影响,可作为备用料场,施工中未使用。料场位于黄龙池乡与万家寨乡交界处,距坝址约 6 km,为一长条形山脊,山脊高程为 1 550~1 565 m,山体雄厚。有效层为奥陶系中统马家沟组中厚层、厚层灰岩、豹皮状灰岩及生物碎屑灰岩。其上覆盖有石炭系铝土页岩、砂岩及第四系碎块石和粉质黏土,最大厚度 35 m。有效储量 1 066.7 万 m³,无效体积 146.3 万 m³。

表 4-2　砂砾石料场试验成果

料场名称	统计	天然混合料指标：天然干容重(kN/m³)	天然含水量(%)	颗粒级配>150mm(%)	150~5mm(%)	<5mm(%)	SO₃含量(%)	可溶盐含量(%)	颗粒级配5~2.5mm(%)	2.5~1.2mm(%)	1.2~0.6mm(%)	0.6~0.3mm(%)	0.3~0.15mm(%)	0.15~0.05mm(%)	0.05~0.005mm(%)	<0.005mm(%)	砂料指标：粒度模数	平均粒径(mm)	干松容重(kN/m³)	黏粒质杂质含量(%)	比重	膨胀率(%)	云母含量(%)	有机质含量(%)
前后滩料场 砂卵砾石层	试验组数	10	10	17	17	17	17	17	17	17	17	17	17	17	17	17	17	17	17	17	17	17	17	17
	最大值	22.8	10.9	6.2	83.0	54.8	0.030	0.047	43.6	21.8	5.2	28.9	17.4	29.1	16.4	5.9	2.98	0.67	16.7	28.8	2.77	46	0.04	合格
	最小值	17.9	2.8	0	45.2	14.6	0.005	0.006	13.3	12.8	1.6	4.2	2.0	10.6	4.8	1.1	2.03	0.38	15.0	6.30	2.73	21	0	合格
	平均值	20.6	6.4	1.6	63.4	35.1	0.009	0.012	23.0	18.9	4.2	14.3	7.2	18.7	10.6	3.0	2.39	0.47	15.8	17.9	2.74	33.6	0.004	合格
砂层	试验组数			2	2	2	2	2	2	2	2	2	2	2	2	2	2	2	2	2	2	2	2	2
	最大值			0	32.6	94.3	0.011	0.025	20.9	19.6	6.3	33.9	40.0	16.6	3.6	1.3	2.75	0.42	16.7	6.3	2.74	13	0	合格
	最小值			0	5.7	57.4	0.010	0.012	1.7	2.8	1.1	31.6	9.9	7.4	2.6	0.7	1.31	0.27	14.7	5.4	2.66	12	0	合格
	平均值								4.55	4.14	17.27	38.22	29.22	小于0.15 mm的为5.79			1.97	0.34	14.5	5.99	2.55	7.22		合格
柳树滩料场	试验组数	11	11	7	10	10	10	10	10	10	10	10	10	10	10	10	10	10	10	10	10	10	10	10
	最大值	24.5	4.0	3.3	71.7	41.4	0.012	0.009	14.6	20.6	29.5	49.8	21.2	30.1			2.50	0.43	16.7	6.5	2.74	17.0	0.06	合格
	最小值	21.70	1.5	0.0	64.0	25.0	0.006	0.005	4.8	5.7	7.8	16.8	8.5	6.1			1.66	0.35	14.0	1.3	2.70	4.0	0	合格
	平均值	23.6	2.7	1.4	65.2	33.6	0.009	0.007	9.5	11.1	17.8	27.5	15.1	18.3			2.15	0.39	15.5	3.5	2.72	8.8	0.006	合格
大于滩料场	最大值				82.1	54.2			15.7	18.8	33.54	40.0	32.3		40.4		2.69	0.47	1.71	4.10	2.72		0.02	
	最小值				50.1	16.6			2.6	2.9	12.2	7.3	5.8		7.1		1.75	0.30	1.50	2.10	2.67		0	
	平均值				67.13	32.74			9.44	13.2	21.19	19.34	15.08		21.62		2.25	0.38	1.65	3.04	2.70		0.007	浅

续表 4-2

砾石指标

料场名称	项目	颗粒级配(%) 150~80mm	80~40mm	40~20mm	20~10mm	10~5mm	粒度模数	干松容重(kN/m³) 150~5mm	150~80mm	80~40mm	40~20mm	20~10mm	10~5mm	黏粒杂质含量(%)	黏土块杂质含量(%)	针片状含量(%)	比重	吸水率(%)	冻融损坏率(%) 150~80mm	80~40mm	40~20mm	20~10mm	10~5mm	150~20mm	20~10mm	10~5mm	有机质含量(%)
前后滩砂卵砾石料场砾石层	试验组数	17	17	17	17	17	17	3	3	3	3	3	3	17	17	17	17	17	6	7	7	7	7	17	17	17	17
	最大值	25.7	38.4	31.2	28.7	38.6	8.67	17.4	13.9	14.2	15.1	15.4	15.2	8.3	0	8.8	2.76	1.09	100.0	83.1	58.5	32.3	24.0	0.5	9.0	34.1	合格
	最小值	6.3	16.0	15.5	8.5	7.0	7.46	15.6	13.3	14.0	14.7	14.9	14.7	0.2	0	0.2	2.70	0.42	18.1	18.0	22.5	18.8	2.3	0	0.1	1.2	合格
	平均值	13.1	25.4	24.6	19.1	17.8	7.97	16.6	13.6	14.1	14.9	15.1	15.0	1.8	0	2.7	2.72	0.56	46.1	51.3	38.6	25.1	15.7	0.09	3.5	16.1	合格
柳树滩料场	试验组数	10	10	10	10	10	10	3	2	2	2	2	2	10	7	10	10	10	9	9	9	9	2	3	3	3	10
	最大值	33.9	35.2	35.0	21.8	14.2	9.12	17.5	13.8	14.3	15.4	15.5	15.4	1.9	14.9	14.8	2.76	1.6	100	78.6	60.4	44	6.1	0	0.7	38	合格
	最小值	5.3	23.7	17.2	12.6	8.0	7.84	17.0	13.5	14.2	15.2	15.3	15.4	0.04	0.6	4.9	2.69	0.70	0	37.3	28.0	17.2	4.1	0	0.2	1.6	合格
	平均值	14.5	31.3	26.6	16.6	11.0	8.44	17.2						0.44	4.1	10	2.73	1.1	22.2	62.5	38.6	29.3		0	0.3	2.8	合格
太子滩料场	最大值	22.4	47.8	55.1	25.1	13.2	8.47	1.91							0.17	16.25	2.76										
	最小值	0	18.0	23.0	12.3	4.4	7.79	1.72							0.03	1.00	2.72										
	平均值	5.83	31.29	33.78	19.32	9.79	8.05	1.80							0.09	8.05	2.74										

备注

1. 前、后滩料场为 1985 年试验成果，柳树滩为 1991 年试验成果，其中砾石干松容重七组内最大值 18.1 kN/m³，最小值 17.3 kN/m³，平均值 17.9 kN/m³，太子滩为 1983 年试验成果

2. 膨胀率试验采用前干样抽打密实法，由于砂料含泥多，故膨胀率大

3. 冻融损坏率 1985 年试验采用硫酸钠浸泡 15 次，1991 年采用硫酸钠浸泡 40 mm 以上粒径破坏损多，全坏率最多是在 6~9 次，150~80 mm 的冻融损坏率因试样少，建议参考 80~40 mm 的损坏率。1991 年采用硫酸镁浸泡 5 次、冻融损坏率每组以 40 mm 以上粒径破坏损较多，全坏率最大值 63%，最小值 33.9%，平均值 45.3%；冻融损坏率 $= \dfrac{原样干重 - 冻融后破坏颗粒干重}{原样干重} \times 100\%$

4. 前、后滩料场布孔时考虑了北京院资料，天津院钻孔较浅，一般未揭穿砂层，故该层平均值引用北京院资料

表 4-3 辛庄窝—东长咀石料场有效层、无效层描述

分层类别	分层代号	$\dfrac{层厚(m)}{平均厚度(m)}$	层底高程(m)	简要描述
第二无效层	Ⅱ′	$\dfrac{0\sim14}{3.2}$	1 270~1 296	位于山脊顶部，岩性为薄层泥质白云岩，最大厚度约 14 mm
第二有效层	Ⅱ	6.87	1 262~1 290	岩性为厚层、中厚层灰岩，单层厚度大于 0.5 m，岩石质纯，坚硬性脆，裂隙间距 0.4~3.0 m，风化深度小于 0.5 m，该层夹有 1~3 层厚 5~50 cm 薄层灰岩
第一无效层	Ⅰ′	$\dfrac{8.2\sim9.01}{8.61}$	1 255~1 282	岩性为薄层白云质灰岩、泥灰岩夹少量中厚层灰岩
第一有效层	Ⅰ-2	$\dfrac{10.35\sim13.80}{11.66}$	1 236~1 272	岩性为中厚层、厚层灰岩夹少量薄层灰岩及白云岩，有由下而上逐渐由灰岩向白云岩过渡的趋势，层理不明显，地形多呈陡坡
	Ⅰ-1	$\dfrac{17.6\sim18.16}{17.82}$	1 218~1 254	岩性为中厚层、厚层灰岩，单层厚 0.3~1.0 m，岩石坚硬，具树枝状、蠕虫状构造，夹 2~3 层厚度为 10~30 cm 薄层灰岩，裂隙间距 0.5~3 m

4.2.2.3 柳清塔石料场

该料场可研时称石道清石料场。料场位于黄河右岸坝址下游 1.5~2 km 的柳清塔村西北侧。由北东向和北西向山脊组成，山脊高程为 1 125~1 171 m。开采地层为奥陶系中统马家沟组下段第二层($O_2m^2_1$)中厚层、厚层灰岩夹薄层泥质白云岩及白云岩。划分为三个有效层和三个无效层。有效层为中厚层、厚层灰岩，无效层多为薄层岩体。有效储量 274 万 m^3，无效体积 96 万 m^3。

主要块石料场试验成果见表 4-4。

4.2.3 土料

4.2.3.1 台子梁土料场

该料场为再次初设时推荐土料场，施工时开采使用。料场位于黄河左岸万家寨村东北烽火台附近，距坝址 1.5 km，地面高程一般为 1 100~1 180 m。土层为第四系中、上更新统(Q_{2+3})风积、冲积黄土。按颗粒组成分为上、下两层。上层为粉土，厚 12~17 m，顶部有厚约 1 m 的耕植层；下层为粉质黏土，厚 18~20 m，直接堆积在基岩斜坡之上。作为围堰用料，上、下层应混合使用，有效储量 62 万 m^3。试验成果见表 4-5。

表 4-4　主要块石料场试验成果汇总

料场名称及代号	岩组代号	有（无）效层代号	岩石名称	比重	干容重 (kN/m²)	吸水率 (%)	抗压强度 (MPa) 干燥	抗压强度 (MPa) 饱和	抗压强度 (MPa) 冻后	软化系数	抗冻系数	冻融损失率 (%)	硫化物含量 (%)
辛庄窑—东长咀料场			灰岩	(8) 2.79~2.71/2.75	(12) 27.20~26.36/26.83	(12) 0.50~0.03/0.23	(12) 295.0~82.1/179.2	(19) 287.0~87.5/190.0	(15) 260.0~111.0/184.0	(7) 0.96~0.72/0.87	(5) 1.19~0.61/0.89	0.00~0.03	<0.50
	I-1		白云岩	—				136.0	120.0			0.00	
			白云质灰岩				(8) 262.0~102.0/175.9	(8) 298.0~58.0/191.4	(8) 282.0~154.0/214.3	0.81	(3) 1.12~0.95/1.03	0.00~0.15	
	I-2 O₂m₁²		白云质灰岩	(4) 2.85~2.80/2.84	(8) 27.27~24.41/25.48	(8) 3.44~0.26/1.96	(8) 248.0~140.0/196.8	(8) 224.0~92.0/173.2	(8) 228.0~111.0/167.1	(4) 0.96~0.81/0.90	1.06	0.00~0.08	
			白云岩	2.73				(5) 206.0~167.0/188.4	(5) 269.0~120.0/174.6				
	II		灰岩	(3) 2.73~2.71/2.72	(5) 26.68~26.31/26.47	(5) 0.39~0.06/0.17	(5) 193.0~102.0/149.5	(5) 218.0~103.6/157.9	(5) 144.0~121.0/134.3	(3) 1.17~0.80/0.95	0.72	0.00~0.09	<0.50
			灰岩	2.73	(3) 26.70~26.51/26.59	(3) 0.22~0.07/0.14	(3) 160.0~100.0/130.7	(3) 116.0~78.0/93.3	(3) 123.0~51.0/80.3	0.97	0.63	0.00~0.08	<0.50
	I'		白云岩	(4) 2.82~2.78/2.80	(12) 26.35~24.90/25.60	(12) 3.45~1.55/2.38	(12) 218.0~129.0/181.8	(10) 183.0~69.0/124.4	(10) 172.0~61.0/112.6	(4) 0.78~0.56/0.68	(3) 1.07~0.77/0.93	0.46~0.09	

注：干容重单位为 (kN/m²)。

续表 4-4

料场名称	岩组代号	有(无)效层代号	岩石名称	比重	干容重 (kN/m²)	吸水率 (%)	抗压强度(MPa) 干燥	抗压强度(MPa) 饱和	抗压强度(MPa) 冻后	软化系数	抗冻系数	冻融损失率 (%)	硫化物含量 (%)
柳清塔料场	O₂m₁¹		白云质灰岩	2.72	(6) 26.62~25.33 / 26.24	(6) 1.88~0.18 / 0.52	(6) 178.0~109.0 / 137.5	(6) 145.0~88.0 / 121.3	(6) 135.0~83.3 / 116.3	(2) 0.97~0.81 / 0.89	(2) 1.04~0.87 / 0.96	-0.05~0.02	
		II	白云岩	2.70	(6) 23.85~22.90 / 23.35	(6) 6.60~4.80 / 5.76	(6) 79.0~37.0 / 63.04	(6) 71.0~31.0 / 49.0	(2) 0.73~0.60 / 0.67	(2) 0.87~0.70 / 0.79		0.00	
	O₂m₁²	I'	灰岩	(2) 2.73~2.71 / 2.72	(6) 26.90~26.42 / 26.54	(6) 0.19~0.10 / 0.14	(6) 231.22~117.93 / 177.00	(5) 173.00~133.44 / 145.79	(4) 161.0~107.46 / 137.37	(2) 0.84~0.79	(2) 0.96~0.88	0.00	<0.1
		I'	白云岩	(2) 2.84~2.79 / 2.82	(6) 26.05~23.39 / 24.77	(6) 4.91~0.41 / 3.06	(3) 235.00~150.00 / 208.33	(6) 190.00~74.00 / 138.83	(6) 181.00~96.00 / 146.67		(2) 1.06	0.00	<0.1
		I-2	灰岩	2.72	26.5	(3) 0.16~0.10 / 0.14	(3) 238.73~169.09 / 210.64	(3) 165.52~115.61 / 132.76	(2) 167.05~125.29 / 146.17	0.63	(2) 1.07~1.01	0.00	
			白云质灰岩	2.84	(3) 25.83~24.91 / 25.31	(3) 2.48~1.99 / 2.25	(3) 275.00~198.00 / 233.33	(3) 184.00~124.00 / 161.33	(3) 196.00~183.00 / 189.00	0.69	1.17		<0.1
		I-1	灰岩	(2) 2.74~2.72 / 2.73	(6) 26.83~26.30 / 26.62	(6) 0.19~0.01 / 0.09	(5) 213.00~130.59 / 176.94	(5) 222.00~134.00 / 180.24	(6) 191.00~146.00 / 171.36	(2) 1.15~0.96	(2) 0.97~0.94	0.00	<0.1
	O₂m₂¹		白云岩	2.82	(3) 27.41~26.73 / 27.05	(3) 0.90~0.23 / 0.55	(3) 271.00~134.00 / 205.00	(3) 302.00~133.00 / 236.00	(3) 71.00~29.00 / 45.33	1.15	0.19	0.00	<0.3
			泥质白云岩	2.79	(2) 26.50~26.25 / 26.38	(2) 1.72~0.92 / 1.32	(2) 188.00~120.00 / 154.00	(2) 122.00~79.00 / 100.50	(2) 174.00~166.00 / 170.00	0.65	1.70	0.00	<0.3
明灯山料场	O₂m₂²		灰岩	(2) 2.72~2.71 / 2.72	(6) 27.1~27.0 / 27.0	(6) 0.18~0.09 / 0.13	(6) 194.3~108.2 / 151.9	(6) 140.2~100.9 / 120.6	(6) 182.3~102.2 / 147.9	(6) 1.102~0.676 / 0.821	(6) 1.118~0.897 / 0.985	0~0.05	

备注
1. 括弧内数字为试验组数,分子为最大值~最小值,分母为平均值
2. 损失率率为重量损失率
3. O₂m₁¹白云岩试件分别在5、6、7次循环时冻坏,抗冻性差
4. 由于岩石质量、裂隙发育程度的差异,致使个别试块出现干燥抗压强度小于饱和,冻后抗压强度大于干燥抗压强度及抗冻系数大于1的现象
5. 有效层代号为I-1、I-2、II,无效层代号为I',O₂m₁¹

表 4-5　台子梁土料场试验成果

试验项目	天然含水量 ω %	容重 湿 γ kN/m³	容重 干 γ_d kN/m³	土料比重 Δ	液限 ω_c %	塑限 ω_p %	塑性指数 I_p %	颗粒组成 砂粒 >0.05 %	颗粒组成 粉粒 0.05~0.005 %	颗粒组成 黏粒 <0.005 %	土的名称
试验组数	72	36	36	7	7	7	7	7	7	7	
最大值	23.2	20.4	17.9	2.72	26.7	19.5	9.3	44.0	64.0	13	
最小值	4.6	14.8	13.3	2.70	23.9	17.1	6.8	23.00	51.0	4.0	粉土
平均值	11.66	16.7	14.7	2.71	25.6	17.9	7.8	34.1	55.0	10.3	

试验项目	渗透系数 孔隙比 ε	渗透系数 垂直 K_r cm/s	压缩 垂直荷重 P_i MPa	压缩 压缩系数 $a_{(1-2)}$ MPa⁻¹	击实 击数 N 次	击实 最大干容重 $\gamma_{d_{max}}$ kN/m³	击实 最优含水量 ω_{op} %	固结快剪强度 干容重 γ_d kN/m³	固结快剪强度 含水量 ω %	固结快剪强度 凝聚力 C MPa	固结快剪强度 摩擦角 φ (°)
试验组数	20	20		20	20 40	7 7	7 7	20	20	20	20
最大值	0.65	2.49×10^{-4}	0.4	0.19	20 40	18.4 18.8	17.5 17.0	17.5	16.5	0.063	35.0
最小值	0.55	8.9×10^{-4}	0.05	0.05	20 40	16.6 16.8	14.3 12.7	16.4	12.7	0.015	28.4
平均值	0.60			0.09	20 40	17.7 18.2	15.4 13.7	17.0	13.3	0.033	30.7

试验项目	饱和固结快剪强度 干容重 γ_d kN/m³	饱和固结快剪强度 含水量 ω %	饱和固结快剪强度 凝聚力 C MPa	饱和固结快剪强度 摩擦角 φ (°)	易溶盐含量 %	中溶盐含量 %	难溶盐含量 %	有机质含量 %	pH
试验组数	20	20	20	20	6	6	6	6	6
最大值	17.5	25.0	0.042	32.7	0.06	0.04	10.20	0.31	8.34
最小值	16.3	20.0	0.00	24.7	0.05	0.01	5.76	0.12	8.08
平均值	17.0	22.3	0.013	27.4	0.056	0.03	7.97	0.18	8.21

备注	1.取样深度 1.5 m、29.0 m 2.天然含水量及天然容重为野外试验资料，其他项目均为室内试验资料

4.2.3.2　大峪土料场

该料场位于黄河左岸河曲县大峪村的西南山坡地带。距坝址直线距离约 25.5 km，公路运距约 71 km。料场地面高程为 1 050 m，地形切割较甚，土层为第三系上新统下部的保德红土(N_2)。干时硬，湿时可塑，土质不均，以砂质重壤土和粉质黏土为主，含钙质结核，局部集中呈夹层状或透镜状。有效储量 30 万 m^3，无效体积 20 万 m^3。

工程施工，混凝土粗、细骨料采用人工骨料，石料采用辛庄窝—东长咀石料场。挖除顶部无效层后，采用爆破开挖，立面开采，机械轧制，成品料用皮带运输至堆料场。施工围堰所用土料取自台子梁土料场，挖掘机开挖，载重汽车运输。石料和土料开采过程中，没有出现储量、质量问题，施工进展顺利。

第 5 章　主要工程地质问题研究

5.1　水库右岸岩溶渗漏

为研究水库右岸岩溶渗漏问题,在地质测绘基础上,进行了大量的勘察试验工作,主要钻孔位置见图 5-1。

5.1.1　水库右岸地质概况

库区右岸指北起水库尾端,南至坝址下游 20 余 km 的榆树湾地带,东起黄河,西至十里长川的广大地区。这一地区总体呈黄土丘陵地貌景观,地势北高南低,一般地面高程为 1 000~1 500 m,榆树湾附近黄河水面高程约 860 m。区内冲沟发育,地形切割得支离破碎,形成一系列黄土梁峁沟壑,梁峁多呈南北向排列,沟壑多为近东西向,地形总体上中间地带较高,东侧向黄河倾斜,西侧向十里长川倾斜。较大的冲沟有小鱼沟、窑沟、龙王沟、焦稍沟、黑岱沟及罐子沟(下游称房塔沟),平时水量很小或干涸,雨季常有突发性洪水。黄河岸坡多呈高达百米以上的陡壁,远高于水库最高蓄水位,仅在窑沟、龙王沟、焦稍沟、黑岱沟沟口地带地势较低缓,库水顺沟伸入岸里百余米。

区内广泛被第四系黄土和风成沙土所覆盖,基岩仅在黄河岸边及沟谷地带出露。基岩地层,曹家湾以北至库尾主要为白垩系砂岩夹砂质泥岩及含砾砂岩;曹家湾以南,即向下游,主要为寒武系、奥陶系地层。在水库右岸约 1 400 km^2 范围内,寒武系、奥陶系地层出露面积约 72.21 km^2,占全区面积的 5%。

区内发育的构造形迹:断层有大焦稍沟断层、榆树湾断层;褶曲有壕川向斜、弥佛寺背斜;挠曲有西黄家梁挠曲、红树峁—欧梨咀挠曲、柳树湾挠曲、麻长咀挠曲。

构造裂隙主要有两组:NNE 向陡倾角裂隙,属压扭性结构面,多闭合;NWW 向陡倾角裂隙,属张扭性,多有张开并有方解石充填或半充填。

由于大气降水量较少,且远小于蒸发量,所以该区第四系孔隙潜水和石炭系孔隙、裂隙潜水—承压水富水性较弱。主要地下水类型为寒武系、奥陶系潜水—承压水,主要补给来源为黄河及左岸岩溶地下水的越流补给。黄河右岸除在红树峁—欧梨咀挠曲北侧有一个间歇泉(泉 1),其余泉水均出露在南部榆树湾一带黄河向西转弯的北岸,即为榆树湾泉群(又称龙口泉群)。

寒武系、奥陶系地层主要为碳酸盐岩,岩溶较为发育。岩溶的存在加大了岩层的含水透水性。在自然状态下,黄河右岸岩溶地下水接受黄河水的补给,修建水库后水位抬高,势必产生库水向右岸的永久渗漏。

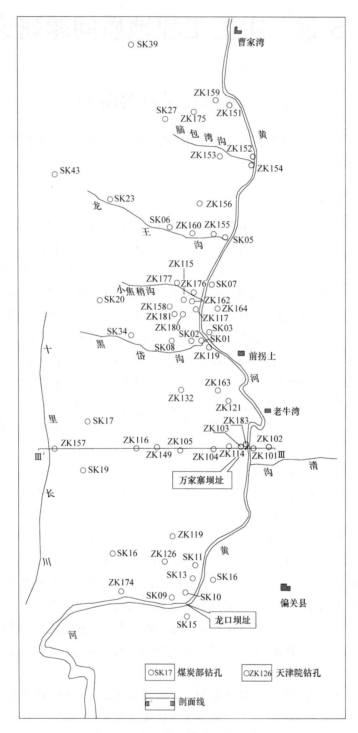

图 5-1　库区主要钻孔位置示意图

5.1.2　寒武系、奥陶系碳酸盐岩地层特征

5.1.2.1　分布规律

库区右岸基岩主要为寒武系、奥陶系地层。该层除在黄河岸边及部分沟谷下部有所出露，大部分被第四系堆积物和石炭系地层所掩埋，根据勘探资料，寒武系、奥陶系地层总厚 395~718 m，平均 513 m。其中，寒武系厚 165~242 m，平均 216 m，超覆不整合或不整合于下伏长城系石英砂岩或太古界片麻岩上；奥陶系厚 230~477 m，平均 297 m，与上覆石炭系呈平行不整合接触(在龙王沟以北石炭系地层有超覆现象)，与下伏寒武系连续沉积。碳酸盐岩顶面地层，龙王沟以北地区以奥陶系下统白云岩为主，龙王沟及其以南地区则以奥陶系中统灰岩、下统白云岩及寒武系灰岩、白云岩为主。地层厚度变化规律是北部及北东部薄，南部及南西部厚。尤以奥陶系中统马家沟组的变化最为显著，在黑岱沟以北厚零至数十米，在榆树湾地带增厚约 300 m。根据钻孔资料统计，不同地段地层分布见表 5-1。由表可以看出，组成该段黄河河床的碳酸盐岩地层，龙王沟以北为奥陶系下统，龙王沟至黑岱沟口附近为奥陶系中统马家沟组，黑岱沟至红树峁—欧梨咀挠曲为寒武系，红树峁—欧梨咀挠曲至龙口地段为奥陶系中统。

表 5-1　库区右岸各地段地层厚度　　　　　　　　(单位：m)

序号	地段		O_1m_2~$O_2m_1^2$	$O_2m_1^1$	O_1l	O_1y	$∈_3f$	$∈_3c$	$∈_3g$	$∈_3z$	$∈+O$ 总厚度
1	龙王沟以北	范围值			31.53	34.42~76.62	32.69~70.47	2.82~5.67	34.62	121.93	302.55
		平均值			31.53(1)	55.52(2)	51.58(2)	4.25(2)	34.62(2)	121.93(1)	302.55(1)
2	龙王沟—黑岱沟	范围值	106.06~251.08	17.18~34.54	72.02~92.2	48.60~66.40	43.70~49.00	2.80~5.27	48.05~53.84	94.56~102.96	404.24~433.03
		平均值	22.64(3)		79.92(3)	57.50(2)	44.62(2)	4.74(2)	52.78(2)	95.54(2)	418.64(2)
3	黑岱沟—万家寨	范围值	142.05~231.63	18.75	97.69	22.93~30.02	58.12~60.66	5.84~8.78	51.73~56.16	105.26~118.71	390.77
		平均值		18.75(1)	97.69(3)	25.71(3)	59.1(3)	7.13(3)	53.41(3)	111.99	
4	距河 2 km 以西	范围值	43~148.84	13.05~27.65	70.70~103.60	25.89~176.30	29.30~97.00	2.55~11.40	49.30~67.56	99.64~130.88	268.1~438.48
		平均值	95.92(2)	21.23(9)	82.21(6)	75.78(8)	47.90(8)	5.83(6)	55.83(4)	114.06(3)	370.33(3)
5	榆树湾	范围值	240.5~248.34	21.29~25.07	79.36~120.47	59.20~76.48	31.13~39.70	2.30~5.05	49.80~54.39	105.79~108.02	633.92
		平均值	244.42(2)	22.95(4)	96.82(4)	67.01(4)	36.40(4)	3.69(4)	51.48(4)	106.91(2)	633.92(1)
备注			1.龙王沟以北包括：ZK150、SK05 孔，龙王沟—黑岱沟包括：ZK115、ZK117、ZK118、SK02、SK04 孔，黑岱沟—万家寨包括：ZK103、ZK114、ZK140 孔 2.距河 2 km 以西包括：ZK104、ZK105、ZK116、ZK149、ZK152、SK08、SK12、SK17、SK18、SK19、SK20、SK23 孔 3.榆树湾包括：SK09、SK10、SK11、SK13、SK16、ZK119、ZK120 孔 4.括号内数字为揭露完整层的孔数								

5.1.2.2　岩性组成

库区右岸寒武系、奥陶系为碳酸盐岩地层，各岩组简要描述见表 5-2。从表中可以看出，碳酸盐岩主要由灰岩、白云岩及泥灰岩组成。不同地段各种岩石所占比例有所不同，详见表 5-3 及图 5-2。由此大体可以看出如下规律：奥陶系中统马家沟组地层在龙王沟以北基本缺失，主要分布在中部和南部，地层组成以灰岩为主，灰岩所占比例为 50%以上，由中部向南部白云岩所占比例逐渐减少，而泥灰岩比例有所增加；奥陶系下统亮甲山组、冶里组地层岩石组成比较稳定，主要为白云岩，白云岩所占比例高达 75%以上；寒武系上统凤山组和长山组地层，有从北部向南部灰岩所占比例逐渐减少，而白云岩所占比例逐渐增加的趋势，在北部灰岩所占比例约为 50%，南部白云岩所占比例在 80%以上；寒武系上统崮山组和寒武系中统张夏组地层则以灰岩为主，夹有白云岩和泥灰岩。

表 5-2　库区右岸寒武系、奥陶系地层简要描述

地层单位				地层厚度(m)	接触关系	简要描述
系	统	组	代号	最小~最大		
石炭系	中统	本溪组	C_2b	20	平行不整合	中粗粒石英砂岩、黑色页岩、铝土质泥岩，富含黄铁矿结核
奥陶系	中统	马家沟组	O_2m	0~273.41	连续	浅灰、灰与灰黄色厚层灰岩夹白云质泥灰岩、砾状泥灰岩与白云岩，底部以泥质白云岩为主，夹有数层薄层中细粒石英砂岩
	下统	亮甲山组	O_1l	31.35~120.47	连续	浅灰、褐灰与灰黄色白云岩，含石膏白云岩、似竹叶状和砾状白云岩，下部夹 2~3 层黄绿色钙质页岩，具硅质条带和结核
		冶里组	O_1y	34.42~176.30	连续	浅灰、灰与灰黄色结晶白云岩，含灰质白云岩、灰绿色钙质页岩，中夹砾状及竹叶状白云岩
寒武系	上统	凤山组	$∈_3f$	29.3~97.00	连续	灰及灰黄色白云岩、灰质白云岩、泥质白云岩，中夹竹叶状和泥质条带白云岩
		长山组	$∈_3c$	2.30~11.40	连续	紫红色含泥质竹叶状白云岩(相对隔水层)
		崮山组	$∈_3g$	34.62~56.16	连续	灰、深灰和灰黄色灰质白云岩、结晶白云岩、泥质白云岩，中夹泥质条带白云岩、含砾屑鲕状灰岩和暗紫色含钾钙质页岩，三页虫化石发育
	中统	张夏组	$∈_2z$	94.56~121.93	连续	浅灰、灰与黄灰色鲕状灰岩、生物碎屑灰岩、含泥质白云岩，中夹竹叶状和菱铁矿灰岩及钙质粉砂岩等
		徐庄组	$∈_2x$	>10.0	连续	灰紫、紫红色钙质细粉砂岩、粉砂质页岩，中夹条带含粉砂质白云岩
		毛庄组	$∈_1m_z$	0~13.51	连续	紫红色含云母粉砂质页岩(普遍含磷)为主，次为紫灰色条状泥质砂屑岩和含粉砂白云质灰岩
		馒头组	$∈_1m$	0~13.95	平行不整合	肉红色的中细粒石英砂岩为主，次为紫红色泥质和白云质粉砂岩，底部常为含砾巨粒石英砂岩
震旦系			Z		不整合	榆树湾钻孔揭露为肉红色石英岩
太古界			Ar			榴石黑云钾长片麻岩、压碎黑云斜长片麻岩、辉石二长片麻岩，含榴石黑云母浅粒岩残留在似斑状花岗岩中

表 5-3　库区右岸各地段寒武系、奥陶系岩性组成对比

地层代号	龙王沟以北			龙王沟—黑岱沟			黑岱沟—万家寨			万家寨—榆树湾			备注
	石灰岩	泥灰岩	白云岩	石灰岩	泥灰岩	白云岩	石灰岩	泥灰岩	白云岩	石灰岩	泥灰岩	白云岩	
O_2m_2 ~ $O_2m_1^2$	—	—	—	$\frac{165.25}{50.56}$	$\frac{18.26}{5.59}$	$\frac{143.33}{43.85}$	$\frac{474.62}{69.92}$	$\frac{44.60}{6.57}$	$\frac{141.26}{20.81}$	$\frac{844.79}{59.92}$	$\frac{426.56}{30.26}$	$\frac{126.79}{9.00}$	1.据 25 个钻孔资料统计
$O_2m_1^1$	—	—	—	$\frac{57.76}{36.08}$	$\frac{33.13}{20.69}$	$\frac{67.61}{42.23}$	$\frac{39.03}{29.43}$	$\frac{70.33}{53.03}$	$\frac{21.92}{16.52}$		$\frac{106.63}{76.15}$	$\frac{25.95}{18.53}$	2. $\frac{126.79}{9.00}$ 代表岩层厚度(m)占总厚度百分数
O_1l	$\frac{5.07}{3.49}$	$\frac{31.25}{21.53}$	$\frac{108.83}{74.98}$	$\frac{124.75}{23.58}$	$\frac{2.94}{0.56}$	$\frac{400.56}{75.71}$	$\frac{88.40}{22.41}$		$\frac{295.65}{74.97}$	$\frac{3.70}{0.72}$	—	$\frac{513.52}{99.28}$	
O_1y	—	—	$\frac{182.31}{100}$	—	—	$\frac{246.65}{100}$	$\frac{40.29}{32.01}$	—	$\frac{85.59}{67.99}$	$\frac{11.20}{3.27}$	—	$\frac{331.30}{96.73}$	3.石灰岩包括白云质灰岩
$\in_3f$	$\frac{65.31}{42.54}$	$\frac{30.22}{19.68}$	$\frac{44.76}{29.16}$	—	—	$\frac{186.22}{100}$	$\frac{133.68}{62.44}$	—	$\frac{80.40}{37.56}$	$\frac{8.09}{4.60}$	—	$\frac{167.79}{95.4}$	4.白云岩包括泥质白云岩
$\in_3c$	$\frac{10.14}{78.24}$	—	$\frac{2.82}{21.76}$	$\frac{5.27}{31.29}$	—	$\frac{11.57}{68.79}$	$\frac{11.24}{55.31}$	$\frac{6.79}{33.42}$	$\frac{2.29}{11.27}$	—	$\frac{2.12}{11.27}$	$\frac{16.86}{88.83}$	5.龙王沟以北 $\in_2z$ 组的泥灰岩占 11%
$\in_3g$	$\frac{120.17}{94.62}$	$\frac{2.50}{1.97}$	$\frac{4.33}{3.41}$	$\frac{186.24}{89.81}$	$\frac{13.20}{6.37}$	$\frac{7.92}{3.82}$	$\frac{157.40}{98.68}$	$\frac{2.10}{1.32}$	—	$\frac{117.62}{62.28}$	$\frac{22.49}{11.90}$	$\frac{48.76}{25.82}$	
$\in_2z$	$\frac{174.40}{60.00}$	$\frac{50.80}{20.10}$	—	$\frac{362.30}{92.03}$	$\frac{26.82}{6.81}$	—	$\frac{70.77}{70.74}$	$\frac{29.27}{29.26}$	—	$\frac{259.49}{92.35}$	$\frac{21.50}{7.65}$	—	

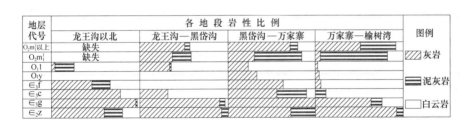

图 5-2　库区右岸各地段岩性比例

5.1.2.3　岩石粒度及矿物、化学成分

各岩组岩石粒度马家沟组以隐粒、微粒结构为主，占 83.94%；亮甲山组、冶里组、凤山组以微粒、细粒为主，占 60%以上；长山组以细粒夹砾屑为主；崮山组、张夏组以微粒、细粒含砾屑、鲕状为主。总体反映出岩石颗粒从下部向上部逐渐变细的变化规律。各岩组岩石粒度组成见表 5-4。

各岩组矿物组成主要为方解石和白云石，泥质物和其他成分含量则较少。方解石含量以张夏组地层最高，达 75%，崮山组、马家沟组次之，分别为 57%和 49%。白云石含量以亮甲山组、冶里组、凤山组、长山组最高，达 90%以上，其次为马家沟组和崮山组，分别为 44%和 40%。各岩组矿物组成见表 5-5。

表 5-4　库区右岸岩组岩石粒度统计

层位	岩层总厚度(m)	隐粒	微粒	细粒	中粒	中等粒	砂屑	砾屑	鲕状	斑状	粉砂	泥质
						$\dfrac{\text{厚度(m)}}{\text{占总厚度百分数}}$						
O_2m	657.86	269.96 / 41.04	282.20 / 42.90	78.30 / 11.90	3.50 / 0.53	2.40 / 0.36	2.50 / 0.38	19.00 / 2.89				
O_1l	403.80		72.40 / 17.93	207.70 / 51.44	49.10 / 12.16	58.00 / 14.36		15.20 / 3.76		1.40 / 0.35		
O_1y	322.70		66.40 / 20.58	194.80 / 60.37	31.00 / 9.61	13.00 / 4.03		15.30 / 4.74		2.20 / 0.68		
$\in_3f$	212.60		34.40 / 16.18	93.37 / 43.92	56.53 / 26.59	24.60 / 11.57		3.70 / 1.74				
$\in_3c$	22.70			4.80 / 21.15				17.90 / 78.85				
$\in_3g$	262.70		115.80 / 44.08	53.40 / 20.33	7.00 / 2.66	1.00 / 0.38	9.40 / 3.58	50.90 / 19.38	25.20 / 9.59			
$\in_2z$	470.70		147.88 / 31.42	87.75 / 18.64		4.40 / 0.93	13.70 / 2.91	11.12 / 2.36	180.40 / 38.33	3.00 / 0.64	22.45 / 4.77	
$\in_2x$	54.55							2.00 / 3.67			36.60 / 67.09	15.95 / 29.24
$\in_1m_z$	44.91							4.03 / 8.97			23.55 / 52.44	17.23 / 38.59
$\in_1m$	16.12							6.90 / 42.8			9.22 / 57.20	

表 5-5　库区右岸各岩组矿物含量百分数统计

矿物名称	O_2m	O_1l	O_1y	$\in_3f$	$\in_3c$	$\in_3g$	$\in_2z$	$\in_2x$
方解石(%)	49	3	2	7	5	57	75	9
白云岩(%)	44	90	93	90	90	40	10	21
泥质+其他(%)	7	7	5	3	5	3	15	70

　　碳酸盐岩地层岩石组成与化学成分分析成果是相吻合的。其化学成分主要为 CaO、MgO，并含有少量 SiO_2、Fe_2O_3、Al_2O_3 等酸不溶物。马家沟组、崮山组、张夏组地层以 CaO 含量最高，达 40%，MgO 含量最低，约在 10% 以下。亮甲山组、冶里组、凤山组地层 CaO 含量最低，约为 25%，MgO 含量最高，约为 20%。各岩组 Al_2O_3、Fe_2O_3 的含量基本一致，一般不足 3%。而 SiO_2 含量以马家沟组、凤山组最低，在 5% 以下；以马家沟组底部($O_2m_1^1$)及长山组最高，均在 10% 以上；崮山组、张夏组地层也较高，均在 10% 左右。各岩组化学成分见表 5-6 及图 5-3。

表 5-6　库区右岸碳酸盐岩化学成分含量(%)

地区	化学成分	地层代号						
		$\dfrac{O_2m}{1\,|\,2}$	O_1l	O_1y	$\in_3f$	$\in_3c$	$\in_3g$	$\in_2z$
龙王沟—黑岱沟区	CaO	$\dfrac{31.24}{36.87\,|\,26.81}$	26.16	28.48	28.57	31.12	41.57	40.23
	MgO	$\dfrac{15.67}{12.97\,|\,16.03}$	18.1	19.41	19.84	12.12	4.08	3.04
	不溶物	$\dfrac{10.75}{5.54\,|\,16.91}$	10.11	7.99	6.13	17.94	14.17	14.63
榆树湾区	CaO	$\dfrac{40.82}{40.76\,|\,34.11}$	27.41	26.45	28.08	24.84	38.4	43.92
	MgO	$\dfrac{8.38}{8.30\,|\,8.85}$	19.74	19.19	20.52	17.66	10.04	3.17
	不溶物	$\dfrac{7.90}{6.75\,|\,18.46}$	9.12	12.14	6.91	16.05	9.58	14.61
全区	CaO	$\dfrac{35.40}{40.33\,|\,28.47}$	26.63	27.67	28.37	29.55	40.30	41.70
	MgO	$\dfrac{12.76}{8.84\,|\,14.39}$	18.75	19.32	20.1	13.50	6.46	3.09
	不溶物	$\dfrac{9.33}{6.89\,|\,17.26}$	9.62	10.07	6.52	17.00	11.88	14.62

注：1 代表 $O_2m_2 \sim O_2m_1^2$ 层数据；2 代表 $O_2m_1^1$ 层数据。

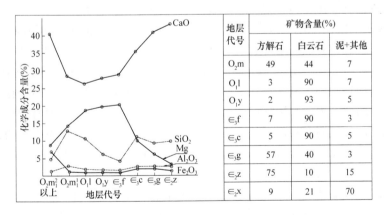

图 5-3　库区右岸寒武系、奥陶系各岩组化学成分

5.1.2.4　岩体结构

寒武系、奥陶系碳酸盐岩地层具层状结构，岩层单层厚度变化表现为：马家沟组地层大部分以中厚层、厚层为主，并有从北向南厚层所占比例逐渐加大的趋势，仅马家沟组底部($O_2m_1^1$)地层以薄层为主，向南部逐渐变为中厚层为主；亮甲山组、冶里组地层以

中厚层、厚层为主；长山组地层以薄层为主，夹少量中厚层和厚层；崮山组地层以中厚层为主，向南部逐渐变为中厚层夹薄层或为中厚层与薄层互层；张夏组以中厚层为主夹少量薄层。总体反映出，各岩组岩层单层厚度有从北向南逐渐变薄、薄层比例逐渐增加的规律。各岩组岩层单层厚度组成情况详见图5-4。

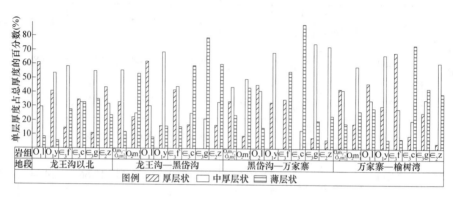

图 5-4　库区右岸各地段岩组单层厚度百分数相关图

5.1.3　岩溶特征

5.1.3.1　地表岩溶特征

尽管库区右岸寒武系、奥陶系碳酸盐岩地层在地表出露范围较小，但仍可见到明显的岩溶现象，以黄河岸壁及沟谷岸坡最为多见。地表岩溶形态主要有溶洞、溶孔、溶隙、溶沟等。

1.溶洞、溶孔

溶洞、溶孔系指孔、洞型的岩溶形态，一般直径大于 20 cm 的称为溶洞，直径小于 20 cm 的称溶孔。溶洞是地表最为典型的岩溶形态，多发育在黄河岸壁和沟谷岸坡上，发育方向多与黄河、沟谷流向近于直交，规模一般不大，形态各异。洞口断面多呈"马蹄形"、"长方形"、"正方形"、"扁平形"、"串珠形"等，洞口形状见图5-5，溶洞底多向黄河或沟谷倾斜，有的洞底呈阶梯状。追踪裂隙发育的溶洞，经开挖证实，向洞内延伸较短距离即消失，裂隙即成闭合状。溶洞内多干枯无水，一般有少量泥沙、岩屑及岩块堆积，部分溶洞有石炭系铝土岩、砂岩充填。溶洞一般规模不大，洞径多在数米以下，少数溶洞较大，最大洞高约 25 m，宽约 20 m，延伸长约 40 m。库区右岸不同地段溶洞分布统计结果如下：

(1)北部龙王沟以北地段，即本区相对黄河而言的上游段。1:5 000 地质测绘成果，碳酸盐岩地层出露面积约 1.29 km²，有溶洞 113 个，溶洞规模一般不大。从黄河岸壁分布情况看，主要集中在两个高程，第一层高出黄河水面 2~4 m，高程为 955~957 m，第二层高出黄河水面 13~15 m，高程为 966~968 m，发育高程分别相当于该段黄河的Ⅰ、Ⅱ级阶地。不同地层溶洞分布密度：凤山组 36.1 个/km²，冶里组 168.6 个/km²，亮甲山组 21.6 个/km²，马家沟组缺失。溶洞主要沿北北东、北西西、北东向陡倾角裂隙及层面裂隙发育。

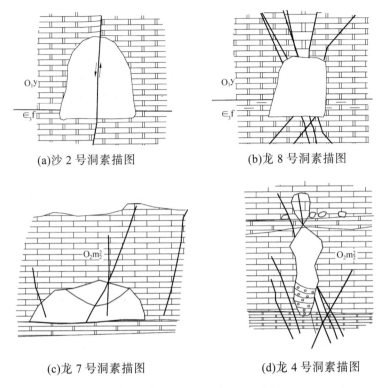

(a)沙 2 号洞素描图　　　　　　　　(b)龙 8 号洞素描图

(c)龙 7 号洞素描图　　　　　　　　(d)龙 4 号洞素描图

图 5-5　库区右岸溶洞洞口素描图

(2)中部龙王沟—黑岱沟地段。1:10 000 地质测绘成果，碳酸盐岩地层出露面积 6.06 km²，有溶洞 131 个，溶洞规模较北部地段大，溶洞高度多为数十厘米至数米，最高达 18 m，洞深多在数米，最深达 10 m。主要分布在两个高程，第一层高程为 980~1 000 m，第二层高程为 1 030~1 050 m，分别略低于黄河Ⅲ、Ⅳ级阶地。不同地层分布密度：马家沟组下段第二层 41.49 个/km²，马家沟组第一层 14.90 个/km²，亮甲山组 17.29 个/km²，其余溶洞分布在凤山组及以下地层。一般洞径大于 1 m 的溶洞多分布在马家沟组下段第二层，洞径小于 1 m 的溶洞多分布在其他地层。明显沿裂隙发育的溶洞有 109 个，统计结果表明，溶洞发育方向主要为 NE0°~10°、NE20°~40°、NE70°~80°，其中沿层面裂隙发育的溶洞 32 个。地表溶洞发育方向统计见图 5-6。

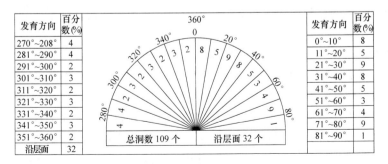

发育方向	百分数(%)		发育方向	百分数(%)
270°~208°	4		0°~10°	8
281°~290°	4		11°~20°	5
291°~300°	2		21°~30°	9
301°~310°	3		31°~40°	5
311°~320°	2		41°~50°	5
321°~330°	3		51°~60°	3
331°~340°	2		61°~70°	4
341°~350°	3		71°~80°	9
351°~360°	2		81°~90°	1
沿层面	32		总洞数 109 个　沿层面 32 个	

图 5-6　库区右岸龙王沟—黑岱沟地段溶洞裂隙相关图

(3)万家寨坝址右岸附近。出露的基岩地层为寒武系上统凤山组及以下地层，在 12 km² 范围内发现溶洞 58 个，其中凤山组有 42 个，占 72.41%，主要沿北西西向陡倾角裂隙及层面裂隙发育，剩下的 16 个溶洞零星地分布在凤山组以下地层。

(4)南部榆树湾地段(龙口地段)，即本区相对黄河而言的下游段。主要为奥陶系中统马家沟组，1:10 000 地质测绘成果，马家沟组出露面积 4.996 km²，有溶洞 197 个，分布密度 39.43 个/km²。溶洞规模相对较大，洞径多在 1 m 至 10 余 m，洞深一二十米，主要沿北北东、北东、近东西向陡倾角及层面裂隙发育。

龙王沟—黑岱沟、榆树湾地段各岩组地表溶洞统计见表 5-7。

表 5-7　库区右岸龙王沟—黑岱沟、榆树湾地段各岩组地表溶洞统计

分区	岩组代号	出露面积(km²)	洞高(m)										
			0.2~1.0			1.1~10.0			10.1~20.0			范围值	
			个数	百分数(%)	密度(个/km²)	个数	百分数(%)	密度(个/km²)	个数	百分数(%)	密度(个/km²)	最大	最小
龙王沟—黑岱沟地段(总数112个)	$O_2m_1^2$	1.188	7	6.25	5.93	41	36.61	34.72	2	1.79	1.69	18	0.5
	$O_2m_1^1$	1.007	1	0.89	0.99	9	8.03	8.94				6	1.0
	O_2m	2.188	8	7.14	3.66	50	44.64	22.85	2	1.79	0.91		
	O_1l	1.677	22	19.64	13.12	30	26.79	17.89				8	0.5
榆树湾地段(总数32个)	$O_2m_2^3$	1.231	2	6.25	1.62	10	31.25	8.12				5	0.7
	$O_2m_2^2$	1.674	3	9.38	1.79	9	28.13	5.38				6	1.0
	$O_2m_2^1$	1.22				1	3.13	0.82				2.5	
	$O_2m_1^2$	0.871				5	15.63	5.74				3	2
	O_2m	4.996	5	15.63	1.00	25	78.13	5.00					
	O_1l	0.311	1	3.13	3.20	1	3.13	3.20				1.6	0.8
备注		龙王沟—黑岱沟区缺失 $O_2m_1^2$~$O_2m_2^2$ 地层，O_2m 为 $O_2m_1^2$+$O_2m_1^1$；榆树湾区 O_2m 为 $O_2m_1^1$~$O_2m_2^3$，因 $O_2m_1^1$ 无溶洞故表内未反映											

2.溶隙、溶沟

沿裂隙呈一定方向溶蚀而成的沟槽状岩溶形态即为溶隙，溶蚀改变了原有裂隙特征或不具备裂隙形态的称为溶沟。当溶蚀作用强烈加之水流冲刷，则形成规模较大的沟谷即为溶蚀沟谷。

溶隙是本区地表所见最普遍的岩溶形态。本区裂隙较为发育，线密度一般为每米 2~3 条，最大可达每米 10 条，平面裂隙率一般为 2%~3%，最高在老牛湾泉域达到 32%。裂隙发育具有多方向性，不仅较为发育的 NW 向、NNE 向及近 EW 向陡倾角裂隙多有岩溶发育，而且常有沿两组剪节理追踪发育形成的锯齿状张裂隙带，地下水极易沿这些节理裂隙渗流溶蚀而形成溶隙。溶隙一般宽 1~5 cm，较宽的达 40~50 cm，延伸长、深达数十米。裂隙面常附有方解石晶簇，裂隙带部分被充填或半充填。充填物为石炭系铝土岩或现代泥沙、碎石等。

另外，地表还可见到一些溶蚀漏斗、坡立谷等，数量不多，不再赘述。

5.1.3.2 地下岩溶特征

库区右岸碳酸盐岩分布区地下岩溶也比较发育。地下岩溶形态主要有溶洞、孔洞、溶孔及溶隙等。

1.地下溶洞

地下溶洞是地下岩溶主要形态之一。根据库区右岸钻孔统计资料，在 50 个钻孔中揭露溶洞或裂隙式溶洞的有 32 个，钻孔见洞率 64%，共发现溶洞或裂隙式溶洞 115 个。其中，马家沟组 32 个，占 28%；亮甲山组 28 个，占 24.3%；冶里组 12 个，占 10.4%；凤山组 30 个，占 26.0%；其他地层 13 个，占 11.3%。地下溶洞规模一般不大，洞径多在数十厘米至一二十米之间，一些裂隙式溶洞钻孔中的铅直高度可达 20 余 m。大部分溶洞有充填物，其中部分溶洞被全充填。充填物为泥沙、碎石及石炭系铝土岩和黏土岩。钻孔揭露地下溶洞统计见表 5-8。地下溶洞在各岩层中的分布情况见表 5-9。

表 5-8　库区右岸部分钻孔揭露地下溶洞情况汇总

钻孔编号	地层代号	地层厚度(m)	岩性	洞底深度(m)	洞底高程(m)	洞高(m)	充填物质	溶洞率(%)	平均溶洞率(%)	地下水位(m) 年-月-日	备注
ZK159	O₁l	27.26	中厚层白云岩	171.53	994.07	0.80	棕红色黏土岩及铝土矿	11.04	8.59	$\dfrac{885.01}{1988-06-15}$	
				177.19	988.41	0.46	铝土岩				
				179.12	986.48	0.40	铝土页岩				
				184.28	981.32	0.57	铝土页岩				
				186.33	978.27	0.78	铝土页岩				
	O₁y	21.72	中厚层白云岩	201.78	963.82	2.33	铝土页岩	18.14			
				205.69	959.91	1.61	铝土页岩				
	∈₃f	62.84	薄层、中厚层灰岩	243.84	921.76	0.60	黏泥	5.47			
				259.06	906.54	0.40	泥质物				
				259.88	905.74	0.21	泥质物				
				260.52	905.08	0.56	泥质物				
				261.06	904.54	0.26	泥质物				
				262.17	903.43	0.22	泥质物				
				265.54	900.05	0.20	泥质物				
				270.89	894.71	0.99	泥质物				
	∈₃c	13.63	灰岩与页岩互层	281.00	684.60	0.20	无充填	5.87			
	∈₃g	35.69	中厚层灰岩夹薄层灰岩	300.06	865.54	0.30	铝土质黏泥	7.43			
				308.46	857.14	0.70	铝土质黏泥				
				317.58	848.02	0.83					
				318.77	846.83	0.82					

续表 5-8

钻孔编号	地层代号	地层厚度(m)	岩性	洞底深度(m)	洞底高程(m)	洞高(m)	充填物质	溶洞率(%)	平均溶洞率(%)	地下水位(m) 年-月-日	备注
ZK151	O_1l	15.95	中厚层白云岩	82.02	1 023.26	2.02	铝土岩及高岭土	12.66	6.85	$\dfrac{895.08}{1988-08-25}$	
	O_1y	18.36	薄层白云岩	98.12	1 007.16	3.06	泥、铝土岩、高岭土、铁质	26.53			
				109.38	995.90	0.78	泥、铝土岩、高岭土、铁质				
				112.43	992.85	1.03	泥、铝土岩、高岭土、铁质				
	$\in_3f$	95.81	薄层泥灰岩夹薄层灰岩	115.00	990.28	2.07	高岭土	4.39			
				116.51	988.77	1.19	高岭土				
				118.50	986.78	0.99	高岭土				
ZK152	O_1l	31.53	白云岩	90.40	995.29	2.93	粉细砂、白云岩、铝土岩、砂岩碎屑岩块	71.11	35.64	$\dfrac{888.31}{1986-09-26}$	
				111.67	974.02	19.49					
	O_1y	34.42	白云岩	128.60	957.09	13.73	同上	72.37			
				142.88	942.81	11.18	白云岩、白云质灰岩及砂岩碎块				
	$\in_3f$	70.47	白云岩	168.76	916.93	12.16	白云岩碎屑或中细砂	17.26			
ZK175	O_1y	10.09	中厚层泥质白云岩	55.00	1 043.92	5.32	碎石夹壤土	63.83	3.67	$\dfrac{870.77}{1990-06-19}$	
				59.77	1 039.15	1.12	碎石夹壤土				
	$\in_3f$	41.06	中厚层白云岩	69.55	1 029.37	1.00	无充填	4.77			
				73.47	1 025.45	0.96	中粗砂含碎石				
ZK154	O_1l	35.37	白云岩	98.30	976.92	7.30	黏土岩、铝土岩	27.57	18.79	$\dfrac{882.41}{1988-08-25}$	
				111.69	963.53	2.45	黏土岩、铝土岩				
	O_1y	32.04	白云质灰岩	141.28	933.94	13.09	紫红色黏泥	45.29			
			白云质灰岩	146.59	928.63	1.42	紫红色黏泥				
	$\in_3f$	89.56	白云质灰岩	159.72	915.50	2.83	紫红色黏泥	6.90			
			薄层灰岩	181.93	893.29	0.50	黏泥				
				185.02	890.13	0.24	黏泥				
				185.54	888.68	1.25	黏泥				
				216.53	858.69	0.36	黏泥				
ZK156	O_1l	65.82	白云质灰岩	32.50	1 105.84	3.39	钙质泥岩、铝土页岩	5.15	1.16	$\dfrac{1\,005.50}{1988-08-25}$	

续表 5-8

钻孔编号	地层代号	地层厚度(m)	岩性	洞底深度(m)	洞底高程(m)	洞高(m)	充填物质	溶洞率(%)	平均溶洞率(%)	地下水位(m)/年-月-日	备注
ZK165	O₁l	95.79	中厚层灰岩	55.00	1 043.94	0.32		0.33	0.99	886.52 / 1986-09-25	
	∈₃f	60.18	泥质白云岩	158.80	940.14	0.88	方解石	4.44			
				161.78	937.15	1.79	铝土岩				
SK05	O₁l	76.50	白云岩	55.00	985.34	0.1~0.2	铁、泥质半充填	0.13~0.25	0.20	953.27 / 1986-09-25	
ZK160	∈₃f	66.69	白云岩	227.42	975.72	1.00	灰白色铝土与砂岩碎块	4.44	1.18	869.15 / 1988-08-25	
				241.48	861.66	1.96	无充填				
SK06	O₁l	79.75	泥质灰岩	24.79	1 047.93	10.03	沙土	12.58	6.85	871.23 / 1986-09-25	
	∈₃f	50.38	白云质灰岩	190.84	881.43	12.91	砂岩	25.60			
			泥灰岩	197.88	874.84	4.81		9.55			
ZK176	O₂m¹	8.00	薄层灰岩、泥灰岩	90.20	978.18	0.30	碎石、铝土岩	3.75	4.42	907.03 / 1990-08-26	
	O₁l	69.40	中厚层白云质灰岩	121.75	946.73	0.20	未取出充填物	5.84			
				153.63	914.85	0.85	无充填				
				164.45	904.03	3.00					
ZK177	O₁l	41.66	白云质灰岩	125.60	1 002.69	1.00	碎石、铝土岩	4.56	1.10		
				128.80	999.49	0.40	碎石、铝土岩及泥质				
				133.30	994.99	0.50	碎石、铝土岩及泥质				
SK04	∈₂z	96.33	灰岩	374.58	646.11	5.88	泥沙	6.10	1.55	925.58 / 1986-09-25	
ZK117	O₁l	60.75	中厚层灰岩	80.34	902.03	6.09	铝土岩,局部有石膏颗粒,粒径 0.2~1.0 cm。	10.02	5.12	919.35 / 1986-08-25	
ZK115	O₁l	92.20	厚层白云岩	151.95	918.32	2.35	泥	4.32	2.56	874.92 / 1986-09-25	
			厚层灰岩	183.83	886.44	1.63	铝土岩、铁矿及石膏顶点				
ZK158	O₂m¹	32.43	白云质灰岩	190.88	970.70	3.97	泥岩、少量铁矿	12.24	1.77	870.42 / 1988-06-05	
ZK162		89.66	断层破碎带	131.47	903.07	1.50	无充填			877.32 / 1989-10-05	
				166.70	967.84	1.70	无充填				

续表 5-8

钻孔编号	地层代号	地层厚度(m)	岩性	洞底深度(m)	洞底高程(m)	洞高(m)	充填物质	溶洞率(%)	平均溶洞率(%)	地下水位(m)年-月-日	备注
ZK181	O_2m^1	26.59	中厚层及薄层含泥质白云岩	252.13	901.40	4.54	黄色黏土及灰岩、黏土岩碎块、方解石晶体	37.30	24.84	869.02/1990-10-05	
				256.15	897.38	3.74	黄色黏土及灰岩溶蚀碎块、方解石晶体				
				267.42	886.11	1.64	灰岩溶蚀碎块、方解石晶体、黏土岩碎块				
	O_2m^1	17.53	中厚层及薄层含泥质白云岩	268.50	885.03	0.33	无充填	41.53			
				270.58	882.95	0.58	方解石晶体、黏土岩及黄铁矿晶体				
			中厚层灰岩	274.90	878.63	1.92	方解石晶体、细粒石英砂岩				
				277.36	876.17	2.11					
				279.90	873.63	2.34					
	O_1l	29.30	厚层状白云岩	297.20	856.33	1.04	无充填	3.55			
ZK180	O_2m^1	17.24	中厚层薄层灰质白云岩	229.74	880.31	5.64	铝土岩(含黄土矿晶体、泥岩角砾、石膏脉)、泥岩、砂岩	32.71	6.42	870.18/1990-10-05	
	O_1l	35.26	中厚层薄层白云质灰岩	231.00	879.05	0.30	钙泥质、灰岩溶蚀碎块、屑	0.85			
ZK179	O_1l	54.90	中厚层白云岩	187.10	909.12	0.35	钙泥质、方解石	2.68	1.18	891.17/1990-10-02	
				185.90	905.32	0.60	铝土岩、白云岩				
				186.62	904.60	0.52	铝土岩				
SK08	O_1l	76.27	白云岩	118.20	879.49	1.25		1.64	1.24	874.63/1986-09-25	
	$\in_3f$	47.98	灰质白云岩	289.65	708.04	4.28		8.90			
				289.40	708.27	4.20		8.75			
ZK152	O_2m^1	79.60	灰岩夹泥灰岩	170.82	876.90	0.48	粉红色黏土及白云岩灰岩碎块	3.14	1.25	868.84/1986-09-25	
			中厚层白云岩	176.18	871.54	0.55	粉砂质泥岩				
				180.60	867.12	1.47	粗粒石英砂岩				
ZK163	$\in_3f$	70.97	白云质灰岩	268.11	981.71	0.35	方解石	0.49	0.09	918.84/1989-04-05	
ZK116	O_2m	71.17	豹皮灰岩	288.30	856.22	0.82		1.15	1.15	868.33/1986-09-25	
ZK149	O_2m^1	141.09	中厚层灰岩	273.60	928.41	5.86	黏土岩、铝岩、灰岩碎块等	5.22	4.77	868.85/1986-09-25	
			白云岩	334.26	867.75	1.50	铝土岩、砂岩、黄铁矿				
ZK104	O_2m^1	43.53	白云质灰岩	135.19	1 139.70	1.10		2.53	1.22	870.96/1986-09-25	
	$\in_3f$	58.29	竹叶状灰岩	330.93	943.96	2.31	黄色粉砂岩	4.65			
			竹叶状灰岩与薄层灰岩互层	333.70	941.19	0.20	半胶结粉细砂岩				
				339.42	935.47	0.20					
ZK114	O_1l	97.69	中厚层白云岩	198.04	1 020.51	0.70		0.72	0.17	876.58/1986-09-25	

续表 5-8

钻孔编号	地层代号	地层厚度(m)	岩性	洞底深度(m)	洞底高程(m)	洞高(m)	充填物质	溶洞率(%)	平均溶洞率(%)	地下水位(m)/年-月-日	备注
ZK119	O₂m	195.86	豹皮灰岩	33.38	1 067.23	1.70		3.85	3.12	$\dfrac{867.04}{1986-09-25}$	
				36.40	1 064.21	2.35					
				40.50	1 060.11	2.00					
			灰岩	137.40	963.21	1.50					
ZK120	$O_2m_2^3$	48.94	灰岩与白云岩互层	87.20	851.09	3.00	黄铁矿铝土岩或黏土岩	19.82	5.23	$\dfrac{867.76}{1986-09-25}$	
				92.50	845.79	1.50	黄铁矿铝土岩或黏土岩				
				94.20	844.09	0.80	黄铁矿铝土岩或黏土岩				
				96.10	842.19	1.50	黄铁矿铝土岩或黏土岩				
				98.50	839.79	1.00	黄铁矿铝土岩或黏土岩				
				104.50	833.79	1.90	黄铁矿铝土岩或黏土岩				
SK13	∈₃g	31.13(不完全)	含砂质泥质白云质灰岩	510.32	453.25	4.85		97.13	5.90	$\dfrac{866.98}{1986-09-25}$	掉钻
				510.40	453.17	4.30					裂隙
			泥灰岩	534.80	428.77	23.83					掉钻
SK09	O₂m	265.57	灰岩	224.47~242.50	728.76~710.73	0.20		0.08	0.08	$\dfrac{867.56}{1986-09-25}$	中部见溶洞掉钻
	O₁l	7.077	灰质白云岩	280.89	672.34			0.42			掉钻
				280.90	672.33	0.30					
SK10	O₁l	181.81	白云岩	317.26	705.70	1.26		0.67	0.48	$\dfrac{868.88}{1986-09-25}$	进尺突快，可能为溶洞或裂隙
	∈₃g	49.80	灰岩	484.82	537.64	0.60		3.61			进尺突快，可能为三个裂隙式溶洞
				485.32	536.14	0.60					
				487.72	534.74	0.60					

表 5-9　库区右岸地下溶洞在各岩层中的分布情况

地层代号	$O_2m_1^2 \sim O_2m_2$	O₁l	O₁y	∈₃f	∈₃g	∈₂z	总计
溶洞个数 (%)	$\dfrac{18}{41.9}$	$\dfrac{10}{23.3}$	$\dfrac{3}{7.0}$	$\dfrac{6}{14.0}$	$\dfrac{5}{11.5}$	$\dfrac{1}{2.3}$	$\dfrac{43}{100}$

　　另外，在龙王沟北侧泥草塥村附近，铁路隧洞开挖揭露的龙王渠溶洞，是库区右岸发现的最大地下溶洞。该洞最大洞高 15 m，最大洞宽 14 m，主洞深 65 m，延伸方向为 NE30°，两侧有不同方向长约数米的 6 条支洞。该洞发育在马家沟组地层，这一带该组地层厚度约十余米，洞底部为亮甲山组地层。洞内无积水，洞底起伏不平，有泥沙、碎石堆积，厚度不大。洞顶有钟乳石，局部有滴水。该洞形状见图 5-7。

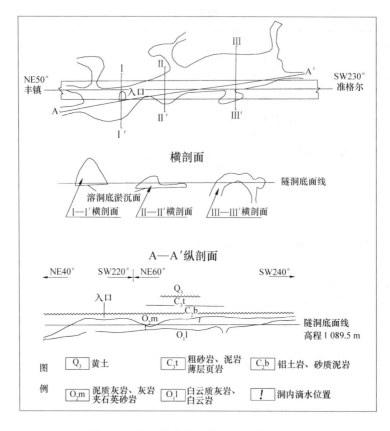

图 5-7　库区右岸龙王渠岩溶形态示意图

根据钻孔资料分析，地下溶洞主要分布在地壳沉积间断形成的古岩溶带。古岩溶带厚度一般约为 20 m，但不同地段厚度变化较大；龙王沟以北的 ZK150 孔厚约 85 m；大焦稍沟的 ZK117 孔厚约 18 m；龙口地段的 ZK120 孔厚约 21.5 m，与其相距不远的 SK13 孔厚度为零。其次，分布在富水性、透水性相对较好的层内古岩溶带。现代河床以上河流两岸溶洞则发育在受排泄基准面控制的近水平及近铅直的近代岩溶带内。地下溶洞分布高程相关性见图 5-8 ~ 图 5-11。

2.地下孔洞、溶孔

比地下溶洞规模小的"孔"、"洞"型岩溶进一步划分，洞径为 2~20 cm 的为孔洞，洞径在 2 cm 以下的为溶孔。溶孔内附有方解石晶体的又称为晶洞。孔洞和溶孔是钻孔中较为多见的岩溶形态，多为单个孔洞和溶孔，局部集中出现形成蜂窝状孔洞或溶孔。这种现象在龙口地段马家沟组第一段的角砾状灰岩和角砾状泥灰岩中最为多见。

3.地下溶隙

地下溶隙是地下岩溶最为普遍的岩溶形态，溶蚀发育方向受区域裂隙发育影响，具有多向性，主要发育方向与地表溶蚀一致，以北西向、北北东向陡倾角及层面裂隙最为多见。溶隙规模一般不大，其宽度多在数厘米以下，但也有个别溶隙宽度较大，如龙口地段 SK13 号钻孔在崮山组地层中钻进时发生两次掉钻，掉钻长度分别达 4.85 m 和

23.83 m，物探测井判断为宽大裂隙，裂隙宽度为 30~50 cm。在钻孔中，以岩溶裂隙率表示溶蚀发育程度，库区右岸部分钻孔岩溶裂隙率见表 5-10。

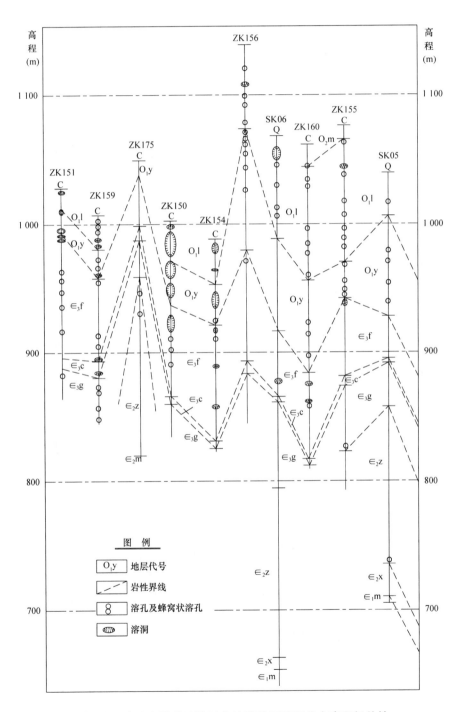

图 5-8　库区右岸龙王沟以北地段地下溶洞分布高程相关性

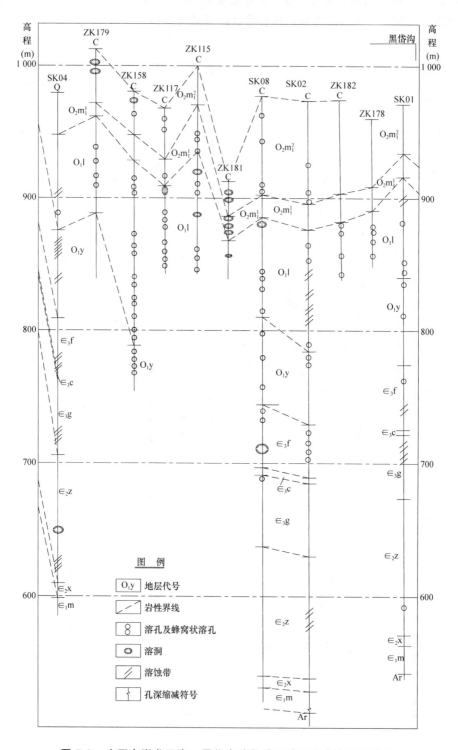

图 5-9　库区右岸龙王沟—黑岱沟地段地下溶洞分布高程相关性

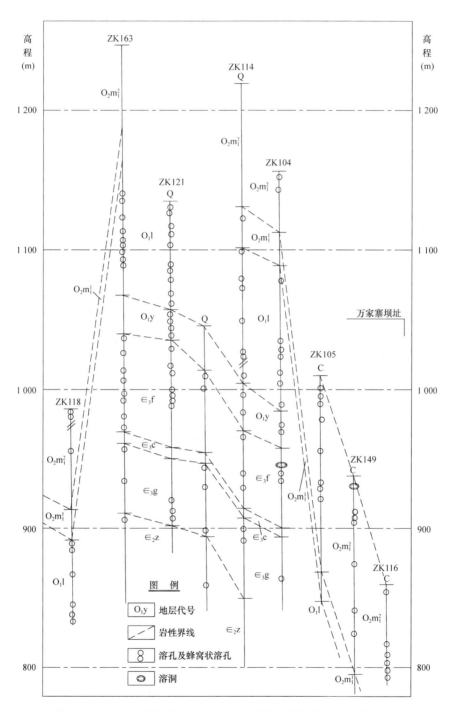

图 5-10　库区右岸黑岱沟—万家寨地段地下溶洞分布高程相关性

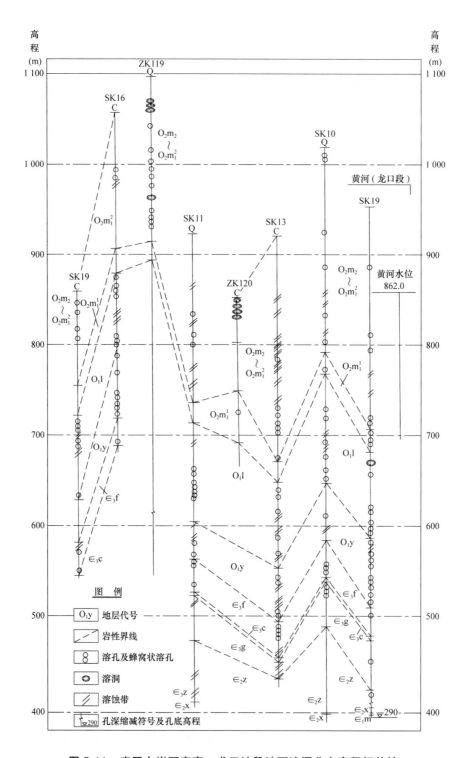

图 5-11　库区右岸万家寨—龙口地段地下溶洞分布高程相关性

表 5-10　部分钻孔岩溶裂隙率汇总

地区	孔号	O_2m			$O_1\sim\in_3f$			$\in_3g\sim\in_2z$		
		岩心统计(%)	测井资料(%)	地下水位(m)	岩心统计(%)	测井资料(%)	地下水位(m)	岩心统计(%)	测井资料(%)	地下水位(m)
近岸地带(补给区)	SK01	5.24	5.24		3.05	5.44	929.74	1.56	3.58	924.48
	SK02	3.36	3.36		3.10	6.04	II+III 827.91	1.28	2.60	
	SK04	1.72	1.72		5.23	9.15	936.67	4.14	7.10	925.58
	SK05				5.04	5.25	953.27	0.19	0.19	
	平均	3.44	3.44		4.11	6.47		1.79	3.37	
近岸以西地带(径流区)	SK06				3.87	3.87		5.49	6.19	871.23
	SK08	2.74	2.74		8.19	11.72	874.63	0.60	0.60	
	SK17	3.26	4.62	868.96	11.17	11.17				
	平均	3.00	3.68		7.74	8.92		3.05	3.40	
榆树湾地带(排泄区)	SK10	13.00	13.00	868.88	3.47	5.13	869.06	4.37	5.57	869.06
	SK09	4.50	6.24	867.97	1.19	1.93	867.56	1.22	1.22	
	SK11	13.40	18.19	867.05	6.87	7.09	868.57	1.96	2.23	
	SK13	3.77	11.21	866.98	2.83	4.51	868.52			
	平均	8.67	12.16		3.59	4.67		2.52	3.34	

从表中可以看出:

(1)地下岩溶发育强度有限,岩溶裂隙率各地段平均值大约在 5%以下,但有个别钻孔岩溶裂隙率较大,如 SK10 孔为 13.0%,SK11 孔为 13.4%,说明岩溶发育强度是不均一的,个别部位岩溶发育强烈,钻孔岩溶裂隙率值较大。

(2)从不同地层对比,总体反映出钻孔岩溶裂隙率以奥陶系中统马家沟组最大,平均值为 8.67%;奥陶系下统亮甲山组、冶里组及寒武系上统凤山组次之,平均值为 3.59%;寒武系上统崮山组及中统张夏组最小,平均值为 2.52%;寒武系上统长山组钻孔很少见有岩溶。

(3)从不同地段对比,钻孔岩溶裂隙率以靠近黄河岸边地带,即岩溶地下水补给区较小,为 1.79%~4.11%;黄河岸边以西地带即岩溶地下水径流区有所增大,为 3.00%~7.74%;龙口地带即岩溶地下水排泄区最大,为 2.52%~8.67%。

另外,根据钻孔揭露情况来看,大部分岩溶孔段有充填物,充填物多为石炭系铝土岩、黏土岩及砂岩,也有少量近代泥沙、碎石堆积物,也有部分岩溶孔段没有充填物并有掉钻现象,说明地下岩溶大多被充填或半充填。根据龙口地段黄河左岸靠近黄河岸边已经废弃的原引黄灌溉洞地质编录成果,在长 1 760 m、洞断面约 2 m × 2 m 的隧洞中,揭露的地下岩溶主要为沿陡倾裂隙及层面裂隙形成的溶蚀裂隙,也有少量溶洞,均被石炭系铝土岩、黏土岩充填。统计结果共有地下岩溶 29 个,面岩溶裂隙率为 0.2%~1.9%,线岩溶裂隙率为 0.2%~2.1%,说明地下岩溶连通性不良。

5.1.3.3　岩溶发育强度分级

综上所述,库区右岸地表岩溶、地下岩溶发育特征相近,与区域岩溶发育规律相一致。明显地表现出岩溶发育规模一般不大,发育强度有限,主要沿构造部位、节理裂隙及岩层层面发育，具有一定的不均一性。相对而言，从岩性对比上，以马家沟组岩溶最为发育，亮甲山组、冶里组、凤山组次之，崮山组、张夏组发育较弱，长山组不甚发育；从空间分布上，岩溶发育强度从北部及黄河岸边地带向黄河以西，再向南部龙口地段逐渐增强，从地表向地下逐渐减弱，但在深部也常见有较大的岩溶；岩溶多孤立存在，并大部分有充填物，多数洞底有堆积物，部分为全充填或半充填，岩溶连通性较差。

根据库区右岸岩溶发育特征，对岩溶发育强度进行分级，分级标准见表 5-11。根据表 5-11 进行岩溶发育强度分级时，应以岩溶特征为主要划分标准。钻孔岩溶裂隙率，尤其是钻孔数量较少时，其代表性有限，可作为辅助划分标准。由此，库区右岸岩溶发育强度可划分为：在岩溶地下水排泄区马家沟组地层分布区为"发育"；马家沟组其他分布地段及亮甲山组、冶里组、凤山组地层分布区为"较发育"；崮山组、张夏组分布区为"弱发育"；长山组为"不发育"。

表 5-11　岩溶发育强度分级标准

发育强度分级	岩溶特征	钻孔岩溶裂隙率 K_{TP}(%)
极发育	以暗河、较大规模的溶洞、落水洞、溶隙、溶蚀注地为主，地下洞穴系统基本形成，岩溶连通性强，有较丰富的岩溶地下水溶出	$K_{TP}>10$
发育	沿构造部位、节理裂隙层面等有较显著的溶蚀现象，串珠状洞穴发育，地下洞穴系统尚未形成，但连通性较强，常有地下水沿岩溶裂隙涌出或沿裂隙形成面溢流出地表	$10 \geqslant K_{TP}>5$
较发育	沿构造部位、节理裂隙、层面有溶蚀现象，岩溶规模大小不一，以小型为主，岩溶连通性较差，有裂隙式泉水溢流	$5 \geqslant K_{TP}>3$
弱发育	沿节理裂隙、层面有溶蚀扩大现象或形成小洞穴，岩溶连通性差，多呈微透水，偶见裂隙式泉水出溢	$K_{TP} \leqslant 3$
不发育	有个别岩溶现象，规模小，多呈极微透水	偶见岩溶，K_{TP} 趋近于零
备注	进行岩溶发育强度分级时，应以岩溶特征为主要划分标准，钻孔岩溶裂隙率为辅助标准	

5.1.4　岩溶水文地质

5.1.4.1　含水岩组划分及其赋存条件

库区右岸寒武系、奥陶系碳酸盐岩地层为多层结构的含水透水岩体。视其岩性特征、岩溶发育程度及水文地质条件，自上而下划分为三个含水岩组：

(1) Ⅰ含水岩组，即奥陶系中统马家沟组含水岩组(O_2m)。含水、透水岩层主要岩性为厚层灰岩夹白云岩、白云质灰岩、砾状泥灰岩。该层在黑岱沟以北地区厚度较薄，甚至尖灭，向南逐渐增厚，至龙口地段厚度超过 190 m。节理裂隙发育，以陡倾角裂隙及层面裂隙为主。岩溶发育强度，龙口地段为发育，龙口地段以北为较发育。钻孔岩溶裂隙率多在 3.37%~12.0%。该层在龙王沟以北，位于岩溶地下水水位以上，为透水不含水层；龙王沟以南至龙口地段，岩溶地下水位埋深约 180 m，水位为 868~870 m，为含水透水岩层，钻孔抽水单位涌水量为 7.093~34.321 L/(s·m)，是富水性最强的含水岩组。

以底部的泥质白云岩夹数层中细粒石英砂岩为相对隔水层，一般厚 16~25 m。

(2) II 含水岩组，即奥陶系下统亮甲山组至寒武系上统凤山组含水岩组($O_1l+O_1y+\in_3f$)。含水岩层主要岩性为白云岩、灰质白云岩，局部夹泥质、硅质条带及钙质页岩。该层厚 60.13~222.51 m。节理裂隙发育，岩溶发育强度为较发育，钻孔岩溶裂隙率多在 3.47%~4.76%，岩溶地下水水位为 868~957 m，钻孔抽水单位涌水量为 0.003 6~5.026 6 L/(s·m)，为较强含水岩组。

以下伏寒武系上统长山组($\in_3c$)紫红色泥质白云岩夹页岩为相对隔水层，一般厚 2.30~11.40 m。

(3) III 含水岩组，即寒武系上统崮山组和中统张夏组含水岩组($\in_3g+\in_2z$)。含水岩层主要岩性为灰质白云岩、灰岩。该层一般厚 117.20~200.56 m，节理裂隙发育，岩溶发育强度为弱发育，钻孔岩溶裂隙率多在 2.03%~3.33%，岩溶地下水水位为 869~9ᶜ3 m，钻孔抽水单位涌水量为 0.000 3~2.871 L/(s·m)，为弱含水岩组。

以下伏寒武系中统徐庄组($\in_2x$)灰紫、紫红色钙质细粉砂岩、粉砂质页岩为相对隔水层，一般厚度在 10 m 以上。

各含水岩组在垂直剖面上，由于透水性各不相同，岩层的相互组合，使各含水岩组水位既统一又不统一，一般各含水岩组有其各自的水头，但也有一定的水力联系，各水头又相差不多，宏观上可视为一个统一含水岩组，总的规律是：下含水层水位依次略低于上含水层水位，低的幅度在 0.10~9.50 m，黑岱沟以北幅度略大，其南部幅度较小。各含水岩组地层分布见表 5-12，钻孔抽水试验成果见表 5-13，水文地质结构见图 5-12。

表 5-12　库区右岸各含水岩组和隔水层分布情况汇总

序号	分区	地段	厚度范围(m) / 顶面分布高程范围(m)					
			I 岩组 ($O_2m_1{}^2{\sim}O_2m$)	相对隔水层 ($O_2m_1{}^1$)	II 岩组 ($O_1+\in_3f$)	相对隔水层 ($\in_3c$)	III 岩组 ($\in_3g+\in_2z$)	区域隔水层 ($\in_2x$)
1	补给区	龙王沟以北			136.42~143.18 / 1 002.35~1 038.34	2.82~5.67 / 865.93~895.16	156.55 / 892.34	*25.45 / 735.79
2		龙王沟—黑岱沟	28.99~81.59 / 966.43~998.00	17.18~34.54 / 900.11~978.19	182.12~190.16 / 881.86~947.36	2.8~5.27 / 694.83~765.24	146.28~151.01 / 690.63~759.97	*7.43~10.95 / 544.35~609.62
3		黑岱沟—万家寨	*97.5 / 1 218.05	18.75 / 1 120.55	186.23 / 1 101.80	5.84~8.78 / 915.57~960.59	*75.10~167.65 / 908.78~951.81	
4	径流区		43~148.84 / 861.44~1 155.64	16.06~27.65 / 744.36□1112.11	104.2~343.8 / 557.25~1 088.34	2.55~11.4 / 369.05~900.56	153.39~198.39 / 690.78~895.16	*8.62~29.49 / 507.35~663.56
5	排泄区	榆树湾	240.5~248.34 / 951.23~1 091.15	21.29~25.07 / 738.81~915.91	186.61~222.51 / 652.32~895.33	2.3~5.05 / 462.27~548.86	155.19~162.41 / 459.1~543.81	*9.63~21.60 / 317.31~388.616

备注：
1. 补给区包括：龙王沟以北：ZK150、SK05 孔；龙王沟—黑岱沟：ZK115、ZK117、ZK118、SK01、SK02、SK04 孔
2. 径流区包括：ZK104、ZK105、ZK116、ZK149、ZK152、SK06、SK08、SK12、SK17、SK18、SK19、SK20、SK23 孔
3. 排泄区包括：SK09、SK10、SK11、SK13、SK16、ZK119、ZK120 孔
4. 注"*"者其厚度为揭露不完整的含水层，其高程亦为揭露不完整碳酸盐岩顶面高程，其余均为揭露完整层的厚度

表 5-13　黑岱沟地区钻孔抽水试验成果

孔号	含水组			采用水位(m)		降深次数	最大降深 (m)	涌水量 (L/s)	单位涌水量 (L/(s·m))	稳定时间 (h.min)	延续时间 (h.min)	质量评级
	编号	水位下厚度(m)		埋深	标高							
		总厚	有效厚									
201	Ⅱ	183.90	10.00	51.53	926.111	2	83.32	0.502	0.006	8.15	60.30	参考
	Ⅲ	153.80	5.50	51.90	925.741	1	36.16	0.956	0.026	24	59.05	乙
202	Ⅱ	179.56	11.30	117.64	874.572	1	3.597	0.737	0.205	14.55	41.55	参考
	Ⅱ+Ⅲ	327.81	15.15	120.89	871.322	3	17.093	8.206	0.480	25.30	212.05	乙
203	Ⅱ	185.60	11.37	4.78	937.324	1	57.363	0.482	0.008 4	32	144.00	甲
	Ⅲ	159.20	0.55	7.36	934.744	1	76.014	0.080	0.001	35	96.00	乙
204	Ⅱ	167.00	16.46	85.60	934.567	1	3.106	0.649	0.209	27	60.00	废
	Ⅲ	150.60	10.69	94.81	925.557	2	3.036	0.911	0.300 0	27	69.30	乙
205	Ⅱ	60.18	7.40	82.82	957.52	1	31.927	0.114	0.003 6	32.30	86.45	甲
	Ⅱ+Ⅲ	218.51	7.70	86.69	953.65	1	38.880	0.165	0.004 2	32.30	120.45	乙
206	Ⅲ	212.2	7.60	199.868	872.854	1	1.118	3.329	2.897 1	32.15	51.15	丙
207	Ⅱ	157.90	11.85	6.10	942.695	3	16.313	2.437	0.152	24	42.50	乙
	Ⅲ	148.86	17.45	7.37	941.425	3	13.940	4.317	0.310	24.30	80.45	甲
208	Ⅱ	177.02	21.98	125.98	872.416	3	6.03	0.955	0.158	25.30	79.40	甲
	Ⅲ	151.10	0.90	126.86	870.834	1	37.771	0.010	0.000 3	9	87.00	乙
209	Ⅰ	180.45	12.60	84.15	869.084	1	1.276	43.794	34.321	32	71.10	乙
	Ⅱ	202.50	3.90	83.71	869.524	2	15.708	0.610	0.038 8	24	27.50	乙
210	Ⅱ	222.60	11.42	153.53	868.926	1	1.73	8.696	5.026 6	32.30	33.30	丙
	Ⅲ	157.74	8.79	153.31	869.116	3	5.095	6.009	1.179 4	24	47.15	甲
211	Ⅰ	150.70	31.50	57.79	868.484	3	6.747	47.854	7.092 6	24	75.05	甲
	Ⅱ	185.90	13.18	57.40	868.874	2	2.57	10.826	4.212	39	41.45	乙
212	Q			2.22	1 135.29	1	0.923	0.644	0.697 7	19	70.50	乙
213	Ⅰ			94.66	868.913	1	0.141	11.797	83.667	34.00	48.30	
	Ⅱ+Ⅲ			94.75	868.823	3	4.685	12.200	2.604	24.00	47.00	甲

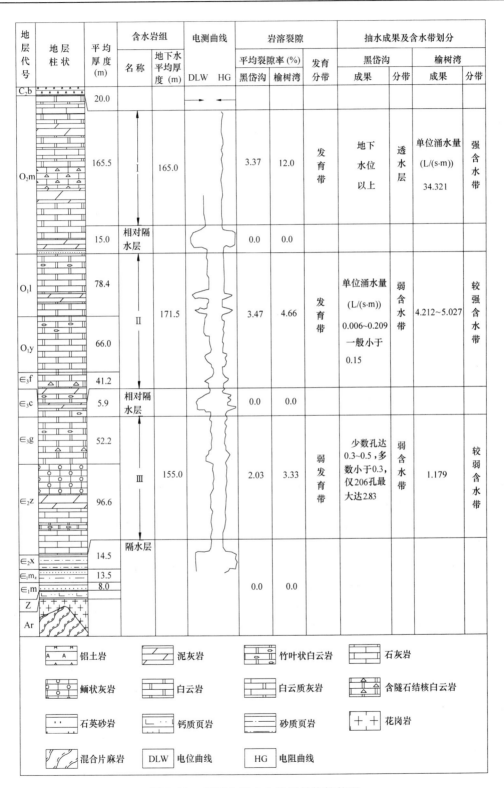

图 5-12　库区右岸水文地质结构柱状图

5.1.4.2 岩体渗透性

库区右岸天津院施钻钻孔，大部分在水库最高蓄水位 980 m 以下进行了压水试验。煤炭水文二队施钻钻孔，大部分进行了抽水试验。据此，对岩体渗透性叙述如下。

1.压水试验成果

统计资料包括库区右岸及黄河河床钻孔共计 97 个，压水段次共计 1 160 段次，单位吸水量分级统计见表 5-14。

表 5-14 库区右岸各地段钻孔单位吸水量分级统计

地段	压水钻孔（个）	压水试验（段次）	$\omega<0.01$段次占总段次(%)	$\omega>1.0$段次占总段次(%)	无压水漏水段次占总段次(%)	压水漏水层位和次数
龙王沟以北	23	163	$\dfrac{132}{81}$		0	
龙王沟—黑岱沟	3	62	$\dfrac{40}{88}$	0	$\dfrac{3}{4.8}$	$O_2m_1^2$ (2) O_1l(1)
万家寨地段	34	459	$\dfrac{379}{68}$	$\dfrac{1}{0.2}$	$\dfrac{5}{1.1}$	$\in_3f$(2) $\in_3g$(2) $\in_2z$(1)
龙口地段	37	476	$\dfrac{110}{23}$	$\dfrac{30}{6.3}$	$\dfrac{61}{12.8}$	$O_2m_2^3$ (14) $O_2m_2^2$ (34) $O_2m_2^1$ (13)
备注	1.龙王沟以北、万家寨、龙口三地段钻孔数，包括坝址河床中钻孔 2.无压漏水时，水泵供水能力一般约为 110 L/min，全部压入孔中，孔内仍抬不起水头 3.单位吸水量 ω 单位为 L/(min·m·m)					

从表中可以看出：

(1)岩体渗透性总体比较弱，但具有明显的不均一性。在总计 1 160 段次压水试验中，单位吸水量 $\omega<0.01$ L/(min·m·m)的有 670 段次，占总段次的 58%，说明大部分岩体多为微透水和极微透水。单位吸水量 $\omega>1$ L/(min·m·m)和无压漏水共有 100 段次，占总段次的 8.6%，说明部分岩体透水性较强，达到强透水和极强透水。

(2)岩体渗透性在空间平面展布上，从北部及靠近黄河岸边地带的入渗补给区向南部径流排泄区逐渐增强。压水试验成果渗透性较弱的单位吸水量 $\omega<0.01$ L/(min·m·m)的段次，所占该地段压水试验段次比例，黑岱沟以北地段为 81%~88%，在中部万家寨地段为 68%，在南部龙口地段为 23%。而渗透性大的无压漏水段共 69 段次，黑岱沟以北地段有 3 段次，约占总段次的 4%；中部万家寨地段有 5 段次，占总段次的 7%；南部龙口地段有 61 段次，占总段次的 89%。

(3)钻孔压水试验成果均反映出，岩体渗透性在垂向表现为从岩体顶部向下随深度增加而减弱，但深处也有局部渗透性较强。

(4)岩体渗透性与岩性密切相关。压水试验成果表明，马家沟组渗透性最强，单位吸水量值较大，无压漏水段多发生在该组岩层；亮甲山组、冶里组、凤山组、崮山组次之；

张夏组较弱；长山组最弱。按含水岩组划分，渗透性以Ⅰ含水岩组最强，Ⅱ含水岩组次之，Ⅲ含水岩组最弱。

2.抽水试验成果

库区右岸煤炭水文二队钻孔抽水试验计算渗透系数成果见表 5-15，统计成果见表 5-16。山西水文地质一大队在天桥地段进行了抽水试验，在天桥背斜核部的河畔村附近抽水岩层为马家沟上部的灰岩、白云质灰岩，抽水计算渗透系数值为 62.04~71.38 m/d，该地段地表所见到的泉水最大流量达 1.17 L/s。在天桥背斜倾伏端的铁匠铺抽水，抽水岩层为马家沟组上部灰岩、白云质灰岩，钻孔从孔口自流涌水，涌水量为 39.93 L/s，抽水计算渗透系数为 48.74 m/d。抽水试验成果反映出的库区右岸(往南可延伸至天桥地段)寒武系、奥陶系碳酸盐岩地层的渗透性规律，与压水试验成果得出的规律是完全一致的，即从平面分布上，从北部岩溶地下水补给区向南部径流排泄区，岩体渗透性逐渐增加，从含水岩组对比上，渗透性以Ⅰ含水岩组最强，Ⅱ含水岩组次之，Ⅲ含水岩组最弱。

表 5-15　库区右岸部分钻孔渗透系数计算成果

地段	孔号	含水岩组	渗透系数(m/d)	
			影响半径采用经验值	影响半径采用试算值
龙王沟以北	SK05	Ⅱ	0.004 2	0.006 6
		Ⅱ+Ⅲ	0.000 8~0.951 5	0.001 6~0.956 0
	SK06	Ⅲ	1.640 8	1.484 5
龙王沟—黑岱沟	SK01	Ⅱ	0.002 2	0.003 3
		Ⅲ	0.011 8	0.015 4~0.016 0
	SK02	Ⅱ+Ⅲ	0.127 3~0.161 9	0.205 2~0.211 2
	SK03	Ⅱ	0.002 6	0.003 8
		Ⅲ	0.000 5	0.000 6
	SK04	Ⅲ	0.262 7~0.314 4	0.147 8~0.154 5
	SK07	Ⅱ	0.182 9~0.253 3	0.269 9~0.345 9
		Ⅲ	0.174 8~0.193 8	0.214 1~0.230 9
	SK08	Ⅱ	0.070 7	0.105 0
		Ⅲ	0.000 1	0.000 1
龙口—榆树湾	SK09	Ⅰ	—	25.946 8
		Ⅱ	0.014 7~0.012 8	0.015 3~0.015 4
	SK10	Ⅱ	2.774 9	—
		Ⅲ	0.841 9~1.653 7	—
	SK11	Ⅰ	6.485 5~17.587 0	6.485 5~17.587 0
		Ⅱ	2.806 9~4.159 9	1.996 5~2.600 4
	SK13	Ⅰ		50.311 0
		Ⅱ		1.769 6~3.039 4

注：除龙王沟以北地段 SK06 孔为干扰孔定等流量抽水，其余均为单孔抽水未考虑水跃值的计算成果。

表 5-16　库区右岸部分钻孔渗透系数统计成果

地段	含水岩组	统计段次	渗透系数(m/d)		
			小值	大值	均值
龙王沟以北	Ⅱ	1(1)			0.004 2
	Ⅲ	1(1)			1.640 8
	Ⅱ+Ⅲ	5(5)	0.000 8	0.951 5	0.193 8
龙王沟—黑岱沟	Ⅱ	8(4)	0.002 2	0.253 3	0.103 7
	Ⅲ	9(5)	0.000 1	0.193 8	0.127 8
	Ⅱ+Ⅲ	6(2)	0.107 8	0.168 6	0.143 8
龙口—榆树湾	Ⅰ	5(3)	0.485 5	50.311 0	22.371 7
	Ⅱ	5(4)	0.012 8	4.159 9	1.953 7
	Ⅲ	3(1)	0.841 9	1.653 7	1.193 1

注：1.统计值以影响半径采用经验值计算为主，试验值为补充。
　　2.统计段次栏中( )内数字为抽水孔数。

5.1.4.3　岩溶地下水埋藏状况

库区右岸岩溶地下水动态长期观测资料表明，该地段岩溶地下水水位普遍较低。而且，靠近黄河的近岸地带与其以西宽约 20 km 的广大地区岩溶地下水埋藏状况明显不同。

1.靠近黄河岸边地带

水库右岸靠近黄河岸边，北起曹家湾(该村位于黄河左岸)对岸，南至坝址下游的榆树湾，沿黄河岸边出露寒武系、奥陶系碳酸盐岩地层，根据岩性特征，岩溶地下水分布及径流条件，可分为六段：

第一段，曹家湾对岸附近至龙王沟口以北 6.5 km 处，段长约 13.75 km；

第二段，龙王沟口以北 6.5 km 处至龙王沟口下游 2 km 处，段长约 8.25 km；

第三段，龙王沟口下游 2 km 至黑岱沟口下游 7.5 km 处，段长约 15.0 km；

第四段，黑岱沟口下游 7.5 km 至万家寨坝址下游 7.0 km 处，段长约 16.5 km；

第五段，万家寨坝址下游 7.0 km 至下游 SK10 钻孔附近，段长约 10.0 km；

第六段，下游 SK10 钻孔至榆树湾附近，段长约 9.0 km。

各段划分见图 5-13，基本情况见表 5-17。

从表 5-17 可以看出，在坝址以上的第一、三两段岩溶地下水位比相应黄河水位分别低 76.56~77.07 m 和 12.63~35.71 m，说明在现状条件下，黄河水补给右岸岩溶地下水，岩溶地下水向西渗流；第二段岩溶地下水水位高出黄河水位 0.93~45.8 m，与西侧岩溶地下水水位对比，说明该段岩溶地下水存在分水岭，分水岭以东，岩溶地下水向东径流补给黄河，以西则向西径流；第四段岩溶地下水位高出黄河水位– 0.29~6.49 m，说明该段岩溶地下水水位与黄河水位基本持平，局部略高于黄河水位；坝址以下的第五段岩溶地下水位比黄河水位低约 10 m，黄河水补给右岸岩溶地下水；再往下游的第六段，正处黄河局部拐向西流，岩溶地下水位高于黄河水位 3.21~5.00 m，岩溶地下水向南径流，部分岩溶地下水以泉群形式排泄于黄河，其余的岩溶地下水越过黄河继续向南径流。

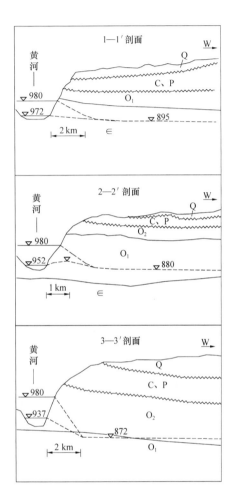

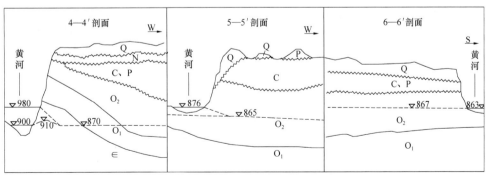

图 5-13　库区右岸黄河岸边地带岩溶地下分段平、剖面示意图

表 5-17　库区右岸黄河岸边地带岩溶地下水位分段

段号	位置	地段长度(km)	岸边地层	钻孔距河边距离(m)	水位 孔号 水位高程(m)	水位 黄河水位(m)	备注
第一段	曹家湾对岸附近至龙王沟以北 6.5 km	13.75	主要为奥陶系下统地层,局部有寒武系上统地层	900.0	ZK151 / 895.08	971.64	岸边无地下水分水岭,黄河水补给右岸岩溶地下水
				730.0	ZK150 / 888.31	965.38	
第二段	龙王沟口以北 6.5 km 至龙王沟口下游 2 km	8.25	主要为奥陶系下统地层	1 100.0	ZK156 / 1005.8	960.00	岸边有地下水分水岭,右岸岩溶地下水一部分补给黄河水,另一部分向西渗流
				300.0	SK05 / 953.27	952.34	
第三段	龙王沟口下游 2 km 至黑岱沟口下游 7.5 km	15	主要为奥陶系中统马家沟组和奥陶系下统地层	200.0	ZK117 / 919.35	945.96	岸边无地下水分水岭,黄河水补给右岸岩溶地下水
					ZK118 / 901.40	937.11	
				300.0	SK01 / 924.48	937.11	
第四段	黑岱沟口下游 7.5 km 至坝址下游 7 km	16.5	为寒武系中、上统地层	800.0	ZK121 / 928.49	922.00	岸边岩溶地下水位与黄河水基本一致,局部略高于黄河水位
				200.0	ZK183 / 898.29	898.58	
第五段	坝址下游 7 km 至 SK10 孔	10	为寒武系中、上统和奥陶系地层	150.0	SK11 / 867.05	878.00	岸边无地下水分水岭,黄河水补给右岸岩溶地下水,部分河段呈悬河
第六段	SK10 孔至榆树湾	9	奥陶系中统马家沟组地层	100.0	SK09 / 867.56	862.56	地下水位略高于黄河水位
				500.0	ZK174 / 865.77		

2.远离黄河岸边地带,即岩溶地下水低缓带

黄河岸边地带以西地区,从靠近黄河岸边地带向西至最西侧的钻孔(从北向南依次有:SK39、SK23、SK20、SK17、ZK157、SK19、SK16);大体东西宽 15~20 km;北部从碳酸盐岩顶板出露线至南部榆树湾黄河北岸附近,南北长约 70 km。在如此广大的范围内,岩溶地下水基本呈潜水状况,岩溶地下水水位普遍较低,除了南部黄河北岸附近,岩溶地下水水位普遍低于黄河水位。在龙王沟以北低于黄河水位 70~90 m,在黑岱沟一带低于黄河水位约 60 m,在坝址及以南地段低于黄河水位 20~30 m,靠近黄河北岸约 5 km 一带岩溶地下水水位仍低于黄河水位 5~6 m,直至靠近黄河北岸附近,岩溶地下水位才高于黄河水位 5~6 m。岩溶地下水从北部的 872 m,降至南部的 867 m,总体由东向西、由北向南径流。由东向西水力坡度,在靠近黄河岸边地带为 12.6‰~67‰,岸边地带以西为 0.02‰~2.3‰;由北向南水力坡度为 0.06‰~0.17‰。靠近黄河岸边以西的广大地区,岩溶地下水水位不仅低,水力坡度也很缓,因此称之为岩溶地下水低缓带。岩溶地下水低缓带控制性剖面钻孔水位见表 5-18,钻孔位置见图 5-1。

表 5-18 库区右岸黄河近岸地带以西地区控制性剖面岩溶地下水位与黄河水位统计

分段编号	黄河水位(m)	长观孔位置	长观孔编号 $\frac{岩溶地下水水位(m)}{碳酸盐岩顶板高程(m)}$				地下水位与黄河水位差值(m)
第一段	972.60	东孔兑	SK39 $\frac{872.93}{780.97}$				-99.67
	970.70	小渔沟	SK27 $\frac{872.34}{1\,004.54}$	ZK175 $\frac{870.77}{1\,049.24}$			-98.3~-99.93
第二段	952.34	龙王沟	SK43 $\frac{869.46}{644.22}$	SK23 $\frac{872.24}{773.43}$	SK18 $\frac{871.51}{1\,040.45}$	SK06 $\frac{871.23}{1\,067.82}$	-79.83~-82.88
第三段	937.11	黑岱沟	SK20 $\frac{872.26}{905.40}$	SK34 $\frac{869.95}{929.61}$	SK08 $\frac{874.63}{975.87}$		-62.48~-67.16
第四段	937.11	坝轴线延长线	ZK157 $\frac{867.69}{816.86}$	ZK116 $\frac{868.33}{861.52}$	ZK149 $\frac{868.85}{938.26}$	ZK105 $\frac{874.33}{1\,009.64}$	-24.25~-30.89
	893.00	坝轴线延长线以南约5 km	SK19 $\frac{868.17}{735.43}$	SK12 $\frac{868.65}{1\,056.62}$			-24.35~-24.83
第五段	937.11	以北约5 km	SK16 $\frac{868.57}{1\,005.53}$	ZK120 $\frac{867.76}{858.29}$			-5.93~-6.74
第六段	937.11	黄河北岸	SK09 $\frac{867.56}{953.23}$	SK10 $\frac{868.88}{1\,019.86}$			5.00~6.32

注: 1.地下水位与黄河水位差值栏中负值表示岩溶地下水位低于黄河水位数值,正值表示岩溶地下水位高于黄河水位数值。
   2.分段编号是与其相对应的靠近黄河岸边地段的编号。

岩溶地下水低缓带东侧边界,即靠近黄河近岸地带与其西侧地区的分界线,就在东西向径流的水力坡度明显地由陡变缓的地带,其大体位置见表 5-19。

表 5-19 水库右岸岩溶地下水低缓带东侧边界位置及水力坡度统计

剖面位置	低缓带东侧边界位置		东西向水力坡度		边界钻孔距黄河距离(m)
	钻孔编号	地下水位(m)	近岸地带(%)	低缓带(%)	
小渔沟	ZK159	885.01	1.18	0.47	1 750
龙王沟	ZK160	869.15	1.23	0.02	2 625
大焦稍沟	ZK158	870.42	5.75	0.17	2 000
	ZK180	870.23	4.20	0.15	1 000
黑岱沟	SK02	472.91	1.42	0.40	2 550
坝址	ZK104	870.96	1.76	0.07	1 850

岩溶地下水低缓带西侧边界,基本在水库右岸西侧 SK39、SK23、SK17、ZK157 四

个钻孔所控制的地带。根据这四个钻孔资料：

(1)岩溶地下水位高程为 867.69~872.93 m，其水位高出石炭系底板隔水层，SK17 孔为 7.5 m，其余 3 个孔为 50~90 m，说明岩溶地下水在这一带已经具有明显的承压现象，而且深埋地下 200~300 m。

(2)钻孔水质分析成果：SK39、SK23 及 ZK157 孔岩溶地下水矿化度分别为 0.76 g/L、0.87 g/L、0.72 g/L，远高于靠近黄河岸边岩溶地下水矿化度(均小于 0.50 g/L)，说明这一带岩溶地下水径流循环滞缓而使矿化度升高。

由此可以认为，岩溶地下水低缓带最西侧的钻孔已成为岩溶地下水承压滞流边界。该边界至岩溶地下水低缓带东侧边界宽 15~20 km。

3.岩溶地下水低缓带形成原因

(1)区域地质结构格架使寒武系、奥陶系碳酸盐岩地层总体向南西缓倾，且有逐渐加厚的趋势，控制了岩溶地下水向西、向南径流。岩溶地下水向西径流，随着碳酸盐岩地层向西倾伏而逐渐深埋地下，当岩溶地下水埋深增加到一定程度时，地下水径流就会受到限制而滞流。岩溶地下水向南径流，由于黄河总体由北向南流，但在龙口地段局部拐向西流，切穿了碳酸盐岩地层，使一部分岩溶地下水在龙口、榆树湾一带以泉群形式溢出地表，最终注入黄河。泉群出露高程大约为 867 m，这一高程控制了库区右岸岩溶地下水的最低高程。

(2)南部龙口、榆树湾地段主要地层为奥陶系中统马家沟组，相对而言，岩溶发育，岩体渗透性较大，岩溶地下水径流排泄较为通畅。而北部的补给、径流区地层主要为寒武系及奥陶系下统地层，岩溶发育较弱，岩体渗透性小，使岩溶地下水来水量有限。靠近黄河岸边地带，由于黄河水的长期渗流，而使岸边岩体裂隙不同程度被堵塞，这一现象，在黄河岸边附近碳酸盐岩地层中钻孔抽水试验时，有大量泥沙涌出而得到证实，这样就降低了靠近黄河岸边地带岩体的渗透性，使黄河水及黄河左岸岩溶地下水向黄河右岸岩溶地下水的补给受到制约，岩溶地下水补给来水量有限，不可能使岩溶地下水壅起较高的水位。

(3)本地区处于半干旱区，大气降水量很少，而蒸发量较大，本区碳酸盐岩地层又多被黄土和石炭系、二叠系地层所覆盖，使大气降水对岩溶地下水的补给量极微。

因此，形成了库区右岸岩溶地下水低缓带的现状。

5.1.4.4　岩溶地下水动态

1.水位变化

根据库区右岸钻孔岩溶地下水长期观测资料可知，岩溶地下水水位变化与大气降水量有一定联系，一般在当年 11 月至次年 5 月随着大气降水量的减少，岩溶地下水位呈波动下降期，从 6 月至当年 10 月随大气降水量增多，岩溶地下水呈波动上升期，水位年变幅较小，一般在数厘米至数十厘米之间。少数长期观测孔在个别时段，如降雨季节，水位变幅可达 1~2 m。形成这一现象的原因主要是库区右岸碳酸盐岩地层出露地表面积有限，大部分长期观测孔上部都有较厚的黄土和石炭系地层，碳酸盐岩地层一般渗透性较弱，因此大气降水对岩溶地下水水位变化影响有限。只有 ZK115 孔和 ZK119 孔两孔岩溶地下水水位最大年变幅分别为 19.81 m、12.07 m，这主要是 ZK115 孔正处于 F4 断层带，ZK119 孔位于红树峁—欧梨咀挠曲轴部附近，岩石较为破碎，有利于大气降水入渗所致。库区右岸部分钻孔岩溶地下水位及黄河水位年变幅统计见表 5-20。

表 5-20　库区右岸部分钻孔岩溶地下水位及黄河水位年变幅统计

含水岩组	钻孔编号	地下水位(m)														
		1983 年			1984 年			1985 年			1986 年			1987 年		
		最高水位/最低水位	平均水位	年变幅	最高水位/最低水位	平均水位	年变幅	最高水位/最低水位	平均水位	年变幅	最高水位/最低水位	平均水位	年变幅	最高水位/最低水位	平均水位	年变幅
I	ZK105	883.03/875.79	879.34	7.24	878.41/874.85	876.20	3.56	875.54/875.38	875.46	0.16	875.59/873.99	874.33	1.60	875.07/873.08	874.21	1.19
	ZK116				879.54/869.91	870.18	0.43	970.31/869.66	869.90	0.65	870.14/868.12	868.88	2.02	868.11/867.51	867.97	0.6
	ZK119				869.06/867.27	868.09	1.79				867.01/859.4	863.77	8.41	868.93/856.45	863.93	12.47
	ZK120										867.85/867.57	867.69	0.28	867.69/867.55	867.59	0.07
	SK09	869.55/868.34	868.81	1.21	868.81/868.04	868.24	0.77	868.53/867.65	868.09	0.88	868.21/866.59	867.47	1.62	867.09/866.14	866.78	0.95
	SK11	868.82/868.15	868.58	0.267	868.96/867.80	868.25	1.18	868.37/867.70	868.01	0.67	868.20/866.84	867.43	1.56	866.94/866.15	866.75	0.79
	SK12	869.65/869.10	869.26	0.55	869.29/868.69	868.93	0.60	869.95/868.65	868.66	0.4						
	SK13	868.75/868.40	868.65	0.35	868.72/868.41	868.58	0.31	868.12/867.75	867.90	0.37	868.16/866.66	867.48	1.50			
	SK14							869.16/867.94	868.51	1.22	868.53/866.69	867.70	1.84	867.09/866.72	866.90	0.37
	SK15							868.12/867.75	865.79	0.65	865.79/864.86	865.29	0.93			
	SK16							869.11/868.05	868.89	1.06						
	SK17							869.96/869.60	869.79	0.36	869.90/868.78	869.52	1.12			
	SK19							869.07/868.82	868.93	0.25	869.02/867.74	868.48	1.28	867.94/867.28	867.62	0.66
II	ZK117							921.95/914.12	919.53	7.41	920.04/911.70	917.72	0.34	919.90/918.90	919.11	0.39
	ZK150										890.29/887.54	889.04	2.75	891.15/888.48	889.62	2.67
	SK07	945.58/943.30	944.55	2.28	944.46/943.41	944.15	1.05	944.66/943.18	943.88	1.48	944.75/942.70	943.64	2.05	943.16/941.84	942.62	1.27
	SK08	876.22/873.79	874.89	2.43	875.51/873.76	874.58	1.75	875.41/873.56	874.56	1.85						
	SK09	869.90/868.75	869.18	1.14	869.30/868.24	868.84	1.06	868.89/868.14	868.38	0.75	868.67/867.02	867.99	1.65	867.50/866.62	867.21	0.88

续表 5-20

含水岩组	钻孔编号	1983年 最高水位/最低水位	平均水位	年变幅	1984年 最高水位/最低水位	平均水位	年变幅	1985年 最高水位/最低水位	平均水位	年变幅	1986年 最高水位/最低水位	平均水位	年变幅	1987年 最高水位/最低水位	平均水位	年变幅
Ⅲ	ZK103	932.82 / 930.26	931.96	2.54	931.69 / 928.17	930.51	3.52	929.57 / 915.17	922.52	14.4	922.80 / 911.35	915.41	11.45	923.09 / 912.21	916.91	10.88
	ZK104	871.69 / 870.59	971.22	1.00	872.55 / 870.94	871.62	1.61	872.16 / 871.57	871.80	0.59	871.82 / 870.48	871.14	1.34	870.84 / 867.00	870.14	3.04
	SK01							926.70 / 923.00	925.22	3.70	925.63 / 921.03	923.36	3.80	932.82 / 930.26	922.39	3.05
	SK04							926.55 / 924.76	925.70	1.76	925.82 / 924.56	925.26	1.26	924.45 / 923.54	923.98	0.91
	SK06							871.29 / 871.15	871.21	0.114						
	SK07	924.48 / 941.40	942.12	1.08	942.57 / 941.19	941.71	1.38	944.61 / 941.05	941.42	0.56						
	SK08	872.57 / 871.05	972.10	1.52	872.08 / 871.60	871.82	0.48	871.85 / 869.72	871.47	2.13						
	SK10	932.82 / 930.26	868.58	1.42	868.77 / 868.04	868.40	0.73									
	SK30										872.34 / 872.24	872.28	0.10			
Ⅰ+Ⅱ	ZK118								909.22	37.50	906.37 / 898.07	901.72	0.3	903.02 / 897.17	899.27	5.05
	ZK152										869.18 / 868.34	868.75	0.84	868.62 / 867.68	868.31	0.94
Ⅱ+Ⅲ	ZK115							886.67 / 867.85	877.95	19.81	882.57 / 865.48	874.48	17.14	874.67 / 874.26	874.47	0.41
	SK02							873.81 / 871.94	872.00	1.37	873.01 / 871.02	872.36	1.37	872.08 / 870.35	871.37	1.32
	SK03							937.99 / 937.15	937.19	0.34						
	SK18							873.01 / 872.56	872.84	0.35	872.93 / 872.23	872.57	0.7	872.29 / 871.51	871.85	0.78
	SK20										873.31 / 872.00	872.50	1.21	872.13 / 871.70	871.98	0.43
	SK23							872.91 / 872.55	972.77	0.36	872.88 / 871.78	872.43	1.11	871.97 / 871.72	871.83	0.26
	SK34										870.36 / 869.60	869.94	0.76	869.63 / 868.10	869.40	0.53
黄河水	七○一大桥	942.11 / 938.89	939.45	3.22	942.52 / 938.69	939.76	3.02	942.35 / 938.37	939.97	0.48	741.73 / 932.39	939.67	3.34	940.70 / 938.27	939.38	2.43
	榆树湾	882.68 / 879.00	880.53	3.68	882.44 / 876.72	879.85	5.72	863.18 / 860.70	862.44	2.4	862.09 / 850.50	861.69	2.16	862.03 / 859.76	861.08	2.27
备注		1.SK03、SK07、SK14、SK15 为左岸钻孔;　　2.榆树湾站自1985年5月10日向下游迁,1987年为上半年资料														

岩溶地下水水位变化受黄河水的影响，除去靠近黄河岸边的少数地下水长期观测孔水位受黄河水位变化有所起伏，其余观测孔水位与黄河水位水力联系较弱，地下水位历时曲线呈微起伏状。这说明库区右岸岩溶地下水接受黄河水入渗补给量有限，反映出库区右岸岩体总体渗透性是比较弱的。但是，也有个别观测孔的岩溶地下水位与黄河水位有一定水力联系，例如 1984 年 6~8 月观测资料反映 ZK105 孔岩溶地下水位与黄河水位同步变化，而 SK17 孔岩溶地下水位比黄河水位变化滞后 30~50 d，这种现象可能与这一时段大气降水较多有关。

2.水质分析

岩溶地下水与黄河水均为低矿化度水，但水化学成分略有差异。岩溶地下水多为重碳酸–钙、镁型水，部分水质含有 Na^+。而黄河水多为重碳酸、盐酸、硫酸–钙、钠、镁型水。水质成果见表 5-21。

3.氚分析

为了研究岩溶地下水、黄河水、大气降水三者的关系，于 1984 年 10 月~1985 年 11 月和 1991 年 6 月及 10 月曾先后做了 6 次氚含量分析。尽管试验资料规律性不明显，即使同一地点不同时间的样品其氚含量也不尽一致，但大体仍可归纳出如下规律：

(1)地下水氚含量低于大气降水和黄河水氚含量，而且表现为北部补给区高于南部排泄区，并且地下水氚含量随黄河水氚含量增加而增加。

(2)左岸老爷庙泉的含量低于右岸岩溶地下水的氚含量，这与右岸岩溶地下水接受左岸岩溶地下水越流补给的推断是一致的。

(3)F4 断层附近的 ZK176、ZK162、ZK181、ZK115 及 ZK117 孔的岩溶地下水氚含量值相差较大，前三个孔岩溶地下水氚含量值接近黄河水氚含量，而后两个孔岩溶地下水氚含量值较低，说明 F4 断层带及两侧透水性是不均一的。

(4)位于岩溶地下水低缓带西侧滞流边界附近的钻孔岩溶地下水氚含量差异较大。处于地势较高部位的 SK17 孔岩溶地下水氚含量四次测试成果均大于 100 T.U，高出大气降水及黄河水氚含量较多。而位于十里长川的 ZK157 孔岩溶地下水氚含量很低，仅(5.0 ± 3.5)~(10.3±3.2)T.U，其原因目前尚难以说明。

氚含量测试成果见表 5-22、表 5-23。

5.1.5　水库右岸岩溶渗漏量估算与评价

5.1.5.1　地表测流对水库渗漏程度的判断

1.黑岱沟地表测流

为直接观察库区右岸碳酸盐岩岩体入渗情况，选择黑岱沟进行了地表测流。黑岱沟常年流水，沟底为奥陶系中统马家沟组(O_2m)上部地层，沟两侧为石炭系、二叠系及第四系地层。测流段选择在沟的下游段，测流上断面至下断面沿沟底长度约 1.3 km。该段沟除右侧有一条小支沟及哈拉乌素沟汇入测流段，沟两侧岸坡较为整齐，沟底岩体裂隙不甚发育，岩体较为完整。测流段形态见图 5-14，观测成果见表 5-24。

表5-21　库区右岸不同地层岩溶地下水、黄河水水质成果

项目	I含水岩组 (O_2m)		II含水岩组 ($O_1\sim\epsilon_3 f$)		III含水岩组 ($\epsilon_3 g\sim\epsilon_2 z$)		II+III含水岩组 ($O_1\sim\epsilon_2 z$)		黄河水	
	龙王沟—黑岱沟	榆树湾	龙王沟—黑岱沟	榆树湾	龙王沟—黑岱沟	榆树湾	龙王沟—黑岱沟	榆树湾	万家寨	龙王沟—黑岱沟
顶板埋深(m)/底板埋深(m)	56.4~114.6	208.0~310.5 / 208.0~310.5	56.4~114.6 / 143.0~302.1	208.0~310.5 / 393.3~501.3	146.5~307.3 / 305.2~458.6	397.2~504.5 / 514.4~635.6	56.4~307.5 / 143.0~458.6	208.0~504.7 / 393.9~635.6		
水温(℃)	11.5~14.3		9-19	9~13.5	9~13	14	12~18	13		
总硬度(德国度)	14.4~14.6		11.8~21.9	13.9~19.8	10.3~18.8	15	12.6~21.0	14.7		
矿化度(g/L)	0.35~0.37		0.29~0.43	0.34~0.53	0.28~0.47	0.37	0.33~0.51	0.36	0.27	0.37
水化学类型	HCO_3—Ca·Mg 或 HCO_3—Ca·Mg·Na		HCO_3—Ca·Mg·Na 或 HCO_3·SO_4—Ca·Mg	HCO_3—Ca·Mg	HCO_3—Ca·Mg·Na 或 HCO_3—Ca·Mg	HCO_3—Ca·Mg	HCO_3—Ca·Mg·Na 或 HCO_3·SO_4—Ca·Mg	HCO_3—Ca·Mg	HCO_3·Cl·SO_4—Ca·Na·Mg	HCO_3·Cl·SO_4—Na·Ca·Mg
性质	潜水		承压水	承压水	承压水	承压水	潜水	承压水	地表水	地表水
试验孔数/试验次数	2/3	5/6	3/3	4/5	1/1	3/3	1/1			
备注	1.地下水化学成分系根据煤炭部第二水文地质队1980年至1983年水质分析资料汇总，SK11孔 O_2m 层地下水为 SO_4·HCO_3—Ca·Mg 水系，因止水效果不佳，受上覆石炭系地下水影响所致，该资料未列入表中　2.黄河水化学成分系根据煤炭部第二水文地质队及天津院资料汇总，1991年6月黄河水分析成果有一个为 HCO_3·Cl·SO_4—K·Na·Mg 水，未列入表中									

表 5-22　1984、1985 年氚分析成果

取样地点		氚含量(T.U) 孔深(m)			
		1984 年 10 月	1985 年 8 月	1985 年 10 月	1985 年 11 月
Ⅰ含水岩组	SK09	$\dfrac{14.98\pm0.42}{90}\ \dfrac{48.31\pm0.94}{160}$	$\dfrac{12.5\pm0.9}{100}$		
	SK17	$\dfrac{108.19\pm1.38}{364}$	$\dfrac{110.4\pm4.8}{375}$ $\dfrac{94.0\pm4}{420}$ $\dfrac{107.8\pm4.7}{476}$	$\dfrac{131.6\pm4.2}{382}$ $\dfrac{96.2\pm3.5}{420}$ $\dfrac{103.7\pm3.6}{438}$	$\dfrac{133.7\pm4.0}{389}$ $\dfrac{123.6\pm3.9}{445}$
Ⅱ含水岩组	SK09			$\dfrac{15.3\pm1.4}{90}$ $\dfrac{21.0\pm1.9}{105}$	
	SK16				$\dfrac{72.0\pm2.8}{156}$ $\dfrac{82.5\pm2.9}{200}$ $\dfrac{74.5\pm2.8}{250}$
Ⅲ含水岩组	SK06	$\dfrac{16.75\pm0.48}{220}$			
	SK08	$\dfrac{40.58\pm0.65}{136}$	$\dfrac{35.1\pm1.8}{130}\ \dfrac{37.0\pm1.8}{180}$ $\dfrac{41.5\pm2.0}{210}$		
	ZK118	$\dfrac{33.12\pm0.82}{}$			
Ⅱ+Ⅲ含水岩组	SK18		$\dfrac{13.9\pm2.0}{260}\ \dfrac{16.2\pm1.0}{310}$	$\dfrac{21.0\pm1.8}{220}\ \dfrac{38.7\pm2.2}{306}$ $\dfrac{102.2\pm1.9}{382}$	$\dfrac{13.8\pm1.8}{220}\ \dfrac{13.4\pm1.8}{300}$ $\dfrac{31.0\pm2.2}{380}$
	ZK151	$\dfrac{(50.1\pm3.7)\sim(59.2\pm3.8)}{210\sim225}$			
	ZK175		$\dfrac{(14.3\pm3.3)\sim(24.1\pm3.8)}{255\sim275}$		
黄河水	七〇一大桥	45.82 ± 0.76	84.7 ± 5	105.4 ± 3.7	90.1 ± 3.3
	龙王沟口上游	86.29 ± 1.34			
	黑岱沟口		51.0 ± 2.4		
	万家寨			$39.9\pm2.3\ \ 55.0\pm2.5$	$54.5\sim(60.6\pm3.7)$
	太子滩北		97.2 ± 5	121 ± 3.9	118.5 ± 3.9
沟水	龙王沟			62.3 ± 2.5	52.0 ± 2.4
	黑岱沟	38.16 ± 0.89		69.0 ± 2.8	68.0 ± 2.8
泉水	老爷庙沟	9.49 ± 0.41			
	泉 56	$5.6\sim(7.1\pm3.3)$	3.5 ± 0.7	74.8 ± 3.0	20.6 ± 2.0
雨水	万家寨	56.21 ± 6.59	49.6 ± 4	$41.8\sim(49.8\pm3.7)$	45.7 ± 2.4
备注		1.分子为氚含量，分母为取样深度 2.氚分析单位 1984 年为中国科学院地理研究所，1985 年为中国原子能科学研究院，测试方法相同 3.ZK115、ZK117、ZK162、ZK176、ZK181 为 F4 断层附近钻孔			

表 5-23　1991 年氚分析成果

孔号	氚含量(T.U)/取样深度(m)	孔号	氚含量(T.U)/取样深度(m)	孔号	氚含量(T.U)/取样深度(m)
ZK115	$\dfrac{<6.0}{210}$	ZK176	$\dfrac{(53.6\pm3.8)\sim(57.1\pm4.3)}{165}$	ZK180	$\dfrac{(43.2\pm3.6)\sim(56.7\pm3.8)}{234\sim260}$
ZK117	$\dfrac{(12.1\pm3.3)\sim(25.8\pm3.8)}{66\sim100}$	ZK177	$\dfrac{<6.0\sim(13.1\pm3.3)}{265\sim285}$	ZK181	$\dfrac{(46.4\pm4.1)\sim(59.1\pm3.8)}{290\sim310}$
ZK157	$\dfrac{(5.0\pm3.5)\sim(10.3\pm3.2)}{190\sim265}$	ZK178	$\dfrac{46.8\sim(50.6\pm3.7)}{85\sim105}$	ZK182	$\dfrac{(14.2\pm3.6)\sim(25.0\pm4.0)}{125\sim145}$
ZK162	$\dfrac{(38.6\pm3.6)\sim(46.6\pm3.7)}{170\sim190}$	ZK179	$\dfrac{(31.3\pm3.5)\sim(43.4\pm3.7)}{220\sim228}$		

注：分析单位为国家地震局地质研究所。

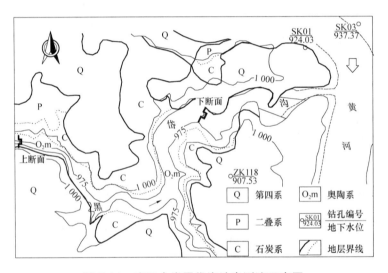

图 5-14　库区右岸黑岱沟地表测流示意图

　　测流时段为 1985 年 7~8 月。由于天旱大气降雨少，沟水流量较小，观测成果不甚理想。但从观测成果中仍然可以看出：下游测流断面流量除在 1985 年 7 月 22 日成果比上游流量大，其余下游测流成果均小于上游来水量，而且上游来水量越大，两者差值也相应增大，这说明黑岱沟沟底灰岩地层在现状条件下漏水，但总体漏水量不大。

　　2.黄河头道拐至河曲段测流成果

　　该段黄河于 1952 年在万家寨坝址上游建河口镇水文站，在坝址下游建河曲水文站。1958 年，河口镇站向上游移 10 km 在头道拐建站改称头道拐站。万家寨坝址曾在 1954～1955 年、1957～1967 年两次设站。这一河段主要支流有左岸的红河、杨家川和偏关河。红河、偏关河先后设站，杨家川一直未曾设站；右岸常年有水流的大冲沟有龙王沟、黑岱沟和房塔沟，因水量很小均未设水文站。这一河段经常使用的电灌站有麻地壕、毛不拉、喇嘛湾及大东梁电灌站。为了研究黄河河道在自然状态下的渗漏情况，对该河段流量实测情况进行分析。

表 5-24　黑岱沟地表测流成果汇总

| 观测日期(年-月-日) | 上断面流量(L/s) | 区间补水量(L/s) | | | 上游流量总和 Q_1(L/s) | 下断面流量 Q_2(L/s) | $Q_2 - Q_1$(L/s) | $\dfrac{Q_2 - Q_1}{Q_1} \times 100\%$ |
		泉 1	泉 2	沟水				
1985-07-16	12.200	0.221	0.155	0.755	13.331	12.200	− 1.131	− 8.48
1985-07-17	9.375	0	0.091	0	9.466	5.885	− 3.581	− 37.83
1985-07-18	1.046	0	0.303	0	1.349	0.955	− 0.394	− 29.21
1985-07-19	3.148	0	0.221	0	3.369	2.004	− 1.365	− 40.52
1985-07-20	1.142	0	0.260	0	1.402	0.870	− 0.532	− 37.95
1985-07-21	0.454	0	0.240	0	0.694	0.325	− 0.369	− 53.17
1985-07-22	0.794	0	0.140	0	0.934	1.003	0.069	+7.39
1985-07-23	5.002	0	0.140	0	5.142	0.755	− 4.387	− 85.32
1985-07-24	0.610	0	0.325	0	0.935	0.062	− 0.873	− 93.37
1985-07-25	0.325	0	0.140	0	0.465	0.014	− 0.451	− 96.99
1985-07-30	12.200	0	0.140	0	12.340	8.047	− 4.293	− 34.79
1985-08-05	5.618	0	0.140	0	5.758	2.172	− 3.586	− 62.28
1985-08-10	6.681	0	0.140	2.715	9.536	6.279	− 3.257	− 34.15
1985-08-15	24.996	0	0.140	1.003	26.139	22.453	− 3.686	− 14.10
1985-08-20		0	0.140					

　　头道拐至万家寨及万家寨至河曲河道通常情况下，下游水文站流量加上区间提水量，减去头道拐水文站流量加上区间来水量多为正值。但是，统计数值中有不少为负值。现将流量相对较枯的 1987 年，黄河汛期之前流量最小的 5 月、6 月份实测资料列于表 5-25。从表 5-25 中可以看出，河曲站流量与区间提水量之和减去前一天头道拐站流量与区间来水量之和，在 60 个数值中有 31 个为负值，占总数的 51.7%；减去前两天头道拐站流量与区间来水量之和，在 59 个数据中有 38 个为负值，占总数的 64.4%。差值占头道拐站黄河流量分别为 3.32%~62.27% 和 1.21%~35.07%。上述统计是粗略的，但大体可以得出如下结论：负值所占比例超过了总数的一半以上，差值最大达到头道拐站黄河流量的35.07% 和 62.2%，这说明该河段在自然状态下存在渗漏现象。但是，由于出现负值的规律性不明显，差值也大小悬殊，说明其渗漏量不大，难以形成规律性。结合该河段地质条件和岩溶发育情况，该河段坝址上游的龙王沟至黑岱沟段和坝址下游的龙口段是黄河该河段主要渗漏河段。

万家寨水利枢纽工程地质勘察与研究

表 5-25　黄河头道拐站至河曲站 1987 年 5 月、6 月份流量观测成果

观测日期		头道拐站及区间来水量(m³/s)			河曲站及区间提水量(m³/s)			相差一天差值		相差二天差值	
月	日	Q_1^1	Q_1^2	$\sum Q_1$	Q_2^1	Q_2^2	$\sum Q_2$	$\sum Q_2 - \sum Q_1$ (m³/s)	$\dfrac{\sum Q_2 - \sum Q_1}{\sum Q_1}$ (%)	$\sum Q_2 - \sum Q_1$ (m³/s)	$\dfrac{\sum Q_2 - \sum Q_1}{\sum Q_1}$ (%)
5	1	220	1.24	221.24	277	9.08	286.08				
	2	160	1.70	161.70	232	9.08	241.08	19.84	8.97		
	3	165	1.36	166.36	207	9.08	216.08	54.38	33.62	−5.16	−2.33
	4	150	0.76	150.76	186	9.08	195.08	28.72	17.27	33.38	20.65
	5	140	0.69	140.69	173	9.08	182.08	31.32	20.78	15.73	9.45
	6	130	0.38	130.38	154	9.08	163.08	22.39	15.92	12.32	8.17
	7	110	0.38	110.38	133	1.08	134.08	3.70	2.84	−6.61	−4.70
	8	100	0.53	100.53	114	1.08	115.08	4.70	4.26	−15.30	−11.73
	9	90	0.30	90.30	89.7	1.08	90.78	−9.75	−9.70	−19.60	−17.75
	10	70	0.20	70.20	70.2	1.93	72.13	−18.17	−20.12	−28.40	−28.25
	11	65	0.23	65.23	56.7	1.93	58.63	−11.56	−16.47	−31.67	−35.07
	12	40	0.23	40.23	47.3	1.93	49.23	−15.99	−24.52	−20.96	−29.86
	13	35	0.26	35.26	42.8	1.93	44.73	4.51	11.20	−20.49	−31.42
	14	35	0.26	35.26	37.8	1.93	39.73	4.48	12.70	−0.49	−1.23
	15	30	0.77	30.77	31.2	1.93	33.13	−2.13	−6.02	−2.12	−6.02
	16	30	0.26	30.26	31.2	1.93	33.13	2.36	−1.69	−2.12	−6.02
	17	28	0.26	28.26	31.2	1.93	33.13	2.87	9.51	2.36	7.69
	18	21	0.20	21.20	28.5	1.93	30.43	2.17	7.70	0.17	0.59
	19	23	0.20	23.20	24.6	1.93	26.53	5.33	25.18	−1.17	−6.10
	20	23	0.20	23.20	22.4	1.93	24.33	1.13	4.90	3.13	14.80
	21	23	0.20	23.20	20.4	1.93	22.33	−0.87	−3.72	−0.87	−3.72
	22	23	0.34	23.34	18.7	1.93	20.63	−2.56	11.05	−2.56	−11.05
	23	22	0.26	22.26	19.3	1.93	21.23	−2.10	−9.01	−1.97	−8.82
	24	23	0.43	23.43	19.8	9.93	29.73	7.48	33.60	6.40	27.41
	25	25	0.30	25.30	19.3	9.93	29.23	5.81	24.79	6.98	31.35
	26	30	0.82	30.82	17.2	9.93	27.13	1.84	7.26	3.71	15.82
	27	33	0.43	33.43	16.7	9.93	26.63	−4.18	−13.57	1.38	5.45
	28	35	0.30	35.30	17.6	9.93	27.53	−5.89	−17.63	−3.30	−10.65
	29	34	0.26	34.26	17.2	9.93	27.13	−8.16	−23.13	−6.29	−18.83
	30	38	0.26	38.26	17.6	9.93	27.53	−6.72	−19.63	−7.76	−21.99
	31	40	0.26	40.26	19.8	9.93	29.73	−8.52	−22.28	−4.52	−13.20

续表 5-25

观测日期		头道拐站及区间来水量(m³/s)			河曲站及区间提水量(m³/s)			相差一天差值		相差二天差值	
月	日	Q_1^1	Q_1^2	$\sum Q_1$	Q_2^1	Q_2^2	$\sum Q_2$	$\sum Q_2 - \sum Q_1$ (m³/s)	$\dfrac{\sum Q_2 - \sum Q_1}{\sum Q_1}$ (%)	$\sum Q_2 - \sum Q_1$ (m³/s)	$\dfrac{\sum Q_2 - \sum Q_1}{\sum Q_1}$ (%)
6	1	42	0.19	42.19	21.10	9.93	31.03	−9.22	−22.91	−7.22	−18.88
	2	45	0.19	45.19	22.4	9.93	32.33	−9.86	−23.36	−7.92	−19.68
	3	42	0.21	42.21	23.2	9.08	32.28	−12.91	−28.56	−9.91	−23.48
	4	41	10.41	51.41	24.6	9.08	33.68	−8.53	−20.20	−11.51	−25.46
	5	42	4.00	46.00	32.2	9.08	41.28	−10.13	−19.70	−0.93	−2.20
	6	50	1.29	51.29	39.8	8.08	47.88	2.89	6.28	−2.53	−4.92
	7	35	0.54	35.54	34.0	8.08	42.08	−9.21	−17.95	−3.19	−8.51
	8	32	6.78	38.78	33.0	8.08	41.08	5.54	15.60	−10.21	−19.90
	9	31	0.63	31.63	37.8	8.08	45.88	7.10	18.32	10.34	29.10
	10	35	0.75	35.75	37.8	8.08	45.88	14.25	45.06	7.10	18.32
	11	35	0.87	35.87	29.4	8.08	37.48	1.73	4.85	5.86	18.50
	12	65	0.77	65.77	26.0	8.08	34.08	−1.79	−4.98	−1.67	−4.66
	13	110	0.53	110.53	25.3	8.08	33.38	−32.39	−49.24	−2.49	−6.83
	14	180	0.53	180.53	73.2	8.08	81.28	−29.25	−26.46	15.51	23.59
	15	240	0.97	240.97	145	8.08	153.08	−27.45	−15.20	42.55	38.50
	16	265	0.77	265.77	266	8.08	274.08	33.13	13.74	93.55	51.82
	17	280	0.49	280.49	233	8.08	241.08	−24.69	−9.20	0.11	0.05
	18	310	0.49	310.49	263	8.08	271.08	−9.41	−3.35	5.31	2.00
	19	310	0.43	310.43	269	8.08	277.08	−33.41	−10.76	−3.71	−1.21
	20	340	0.43	340.43	266	8.08	274.08	−36.35	−11.71	−36.41	−11.73
	21	390	0.43	390.43	285	8.08	293.08	−47.35	−13.91	−17.35	−5.59
	22	410	0.62	410.62	338	8.08	346.08	−44.35	−11.36	5.65	1.66
	23	410	0.43	410.43	376	8.08	384.08	−26.55	−6.46	−6.35	−1.63
	24	550	0.53	550.53	461	8.08	469.08	58.65	12.29	58.45	14.24
	25	610	0.63	610.63	563	8.08	571.08	20.55	3.73	160.65	39.14
	26	448	0.50	448.50	522	8.08	530.08	−80.55	−13.19	−20.45	−3.71
	27	450	0.35	450.35	450	8.08	458.08	9.58	2.14	−152.55	−24.98
	28	300	0.35	300.35	377	8.08	385.08	−62.27	−14.49	−63.42	−14.14
	29	270	0.40	270.40	317	8.08	325.08	24.73	8.23	−174.62	116.06
	30	240	0.35	240.35	259	8.08	267.08	−3.32	−1.22	−33.27	−11.08

注：1. Q_1^1 为黄河头道拐站实测流量，Q_1^2 为红河上游两条支流清水河站、挡阳桥站及偏关河偏关站实测流量之和，

　　　$\sum Q_1 = Q_1^1 + Q_1^2$。

　　2. Q_2^1 为黄河河曲站测流量，Q_2^2 为该段黄河提水站：麻地壕、毛不拉、喇嘛湾及大东梁电灌站的实际用水量之和，

　　　$\sum Q_2 = Q_2^1 + Q_2^2$。

　　3. 黄河河水从头道拐站流至河曲站历时 1~2 d，流量对比时采用与前一天、前二天流量差值。

　　4. 未设观测站的支沟、冲沟来水量未计入，河段蒸发损失水量也未考虑。

5.1.5.2 用地下水动力学方法估算水库右岸渗漏量

1.渗漏边界条件及计算公式选择

水库蓄水后，库区右岸岸边地带除上游段 ZK156 钻孔附近长约 3 km 地段，仍保留有地下水分水岭不发生库水外渗，其余地段的地下水分水岭将消失，库水将产生侧向渗漏。主要渗漏地段位于地下水位比较低、不存在地下水分水岭的龙王沟口下游约 2 km 处至黑岱沟口下游 5.5 km 处，总长约 13 km，库岸以奥陶系上统马家沟组地层为主。库水向岸里渗流，流经岸边地带，即岩溶地下水水力坡度由陡变缓的"拐点"至黄河边的宽度约为 2 km 的地带，仍将保持水力坡度相对较陡的状态。库水渗流至地下水低缓带，由于受西侧滞流边界的影响而向南渗流，最终在龙口—榆树湾地段，部分岩溶地下水以泉群的形式溢出地表，并汇入黄河，其余岩溶地下水将越过黄河向更远处的天桥一带汇流。由此可以认为，靠近黄河的岸边地带为岩溶地下水的补给区，低缓带为岩溶地下水的径流区，龙口—榆树湾地段为岩溶地下水的排泄区。由于径流区、排泄区岩体渗透性强于补给区，渗入水量有限，而径流比较通畅，判断水库蓄水后，岩溶地下水低缓带的水位抬高十分有限，基本保持原来的低缓状态。因此，在估算水库右岸渗漏量时，可简化为靠近黄河的岸边地带即为库水渗漏的渗径。而岩溶地下水低缓带即相当于水库渗漏的排水邻谷。基于：

(1)水库右岸至今没有发现贯穿性较长的岩溶现象、地表水管道式入渗点和地下管道式径流通道。

(2)库区右岸不存在与库水直接相通的较大断层。F4 断层 NE 端通过 F3 断层与库岸斜交，与库水直接接触，但其延伸长度仅 4 km。钻探证实 F4 断层、F3 断层带及两侧影响带，未形成明显的地下水低槽，不会形成管道式的集中渗漏带。

(3)本区及黄河左岸的所有泉水都为分散的裂隙式渗流，至今没有发现比较集中的管道式泉水。

可以认为，水库渗漏形式为岩溶裂隙式渗流。

根据上述分析，采用地下水动力学方法计算水库右岸渗漏量，选用 H.H.宾捷曼公式：

$$q = \frac{K}{2L}(H_1 - H_2)(h_1 + h_2)$$

$$Q = B \cdot q$$

式中　H_1——黄河水位或库水位，m；

　　　H_2——地下水低缓带水位，m；

　　　h_1——黄河水位或库水位至隔水层距离，m；

　　　h_2——地下水低缓带水位至隔水层距离，m；

　　　L——渗径，m；

　　　K——岩体渗透系数，m/d

　　　q——单宽渗漏量，m³/d；

　　　B——渗漏段长度，m；

　　　Q——渗漏段渗漏量，m³/d。

2.岩体渗透系数取值

根据勘察成果对库区右岸岩体渗透性的认识，在选取各含水岩组和相对隔水层渗透系数时，采用了以抽水试验成果为基础，结合各岩层的岩溶水文地质条件，在合理范围内，从水库渗漏对效益影响偏于安全角度考虑，并有利于简化计算的方法进行取值。从前述水库右岸渗漏边界分析可知，对其渗漏量大小起关键作用的是靠近黄河岸边地带岩体渗透性，而这一地带岩体渗透性要弱于低缓带岩体的渗透性。但是，仅考虑岸边地带钻孔抽水试验成果数量较少，为避免局限性，将低缓带抽水试验成果一并考虑。

从表 5-15 可知，Ⅰ含水岩组在龙口—榆树湾地段有 3 个钻孔进行 5 段次抽水试验，渗透系数最大值为 50.31 m/d，最小值为 6.48 m/d，平均值为 22.37 m/d。据此，计算水库渗漏量时，Ⅰ含水岩组渗透系数取值为：

最大值：取略高于抽水成果平均值，K_{max}=30 m/d；

最小值：取抽水成果最小值 K_{min}=6.5 m/d；

平均值：取略低于抽水成果平均值 K_{ave}=15 m/d。

Ⅱ、Ⅲ含水岩组库区右岸共有 23 个钻孔 38 段次抽水试验。Ⅱ含水岩组各地段平均渗透系数为 0.004 2~1.95 m/d。Ⅲ含水岩组各地段平均渗透系数为 0.13~1.64 m/d。多数试验成果反映出渗透系数Ⅱ含水岩组略大于Ⅲ含水岩组，但相差并不很大，为简化计算，将Ⅱ、Ⅲ含水岩组及其间隔水层渗透系数取相同值，Ⅱ、Ⅲ含水岩组 38 段抽水试验成果，渗透系数大值平均值约为 0.8 m/d，以此值为Ⅱ、Ⅲ含水岩组及其间隔水层渗透系数，即 K=0.8 m/d。

Ⅰ含水岩组底板隔水层为马家沟组下段第一层($O_2 m_1^1$)，岩性为薄层白云质灰岩、泥灰岩、泥质白云岩和石英砂岩，尤其存在数层薄层石英砂岩，在垂直岩层方向具有明显的隔水作用，但考虑水库渗漏时，沿岩层方向仍有一定的渗透性，类比本区各岩层的渗透性，其渗透系数从大取值：K=0.5 m/d。

3.水库右岸渗漏量估算

根据水库右岸岩溶水文地质条件的差异，将其分为三段进行水库右岸渗漏量计算。

上段，从曹家湾对岸附近至龙王沟口下游约 2 km，地段长约 22 km。该段地层主要为Ⅱ含水岩组，在天然状态下大部分库岸不存在地下水分水岭，地下水水位低于黄河水位，仅部分河段有地下水分水岭。

中段，从龙王沟口下游约 2 km 至黑岱沟口下游约 7.5 km，地段长约 15 km。该段地层主要为Ⅰ含水岩组，部分库岸为Ⅱ含水岩组。岸边无地下水分水岭，地下水水位低于黄河水位。

下段，从黑岱沟口下游约 7.5 km 至坝址，地段长约 9.5 km。该段地层主要为Ⅲ含水岩组，岩溶地下水水位与黄河水位基本一致，局部略高于黄河水位。

水库渗漏量计算分段及各段计算剖面见图 5-15。计算结果如下：

上段，蓄水前，黄河水位按 965.38 m 计算，黄河渗漏量为 0.40 m³/s；水库蓄水至最高蓄水位 980 m 时，水库渗漏量为 0.73 m³/s；水库蓄水位按年加权平均值 967 m 时，水库渗漏量为 0.53 m³/s。

中段，蓄水前，黄河水位按 937.11 m 计算，黄河渗漏量为 0.69 m³/s；水库蓄水至最高蓄水位 980 m 时，水库渗漏量最大值(取 K=30 m/d，下同)为 8.99 m³/s，最小值(取 K=6.5 m/d，下同)为 2.77 m³/s，平均值(取 K=15 m/d，下同)为 5.21 m³/s；水库蓄水位按年加权平均值 967 m 时，水库渗漏量最大值、最小值、平均值分别为 5.77 m³/s、1.99 m³/s、3.42 m³/s。

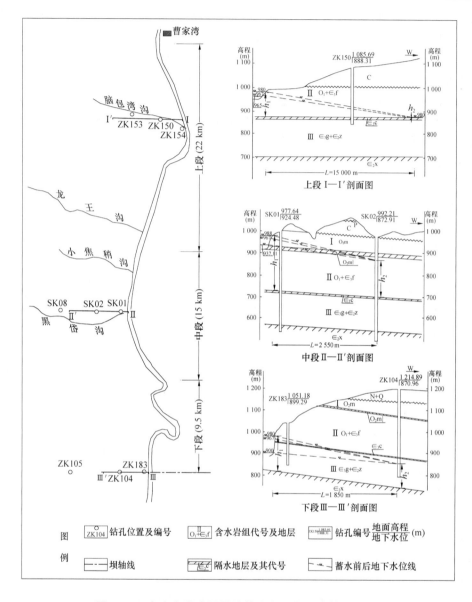

图 5-15　水库右岸渗漏量计算分段及各段计算剖面图

　　下段，蓄水前，黄河水位按 900 m 计算，黄河渗漏量为 0.19 m³/s；水库蓄水至最高蓄水位 980 m 时，水库渗漏量为 0.91 m³/s；水库蓄水位按年加权平均值 967 m 时，水库渗漏量为 0.77 m³/s。

　　三段合计：在天然情况下，该段黄河建库前渗漏量为 1.32 m³/s；水库蓄水至最高蓄水位 980 m 时，水库渗漏量最大值为 10.63 m³/s，最小值为 4.41 m³/s，平均值为 6.85 m³/s；水库蓄水位按年加权平均水位 967 m 时，水库渗漏量最大值为 7.07 m³/s，最小值为 3.29 m³/s，平均值为 4.72 m³/s。水库渗漏计算详见表 5-26。水库渗漏计算表明，以中段渗漏量最大，在最高蓄水位 980 m 时，水库渗漏量最大，中段渗漏量约占水库总渗漏量的 85%。

表 5-26　水库右岸岩溶渗漏计算汇总

序号	地段	代表剖面	渗透岩组	渗透系数(加权平均)K(m/d)	黄河水位(m)蓄水前	黄河水位(m)蓄水后	邻谷地下水位 H₂(m)	河水位到隔水层距离 h₁(m)蓄水前	河水位到隔水层距离 h₁(m)蓄水后	邻谷地下水位到隔水层距离 h₂(m)	渗径 L(m)	单宽流量 q(m³/d)	地段长度 B(m)	地段渗漏量(m³/d)	地段渗漏量(m³/s)	蓄水前总渗漏量(m³/s)	蓄水至980 m时总渗漏损失量(m³/s)	年加权平均水位967 m时总渗漏损失量(m³/s)
1	上段	I—I′	II	0.8		980	874.00		110.00	9.00	1 500	3.36	18 850	63 406	0.73			
2						967	874.00		97.00	9.00	1 500	2.63	17 500	46 004	0.53			
3					965.38		874.00	95.38		9.00	1 500	2.54	13 750	34 974	0.40	1.32		
4	中段	II—II′	I+II	最大值 5.505		980	872.91		270.00	177.91	2 550	51.77	15 000	776 620	8.99		max=10.63	max=7.07
5				4.144		967	872.91		257.00	177.91	2 550	33.25	15 000	498 739	5.77		min=4.41	min=3.29
6				0.775	937.11		872.91	227.11		177.91	2 550	3.95	15 000	59 268	0.69		ave=6.85	ave=4.72
7				最小值 1.696		980	872.91		270.00	177.91	2 550	15.95	15 000	239 264	2.77			
8				1.430		967	872.91		257.00	177.91	2 550	11.47	15 000	172 050	1.99			
9				0.775	937.11		872.91	227.11		177.91	2 550	3.95	15 000	59 268	0.69			
10				平均值 3.188		980	872.91		270.00	177.91	2 550	29.98	15 000	449 758	5.21			
11				2.458		967	872.91		257.00	177.91	2 550	19.72	15 000	295 832	3.42			
12				0.775	937.11		872.91	227.11		177.91	2 550	3.95	15 000	59 268	0.69			
13	下段	III—III′	II+III	0.8		980	870.96		190.00	160.96	1 850	8.27	9 500	78 565	0.91			
14						967	870.96		177.00	160.96	1 850	7.02	9 500	66 690	0.77			
15					900		870.96	110.00		160.96	1 850	1.70	9 500	16 150	0.19			

备注：

1. 计算公式 $q=K\dfrac{(H_1-H_2)(h_1+h_2)}{2L}$，$Q=B\cdot q$

2. 渗透系数取值：第 I 岩组，最大值：30 m/d；最小值：6.5 m/d；平均值：15 m/d；第 II、III 岩组：0.8 m/d；$O_2m_1^1$：0.5 m/d

3. 为简化计算过程，ε_3c 透水系数也取 0.8 m/d

5.1.5.3　水库右岸渗漏的三维电阻网络渗流试验

1.试验原理与实施

所谓三维电阻网络渗流试验，就是用电阻元件所构成的空间电阻网络来代替连续的透水介质。其试验原理是，基于电流在电阻网络中的流动方程和以差分形式表示的渗流方程之间的数学相似，只要保持电流场与渗流场的几何条件相似和边界条件相似，就可以通过电流场来研究渗流场。

试验模型范围北起曹家湾，南至天桥坝址，长约 110 km，东以黄河岸边为界，向西延伸约 40 km，模拟面积约 4 400 km²。模型比例尺为 1:10 万。x 方向(沿坝轴线)网距 2 000 m；z 方向(垂直坝轴线)网距 2 000 m；y 方向(沿高程)网距视含水层厚度而定，控制在 6~244 m。将含水层分为 7 层，Ⅰ含水岩组为 3 层，Ⅱ、Ⅲ含水岩组各 2 层。每层结点 1 176 个，在平面上每个结点控制面积约 4 km²。

模型边界条件对岩溶地下水的补给、径流和排泄条件均进行模拟。补给边界东部侧向补给，包括黄河东岸岩溶地下水通过黄河底部岩层的侧向补给和黄河的入渗补给；大气降水垂直入渗；溪沟中地表径流流经碳酸盐岩区的漏失量。径流边界西侧为岩溶地下水低缓带，其走向基本与黄河右岸岸边平行，距离黄河岸边为 15~20 km。东侧边界，即地下水从东向西径流的水边坡"拐点"，距离黄河岸边为 1.5~2.0 km。岩溶地下水低缓带的平均水力坡降为 0.17‰。排泄条件考虑有两个排泄区，一是龙口—榆树湾地段以泉群形式溢出地表排泄于黄河，泉水出露高程约为 863 m，总流量为 65.3 L/s；另一个是天桥地段，该处黄河水位为 816~823 m。

试验实施过程用相应的各种电阻元件，来模拟渗流场中各层和各部位的导水岩体，使自然渗流必须满足：

(1)按 1/5 万地形图精度模拟黄河水位。

(2)逐个拟合模型范围内 33 个长期观测孔的地下水位。

(3)大气降水垂直入渗由 48 个补给装置组成，通过每个补给装置的电流决定于每个结点所控制的碳酸盐岩出露面积。

(4)两个排泄区各安装一套输出装置，各排泄点高程用相应电位模拟。

考虑相应的外部边界条件，就可求得建库后不同库水位的渗流场和渗漏量。

2.试验成果及其分析

1)反求各含水岩组的渗透系数

模拟试验表明，按已知水文地质条件和所选用的渗透系数，欲拟合已知的 33 个长期观测孔的地下水位资料，必须突出岸边岩体的隔水性能，即对靠近黄河岸边地带岩体的渗透系数作大幅度的修正，并要考虑各岩组渗透性的各向异性。经反复调试和逐步拟合，将三个含水岩组垂直层面的渗透系数比顺层面的渗透系数小 10 倍，得出各岩组的等效渗透系数见表 5-27。

表 5-27　各含水岩组等效渗透系数(K)成果

含水岩组	顺岩层面 K 值(m/d)	垂直岩层面 K 值(m/d)
Ⅰ含水岩组	15	1.5
Ⅱ含水岩组	0.8	0.08
Ⅲ含水岩组	0.8	0.08
相对隔水层	0.05	0.05
靠近岸边地带岩体	0.01~0.005	0.01~0.005

表 5-27 中反演得来岸边地带岩体的透水性很小,形成这一现象,可以解释的原因有二:其一,黄河水含泥量很大,经长期的灌淤,岸边地带岩体溶隙被堵塞,使岩体渗透性大为减弱,这在岸边部分钻孔抽水试验过程中有大量泥沙被抽出而得到说明;其二,在岩溶地下水补给区、径流区地下水低缓带中的地下水位远低于黄河水位,说明黄河水向岩溶地下水补给过程中水流不畅,产生了很大的水头损失。

2)模拟建库前水库右岸自然渗流成果

建库前水库右岸三维电阻网络地下水等水位线见图 5-16。如图所示,右岸地下水位低缓带水流十分平缓,平均水力坡度只有 0.17‰。建库前,地下水总径流量在万家寨断面为 77.55 L/s;在龙口断面为 141.7 L/s,其中 67.6 L/s 以泉群形式排泄于黄河,其余的 74.1 L/s 通过深部向下游天桥地段汇流。

模型试验反演求得,右岸岩溶地下水总的补给量为 141.7 L/s,主要来源是黄河水及左岸岩溶地下水的越流补给。该补给量并不大,与龙口断面径流量一致,保持了右岸岩溶地下水的动态平衡。由此可以判断,右岸岩溶地下水低缓带形成的原因并非是由存在一条近于南北向的渗透性很大的强径流带所造成的,而是由补给量有限所形成的。

3)模拟蓄水后水库右岸渗流成果

蓄水初期,由于黄河水量较大,坝前水位如果不加控制,汛期末尾只需几天便可达到最高蓄水位 980 m。这时右岸岩溶地下水位仍很低,库水与地下水位之间相差约 100 m,岸边水力坡度为 0.053~0.073。由于黄河水面以上岩体的溶隙未被堵,其渗透性远比黄河水面以下岩体渗透性大,渗透系数采用 I 含水岩组为 15 m/d,II、III 含水岩组为 0.8 m/d,初始渗漏量可达 4.5 m^3/d。蓄水初期渗漏量将全部储存在地下碳酸盐岩地层中。经历一段时间地下库盆蓄满之后,右岸岩溶地下水位将随库水位的变化达到新的动态平衡。水库右岸渗漏量基本为 1 m^3/s 左右。

库水位 967 m 时,水库回水长度约 34 km,地下库容约 1.96 亿 m^3,大约需要 2 年时间(从初期蓄水开始)才能蓄满。库水渗漏途径很长,距离龙口排泄点最短距离约 20 km,距离天桥排泄点则达 56 km 以上。地下水水力坡降约 1.7‰,比建库前增大约 10 倍。模拟稳定后万家寨坝址断面的水库总渗漏量为 934 L/s;通过龙口的径流量为 998 L/s,其中绕坝渗漏量为 158.9 L/s,龙口泉群流量为 194.3 L/s,通过深部向天桥地段汇流量为 644.8 L/s。

库水位 980 m 时,水库回水长度约 48 km,地下库容约为 2.35 亿 m^3,蓄满地下库容需数年之久。模拟稳定后地下水水力坡降约为 2‰,万家寨坝址断面水库总渗漏量为 1 129.4 L/s;龙口地段总径流量为 1 193.4 L/s,通过深部向天桥汇流为 690.7 L/s。按照水库运行设计,库水位 980 m 停留时间每年仅十余天,而右岸地下水形成稳定流,需要 980 m 水位持续数年。显然库水位 980 m 模拟渗流场,在工程运行过程中是不可能形成的。因此,水库总渗漏量 1.129 m^3/s 仅是理论上的模拟试验值。

蓄水后水库右岸三维电阻网络地下水等水位线图见图 5-17。

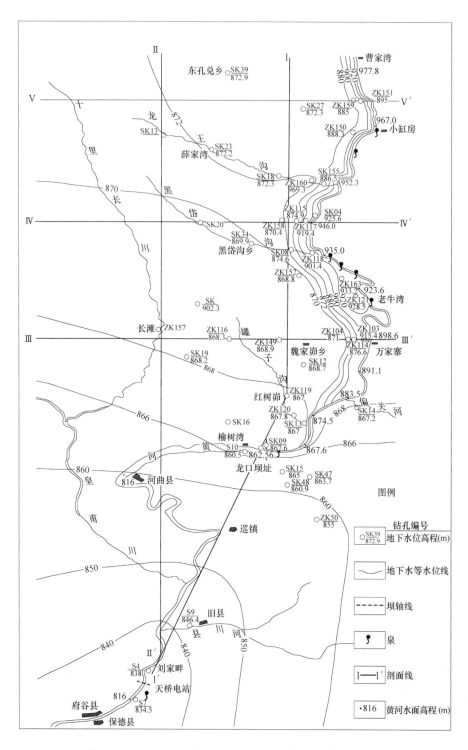

图 5-16　建库前库区右岸三维电阻网络地下水等水位线

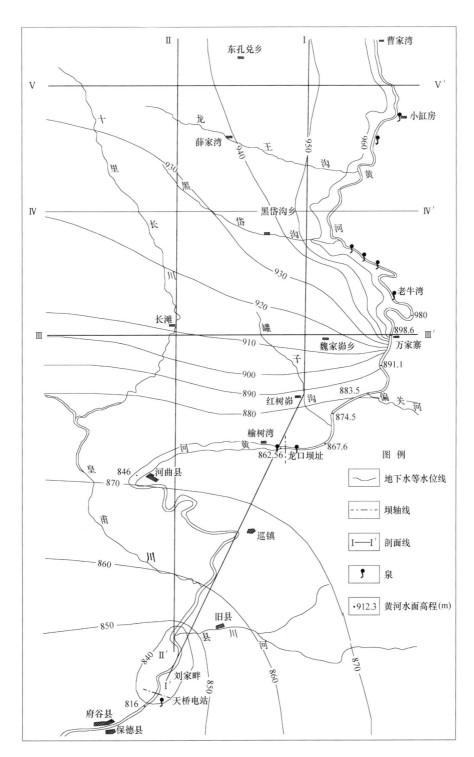

图 5-17　蓄水后水库右岸三维电阻网络地下水等水位线

5.1.5.4　水库右岸岩溶渗漏工程地质评价

1.水库右岸岩溶渗漏量地质建议值及对工程效益影响

根据对水库右岸岩溶、水文地质条件的认识，水库右岸渗漏为岩溶裂隙式。即使在水库主要渗漏段中段，与库水直接接触的F4断层，也不会产生管道式的渗漏，渗漏形式仍然是岩溶裂隙式。通过采用地表测流对河段渗漏大小的判断及地下水动力学方法与三维电阻网络模拟试验对水库渗漏量的估算，虽然估算数值相差较大，主要是渗漏边界条件不完全相同所致。尽管如此，仍然可以得出水库右岸岩溶渗漏不会很大的结论。在对水库右岸岩溶渗漏问题认识的基础上，以地下水动力学估算为主要依据，提出水库右岸岩溶渗漏量地质建议值：水库最高蓄水位 980 m 时，最大可能渗漏量为 10 m^3/s；在水库年加权平均水位 967 m 时，最大可能渗漏量为 7 m^3/s。

需要说明的是，在当前条件下，上述水库岩溶渗漏量计算，只能理解为是以"定量的成果"来定性评价水库渗漏可能规模的一种分析和评价方法。水库右岸岩溶渗漏量地质建议值，并非水库右岸岩溶渗漏量的"真值"，而只是一个尽可能比较接近实际的水库最大可能渗漏量的"工程数值"。水库实际渗漏仍有待蓄水后的继续勘察与研究。

水库右岸最大可能渗漏量地质建议值，是从偏于安全的前提下提出的。主要表现为：

(1)地质建议值是主要依据地下水动力学估算成果提出的。而在渗漏量估算的两种方法中，地下水动力学估算成果，远远大于三维电阻网络模拟试验成果。因此，地质建议值在依据上留了充分的余地。

(2)采用地下水动力学方法估算时，将长距离的复杂的岩溶裂隙式渗流，简化为最简单的、渗径很短的"水库邻谷渗漏"来计算，因此在选用计算方法上，保证计算成果是框得住的。

(3)在选用岩体渗透系数时，是根据抽水试验成果偏大取值，从水库渗漏对工程效益影响偏于安全的角度出发，是安全可靠的。

水库右岸岩溶渗漏量地质建议值，对于万家寨水库而言，渗漏量是不大的。黄河水量全年大部分时段的流量都超过 100 m^3/s。而且在水力平衡中，在河口镇至万家寨区间预留了 11.7 m^3/s 的径流量，作为水库渗漏和库水蒸发的损失量。因此，水库右岸岩溶渗漏不会影响水库正常效益。

2.岸边淤堵溶蚀裂隙被冲蚀破坏问题

土体渗流破坏是一种复杂的工程地质现象，它不仅取决于土体的不均匀系数、土粒直径和级配，还与土的密度及渗透性等因素有关，充填到溶蚀裂隙中的土的破坏还与土和裂隙的接触性状有关。对该问题未进行专门研究，仅从岩性角度进行了判断。黄河水固体径流来源主要为上游的黄土类土，淤灌在黄河岸边和河床底部溶蚀裂隙中的土类多属粉土、粉质黏土。该类土的允许水力坡降按一般经验从宽估计应为 0.1~0.5。三维电阻网络模拟试验显示，在水库初期蓄水位与右岸岩溶地下水位高差 100 m 时，岸边水力坡度为 0.053~0.073，远小于溶蚀裂隙中淤灌土的允许水力坡降，因此蓄水初期在最大水头作用下，黄河岸边和河床溶蚀裂隙中的淤灌土不存在冲蚀破坏问题。水库长期运行以后，随着水库右岸岩溶地下水位缓慢上升，水头差将逐步减小，水力坡降随之渐趋变缓，再加之随着水库运行其水库淤积物将逐渐增厚，减弱了水头的直接作用力，因此水库长期运行后，更不会对溶蚀裂隙中淤灌土产生冲蚀破坏作用。在水库运行过程中，因溶蚀裂隙中淤灌土被冲蚀破坏，而产生水库渗漏量突然增大的现象，是不会发生的。

3.采取工程措施减少水库右岸渗漏量的可行性

水库右岸碳酸盐岩地层产状平缓，在一定范围内又无较大的地质构造错断该套地层，不具备防止水库渗漏的封闭地质条件。但是，采取适当的工程处理措施，是可以适当减少水库右岸岩溶渗漏量的。比较可行的工程措施有：

(1)在水库右岸长约 46.5 km 的碳酸盐岩分布地段，水库渗漏主要发生在长约 15 km 的中段，而渗漏量最大部位在地形比较低、水头较高的大、小焦稍沟及南侧阳壕沟地带。该地带沿库岸长度仅约 1 km，对Ⅰ含水层采用深部防渗灌浆，即可大大减少水库渗漏量，其工程量并不大，是可行的。

(2)直接与库水接触的 F4 及斜接的 F3 断层发育规模有限，对与库水接触的断层带进行深部防渗灌浆及地表封堵，也可有效减少水库渗漏。

(3)在碳酸盐岩分布范围内切割较深的冲沟沟口附近，如在大、小焦稍沟沟口建淤地坝，对回水范围内较大岩溶进行封堵，也可有效减少水库渗漏量。

鉴于水库右岸岩溶渗漏问题的复杂性，因此在初步设计阶段预留一定的水库右岸防渗处理费用是必要的。

4.水库右岸岩溶渗漏对环境的影响

1)水库渗漏有利于周边地区地下水开采

工程区处于地质-生态环境比较脆弱的地区，但是，黄河两岸蕴藏有丰富的煤炭资源，是我国重要的煤炭、能源和重化工基地之一。随着现代社会经济的发展，水资源供需矛盾日趋突出。无序的水资源开发和地下水的严重超采，进一步恶化了当地的地质-生态环境。

随着水库右岸准格尔煤田的开发建设和薛家湾镇的迅速发展及水库下游河曲县、保德县的社会经济发展，地下水已经被严重超采。在水库蓄水之前，短短数年间，水库右岸岩溶地下水低缓带水位已经有了明显下降，榆树湾泉群也已干枯，天桥一带泉水流量及水头明显减小，地表荒漠化已呈发展趋势。水库右岸渗漏无疑将增加对岩溶地下水的补充，对周边地下水的开采十分有利，对促进地质-生态环境的改善也有积极影响。从这一角度出发，水库适量渗漏，只要控制在允许范围内，则工程总体综合效益最佳。

2)水库右岸渗漏对天桥水电站的影响

天桥水电站位于万家寨坝下游约 90 km 山西省保德县境内的黄河干流上，处于与万家寨水利枢纽同一岩溶地下水动力系统天桥泉域的汇流区。天桥水电站主坝为混凝土重力坝，最大坝高 42 m，直接坐落在基岩上，副坝为土石混合坝，直接坐落在厚度为 16~18 m 的河床砂砾石层上。水库正常蓄水位 835 m，坝下游水位 817 m。建坝前，黄河水位一般约为 816 m。坝址基岩地层为奥陶系中统马家沟组灰岩，岩层间夹有软弱夹层，地层产状平缓，为一多层层状岩溶裂隙承压含水层，最高承压水头为 824~826 m，富水性较好，勘探钻孔最大单孔孔口涌水量达 66.7 L/s。为了解决承压水带来的坝基抗滑稳定和渗透稳定问题，针对混凝土重力坝，工程上采取了上游开挖抗滑齿槽、下游设置护坦和防冲齿墙、基础进行固结灌浆并设置封闭防渗帷幕，同时还加强了浅层排水系统和深层排水孔的综合防治措施。土坝则调整了坝轴线，使坝基避开承压含水层在河床直接出露地段，而使其直接置于 O_2^{12} 层相对隔水层出露地段，坝体结构采用了厚心墙，下游坝坡加强反滤、堆石压重和排水。工程运行近 30 年，大坝稳定状况良好。

万家寨水库蓄水，从三维电阻网络模拟试验可知，天桥周边岩溶地下水有可能从 840 m 增大到 850 m，原 840 m 水位线将向黄河岸边靠近，如此判断，直接作用到坝基上的扬压力最大不会超过 10 m 水头。况且，原工程设计已进行了有效的防渗排水措施，实践证明效果良好。因此，只要保证原工程的防渗排水措施有效，因为万家寨水库渗漏对天桥大坝的稳定影响是微乎其微的。为安全起见，天桥大坝应根据变化了的水文地质条件，进行大坝抗滑稳定核算。

5.1.6 水库蓄水初期的渗漏信息

水库蓄水初期，系指 1998 年 10 月 1 日下闸蓄水至 2000 年 3 月的时段。水库下闸蓄水后，库水位迅速上升，当年底坝前水位即由下闸前的 920 m 上升至 960 m。以后库水位波动升降，坝前水位最高达到 969.97 m，最低降至 937.0 m，一般水位多在 950~969.97 m 波动。

正如前期勘察预测的那样，在水库蓄水初期，水库右岸渗漏的重点地段，即龙王沟—黑岱沟之间库边回水范围内，陆续发现了水库渗漏迹象。渗漏迹象比较明显的地方主要在小焦稍沟、大焦稍沟和阳壕沟等冲沟内，对此在原已安排进行的地下水长期监测工作基础上，又进行了地表调查、地质测绘、山地开挖、钻探和示踪剂连通试验工作。完成工作量见表 5-28，水库渗漏位置见图 5-18。

表 5-28 水库蓄水初期补充勘察工作量

工作项目		单位	工作量
地表调查			坝址至龙王沟间
地质测绘	1:1 000	km²	0.1
	1:2 000		0.47
物探(地质雷达)		m	474.5(雷达剖面)
钻探		m/个	320.00/3
竖井		m/个	8.75/1
坑槽探		m³	1 996.11
示踪剂连通试验			4 种示剂、两期测试
地下水长期观测			19 个观测孔、2 个泉群

5.1.6.1 水库渗漏的地表迹象

1.SK1、SK2 溶洞

这两个溶洞是最早发现的水库渗漏点。在水库蓄水初期，经向当地村民调查得知，1999 年春季凌汛期间，在阳壕沟下游段，库水面出现漩涡。现场观察，漩涡呈圆形，直径约为 20 m，水流较为平稳，呈圆形流动，中心有漏斗状漩涡点，水流旋转铅直向下流动，隐约可以听到"呜呜"的轰鸣声。随着库水位上升，历时约 6 d 漩涡消失，此时库水位在 965 m 附近。1999 年 11 月库水位从低水位再次上升时，仍能观察到漩涡现象，漩涡附近用流速仪实测流速约为 16 cm/s，估计其向深处注入的流量约为 0.3 m³/s。

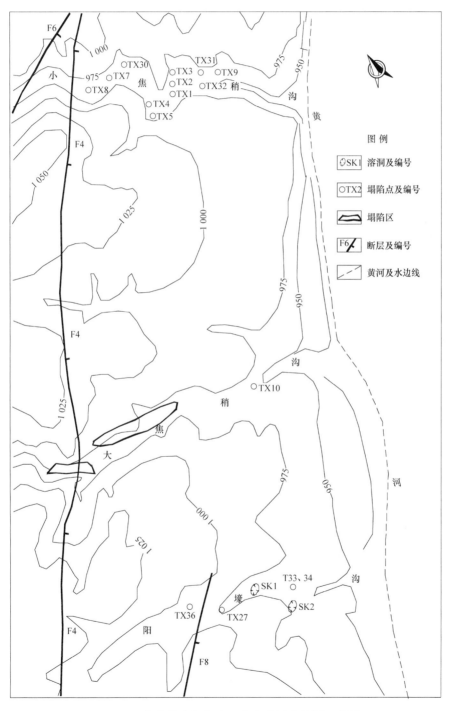

图 5-18　水库蓄水初期库区右岸渗漏点位置示意图

在库水位较低时的 1999 年 10 月进行了现场调查,阳壕沟下游段已经露出库水面。阳壕沟为位于大焦稍沟口沿黄河向下游约 600 m 的一条小冲沟。该沟发育方向与黄河近于垂直,沟底明显向黄河倾斜,沟内有厚度不大的水库淤积物。在该沟内发现了 SK1、SK2 两个溶洞。这两个溶洞原来被上更新统黄土所覆盖,由于库水冲淘、塌陷而露出地表。

(1)SK1 溶洞。该洞位于阳壕沟南坡(沟的右岸),顺沟而下距离库水边线(库水位约为960 m)约 100 m。洞口出露在被库水冲淘而在黄土中形成直径约 10 m 的大坑的下部。洞口底高程约为 965 m,洞高约 3 m,沿近南北至 NW345° 方向的陡倾角裂隙密集带向斜下方发育,洞宽 0.4~1.2 m。在洞口斜上方斜坡高程约 968 m 附近另有一洞口,直径约 1 m,与 SK1 相通,从该洞口至 SK1 洞底铅直洞深为 20.5 m。SK1 溶洞发育在奥陶系中统马家沟组下部第二层($O_2m_1^2$),岩性为薄层白云岩。其上为上更新统黄土(Q_3)及少量全新统冲坡积土。经竖井开挖探明,该溶洞主要是由于 NNW 向和 NNE 向两组陡倾角裂隙交汇发育,致使岩石破碎易于溶蚀所致。竖井开挖深约 7 m,该溶洞已经渐变为宽约 0.5 m 的溶蚀裂隙,内淤有少量泥沙,洞壁有明显的水流痕迹。初步分析,是库水注入该洞而引起库水面的水流漩涡。

(2)SK2 溶洞。该洞位于 SK1 沿沟向下游约 60 m,距库水边线约 40 m 的沟底,洞口高程约 964 m,洞径为 2.5~5.5 m,人可下入深度约 10 m。溶洞发育在奥陶系中统马家沟组下部第二层($O_2m_1^2$),岩性为薄层白云岩,其上覆盖上更新统黄土(Q_3)。洞内淤积物较为密实,库水注入量远小于 SK1 溶洞注入量。

2.地表塌陷

在龙王沟至黑岱沟之间高程约为 960 m 以上库岸地带,共发现地表塌陷点 30 余个,塌陷点形态有凹坑、凹槽、凸包等。

(1)凹坑。多出现在上更新统黄土(Q_3)地层中,占塌陷点的 66.7%。坑多呈圆形、椭圆形,深浅不等,坑底一般平坦,部分坑底有漏斗状小深坑。

(2)凹槽。多出现在土层与基岩接触部位,或分布在较宽大的裂隙中,占塌陷点的13.9%,其长度远大于宽度。凹槽一般较深,槽壁较陡,多顺冲沟及裂隙方向发育。库水入渗迹象明显。

(3)凸包。凸包是由于周围较大范围内的土层发生了明显的沉陷,在其沉陷区内局部形成的高出沉陷地面的凸起,占塌陷点的 19.4%。分析形成的原因,一是由于土层的不均匀沉陷;二是由于库水入渗使基岩裂隙中的空气向上溢出从而带动上覆土层上浮。凸包多呈圆形,库水退后,凸包顶部发生干裂较周围土体要快。

上述地表塌陷形态除单个存在,常数个集中出现,形成串珠状、环状及蜂窝状。

水库渗漏地表迹象具体描述见表 5-29。

3.库水渗漏地表迹象形成原因和发展趋势

库水渗漏地表迹象主要集中出现在小焦稍沟至阳壕沟之间。这一带地势低洼,冲沟发育,地形被切割得支离破碎。基岩地层为岩溶最为发育的奥陶系中统马家沟组灰岩,其上覆厚度不大、结构较为疏松、易于湿陷的第四系上更新统黄土。该地段除有 F4 断层,还有 F6、F8 等小断层,裂隙也较为发育,致使该地段岩石破碎,为岩溶发育提

表 5-29　水库渗漏地表迹象具体描述

序号	编号	位置	具体描述
1	TX1	小焦稍沟	凹坑，椭圆形，长轴 3 m，短轴 1.4 m，深 0.5 m，底部入渗孔淤积
2	TX2		凹坑，直径 1.6 m，深 0.1 m，已淤积
3	TX3		凹坑，直径 6 m，环形展布小凸包，入渗排气所致
4	TX4		凹槽，长 3 m，宽 1 m，深 70 cm，坑底碎石半淤积
5	TX5		凹坑，直径 5.0 m，深 30 cm，为局部入渗
6	TX6		凹坑，椭圆形，长轴 4 m，短轴 3 m，深 30 cm，小凸包排气所致
7	TX7		凹坑，椭圆形，长 10 m，宽 0.6 m，破碎带与冲沟交点最深，破碎带向 F4 延伸
8	TX8		凹槽，长 10 m，宽 0.6 m，裂缝深层发育，半淤积，向 F4 延伸
9	TX9		凹坑，直径 1.5 m，深 35 cm，局部入渗
10	TX28		凹坑，直径 1.5 m，深 25 cm，局部入渗
11	TX29		凹坑，直径 2.5 m，深 45 cm，局部入渗
12	TX30		凹坑，椭圆形，长轴 5.2 m，短轴 4.2 m，深 1.8 m，局部入渗，淤积
13	TX31		凹坑，椭圆形，长轴 2.8 m，短轴 2.0 m，深 0.6 m，局部入渗，淤积
14	TX32		凹槽，长 5 m，宽 2 m，深 1.2 m，高 8 cm，排气处
15	TX10-2	阳壕沟	凸包，于局部凹陷中，直径 1.2 m，高 8 cm，排气处
16	SK1		近 NW、NWW 向裂隙组成，结合部宽 3～5 m，碎石充填紧密，入渗量达 0.3 m³/s，估计与大的窖或与构造相通
17	SK2		溶洞，高 1.5 m，宽 5.0 m，入渗一段时间后量减少
18	TX36		凹坑，坑径 15~25 m，坑边缘有数条环形裂缝，缝最宽达 0.3 cm
19	TX33、34		凹坑，两坑相连呈椭圆形，面积 6 m×10 m，坑深约 1 m
20	TX11	红水沟	凹坑，直径 1.8 m，深 25 cm，底部平坦，局部入渗
21	TX12		凹坑，直径 4 m，深 35 cm，底部平坦，局部入渗
22	TX13		凹坑，直径 1.8 m，深 35 cm，底部平坦，局部入渗
23	TX14		凹坑，直径 1.8 m，深 35 cm，底部平坦，局部入渗
24	TX23、24、25、26		凹坑，线状展布，NW308°，间距 3~5 m，直径 1.2~2.2 m，深 20～30 cm，局部入渗
25	TX21		凹坑，椭圆形，长轴 2 m，短轴 1.5 m，深 20 cm，底平坦，局部入渗
26	TX22		凹坑，直径 1.4 m，深 17 cm，底部平坦，局部入渗
27	TX15、16、17	哈亚乌素沟	凸包，直径 1.1~1.4 m，高 18~22 cm，包顶平坦、干裂，间距 3~7 m，入渗排气所致
28	TX18、19、20		凸包，直径 1.0~1.6 m，高 11~40 cm，包顶平坦、干裂，间距 3~6 m，入渗排气所致
29	TX10-1	大焦稍沟	大面积凹陷积水，沿沟底长约 120 m、40 m，在 F4 断层及次一级构造带上，现已淤积

供了有利条件。地表调查，在此范围内，洞径约在 0.5 m 以上的溶洞有 46 个，最大洞径约 3 m，延伸长度约 10 m，地表裂隙普遍见有溶蚀现象。在钻孔中也常见溶蚀现象，钻孔平均溶蚀率为 0.08%~6.42%，最大为 ZK181 孔，溶蚀率为 24.84%。上述地质条件是库水渗漏所产生的地表迹象的基础，据统计，地表塌陷点分布在 F4 断层带附近的占 11.1%，与岩溶裂隙带有关的占 69.5%，其余地段形成的仅占 19.4%。由此可见，库水渗漏地表迹象均是岩石破碎、岩溶发育从而导致库水渗漏所形成。

其二，该地段马家沟组灰岩上覆土层多为上更新统黄土，土层渗透性较强，密实性差，黏结力小，易于塌陷，也是形成库水渗漏地表迹象的重要条件。

其三，库水的反复升降、地表水渗流、地下水的急剧变化，造成溶蚀及破碎岩体上覆土层的潜蚀冲淘、渗压变化、土层黏结力减弱，则是产生地表渗漏迹象的诱发因素。

至于产生库水渗漏地表迹象的发展趋势，水库初期蓄水最高水位已达 969.97 m，在库水位波动上升至最高蓄水位 980 m 的过程中，仍然可能出现由于土层坍塌而揭露出新的岩溶洞穴和地表塌陷点。现场调查已揭露出的溶洞和塌陷点，库水渗入通道进口均呈淤积状态，表现为部分淤积和半淤积状态的占 11.1%，全部被淤积的占 88.9%；由此可以看出，由库水渗漏引起的塌陷不会无限制地扩展，会被水库淤积物淤积或部分淤积，但是即使引起库水渗漏的溶洞或溶蚀裂隙全部被淤积，其淤积物仍有一定的渗透性，并不会发生渗漏通道被淤积而使库水入渗停止。从 SK1 溶洞开挖 7 m 深仍见有较宽大的溶蚀裂隙，其淤积物也较少的现象判断，较宽大的溶蚀裂隙并不会被全部淤堵。

F4 断层带附近是库水渗漏地表迹象分布比较集中的地方，说明这一带岩体渗透性较强。F4 断层带多为钙泥质胶结或半胶结的破碎岩石，是否会因库水位反复升降造成断层带胶结物被破坏，而导致地表塌陷范围增大、渗透性增强的问题，在水库运行过程中仍应给予特别的关注。

5.1.6.2　岩溶地下水观测孔水位动态

在勘察期间地下水长期观测的基础上，选择了 20 个长期观测孔，进行了水库蓄水初期岩溶地下水的水位观测。在水库蓄水之前，于 1998 年 5 月黄河水量最枯和 8 月黄河流量最大的时段，各进行了一次水位观测，作为水库蓄水前地下水位的代表值。从 1998 年 10 月水库下闸蓄水至 2000 年 3 月底，基本上每月观测 3 次，蓄水前后共计观测水位 55 次。观测孔位置见图 5-19，水位历时曲线见图 5-20。

1.靠近黄河的近岸地带

近岸地带岩溶地下水水位观测孔共计 11 个。水库右岸渗漏上段 ZK151 孔，中段 ZK115、ZK117、ZK176、ZK177、ZK162、ZK179、ZK178、ZK182 计 8 孔，以及下段的 ZKC3、ZK183 两个孔。

位于上段的 ZK151 孔，黄河自然河道水位为 970 m，水库蓄水初期库水位尚未达到河道自然水位，仅个别时段接近河道自然水位。因此，该孔岩溶地下水位基本未受库水位变化影响，主要随河水位升降而变化。从水位升降对比来看，钻孔水位变化大约滞后黄河水位变化 90 d。

位于水库右岸渗漏的中、下段各观测孔水位都有明显上升，上升幅度为 12~40 m，其中以 ZK117、ZK183、ZK115、ZK162 四个钻孔变化最为明显，观测孔地下水位与库水

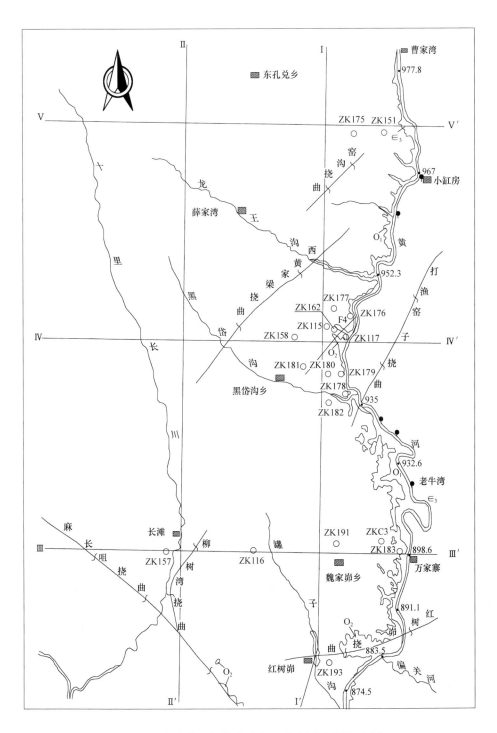

图 5-19　水库蓄水初期岩溶地下水观测孔位置示意图

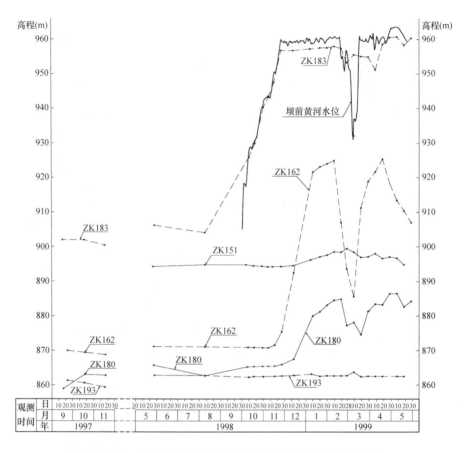

图 5-20　水库蓄水初期岩溶地下水观测孔水位历时曲线

位几乎呈同步变化。分析其原因，前两个观测孔与库岸距离最近仅约 200 m；后两个观测孔恰恰位于 F4 断层带附近，岩体渗透性较强。

　　ZK115、ZK117、ZK162 孔位于水库蓄水初期库水入渗最为明显的地段，其观测孔水位变化受水库初期蓄水的影响具有代表意义。从水库 1998 年 10 月 1 日下闸蓄水以后，同年 10 月 28 日～11 月 15 日龙王沟—黑岱沟地段被库水淹没，水深为 0～15 m。起初这 3 个观测孔水位只是随库水位的抬高有小幅度的上升，处于稳定变化状态。到了 1998 年 11 月 25 日～12 月 12 日，库水位由 958.90 m 上升至 959.35 m，仅上升了 0.45 m，而 ZK117 孔水位骤然上升了 12.44 m。1998 年 12 月～1999 年 1 月 7 日水库水位由 959.35 m 降至 958.80 m，回落了 0.55 m，ZK115、ZK116 二孔水位却分别攀升了 30.12 m 和 29.06 m，地下水位显出突变现象。水库蓄水初期，黑岱沟一带库水位总共上升 18.40 m，而同期 ZK115、ZK117 和 ZK162 孔水位分别上升了 40.02 m、40.06 m 和 50.70 m。此后，库水位在较高水位时变化在 958～960 m，这 3 个观测孔水位大体在 2～3 m 范围内同步变化，反映出地下水位进入新的稳定变化状态。具体情况见表 5-30。

表 5-30　　库区右岸观测孔水位与库水位变化关系

孔号	钻孔位置		钻孔距黄河距离(m)	水位滞后时间(d)
ZK151	近岸地带	上段	750	90
ZK115			1 000	同步
ZK117			350	同步
ZK176		中段	350	20
ZK177			1 650	20
ZK162			850	同步
ZK179			550	20
ZK178			900	26
ZK182			2 100	26
ZKC3		下段	750	同步
ZK183			130	同步
ZK158	远离岸边地带		1 750	
ZK180			1 000	同步
ZK181			1 700	同步
ZK191			6 500	不明显
ZK116			15 000	不明显
ZK157			22 900	不明显
ZK193	排泄区		14 000	不明显
ZK194			43 000	不明显
SK52			150	不明显

2.远离黄河岸边地带

该地带共有观测孔 6 个,大部分观测孔地下水位上升幅度仅 0.3~1.5 m。岩溶地下水位上升幅度很小的现象与前期勘察的判断相吻合,这说明岩溶地下水低缓带是存在的。低缓带岩体渗透性大于近岸地带,这样使得低缓带岩溶地下水来水补给较少而径流相对通畅,岩溶地下水水位很难有较大幅度的升高。

但是,该地带的 ZK180、ZK181 两个观测孔岩溶地下水位与库水位变化联系紧密,上升幅度为 15~25 m,分析其原因,可能与 F4 断层有关。这两个观测孔正处于 F4 断层延长线附近,判断 F4 断层已经延伸至此,增强了岩体的渗透性。

3.径流排泄区

库区右岸岩溶地下水排泄区在榆树湾—龙口地段。红树峁—欧梨咀挠曲至榆树湾—龙口之间有 3 个观测孔。由于该地区距龙口泉群很近,地下水径流排泄更为通畅,观测孔岩溶地下水位上升幅度很小,观测孔水位与库水位联系不甚明显。

从水库蓄水初期水库右岸岩溶地下水水位变化情况不难看出,水库渗漏量的变化除受地层渗透性的影响,还受含水结构突变的影响。随着库水位反复变化和水库运行时间的推移,原已被部分淤堵和充填的较大的岩溶裂隙有可能被导通,在这种情况下,库水的渗漏量也将会有所增大。由于这种情况不会普遍发生,因此水库渗漏量的增加是很有限的。

5.1.6.3　坝址以下河道调查及泉水、自流孔流量观测

　　水库蓄水前后，对坝址以下至天桥间黄河河道进行了三次地质调查。调查结果表明，除水库蓄水前已经干涸的龙口泉群重新复活，并未发现与库水渗漏有关的其他现象。蓄水前比较关注的红树峁—欧梨咀挠曲附近也未发现有泉水。这说明前期勘察认为挠曲不会形成岩溶地下水排泄通道的判断是正确的。

　　水库蓄水前后，对龙口泉群、刘家畔泉群及两个自流钻孔进行了流量简易观测，观测位置见图 5-21。

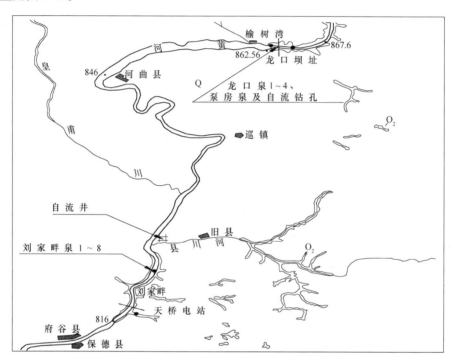

图 5-21　龙口泉群、刘家畔泉群、自流钻孔位置示意图

　　1.龙口泉群

　　该泉群位于万家寨坝址下游约 27 km 的龙口坝址右岸(即黄河北岸)，由于地处榆树湾村附近，又称榆树湾泉群。该泉群勘察期间 1988 年实测流量为 65 L/s，龙口坝址河床钻孔承压水头高出孔口 2~3 m。1992 年以后，随着库区右岸用水量的逐年增加及下游河曲水源地的投产使用，致使库区右岸岩溶地下水位在不到十年时间里有了明显的下降，龙口泉群干涸。水库蓄水后大约半年时间，于 1999 年 4 月 26 日龙口泉群复活。泉水主要沿陡倾角裂隙及层面裂隙渗流而出，泉群整体呈分散渗流形式。观测结果，1999 年 5 月总体流量为 2.56 L/s，1999 年 11 月约为 5 L/s，具体观测结果见表 5-31。

　　2.刘家畔泉群

　　该泉群位于万家寨坝址下游约 80 km 的黄河左岸。泉群泉点多、流量大。选择了便于观测的 8 个泉水及其上游不远处的一个自流钻孔(孔 1)进行流量观测。观测结果表明，不同时段泉水流量变化较大，与水库蓄水前后及库水位之间关系并不明显，观测成果见表 5-32。

表 5-31　龙口泉群流量观测成果

编号	各观测日期(年-月-日)的流量(L/s)		备注
	1999-05-14	1999-11-19	
泉 1	0.07		①自流钻孔系指龙口坝址河床 ZK54 钻孔
泉 2	0.05		
泉 3	0.67		
泉 4	0.50		
泵房泉	0.40		②"其他"系指龙口坝轴线上、下游约 500 m 范围内除单独观测的 15 处流水点
自流钻孔	0.12		
其他	0.75		
合计	2.56	5～6	
库水位(m)	963.40	965.95	
观测日期(年-月-日)	1999-05-10	1999-11-14	

表 5-32　刘家畔泉群、自流钻孔流量观测成果

编号	各观测日期(年-月-日)的流量(L/s)										备注
	1998-05-22	1998-05-31	1998-08-07	1998-08-20	1998-10-04	1998-10-14	1998-10-27	1998-11-05	1998-12-11	1999-05-15	
泉 1	9.38	14.56	4.21	6.01	8.86	9.90	9.55	9.73	淹没	4.03	①1998 年 10 月 14 日、10 月 27 日泉 4 围堰底部流水,无法量测
泉 2	2.09	3.59	0.00	0.64	3.40	3.04	4.00	3.89	5.00	0.37	
泉 3	0.37	0.57	0.00	0.00	1.18	1.51	0.34	0.48	0.71	干涸	
泉 4	8.53	13.67	6.28	8.70	10.27			11.40	淹没	6.70	
泉 5	2.61	5.62	0.000 5	1.50	4.21	4.21	4.43	4.88	5.12	已冲毁	②泉 8 为 1998 年 8 月 7 日以后新增加泉
泉 6	2.78	4.00	2.02	3.31	14.34	6.28	6.30	6.28	6.41	已冲毁	
泉 7	0.74	1.24	0.71	1.29	2.30	2.02	2.23	2.08	2.70	0.11	
泉 8			0.18	0.71	3.69	3.50	3.50	3.50	5.37	0.28	
孔 1	2.67	2.45	1.82	2.11	1.95	3.02	3.83	2.49	4.36	2.78	
合计	29.17	45.70	15.22	24.27	50.20	33.48	34.18	44.73	29.67	14.27	③孔 1 为县川河口附近自流钻孔
观测日期(年-月-日) 库水位(m)	蓄水前库水位约为 920 m		1998-10-08 922.45	1998-10-17 930.00	1998-10-29 940.40	1998-11-07 943.40	1998-12-10 959.35	1999-05-10 963.40			

　　综上所述,从水库蓄水初期渗漏迹象表明,水库已经发生了明显渗漏。正如前期勘察判断的那样,水库右岸渗漏重点地段为水库中段,即龙王沟至黑岱沟之间。渗漏最集中的部位在小焦稍沟至阳壕沟之间,其渗漏形式为裂隙式渗漏。水库下游泉群、自流钻孔实测流量判断,水库渗漏量较小,远未达到初设阶段地质建议的 10 m³/s 的渗漏量。

5.1.7　水库右岸岩溶渗漏示踪剂连通试验

5.1.7.1　示踪剂连通试验布置

　　鉴于水库蓄水初期,水库右岸很快就发生了明显的渗漏,为了进一步研究水库渗漏形式、渗漏通道延伸方向和渗漏量大小,进行了大范围的示踪剂连通试验。示踪剂选定

为四种：钼酸铵、碘化钾、亚硝酸钠和重铬酸钾。示踪元素分别为 Mo(VI)、I⁻、NO_2-N、Cr(VI)。工作内容包括示踪试验(含同位素和水化学分析)及数值模拟计算两部分。

试验分两期进行：一期选取 SK1 溶洞、ZK162 孔、ZK176 孔为示踪剂投放点，选取 RZK1、RZK2、ZK162、ZK115、移民井、ZK179、ZK180、ZK181、SK34 和大塔水文孔共 10 个接收点；二期选取 SK34、ZK193 孔为示踪剂投放点，选取 ZK191、ZK157、ZK116、裂隙泉、ZK194、ZK193、ZK120、SK16、SK09、SK52、SK40、SK13、SK02、龙口泉群的 5 个泉点、榆树湾自流井、河畔泉、天桥泉、上游黄河水和下游黄河水共 23 个接收点。试验外业工作开始于 2001 年 3 月 21 日，结束于 2001 年 5 月 30 日，历时 70 余天，示踪剂连通试验工作布置见图 5-22，两期完成的工作量见表 5-33。

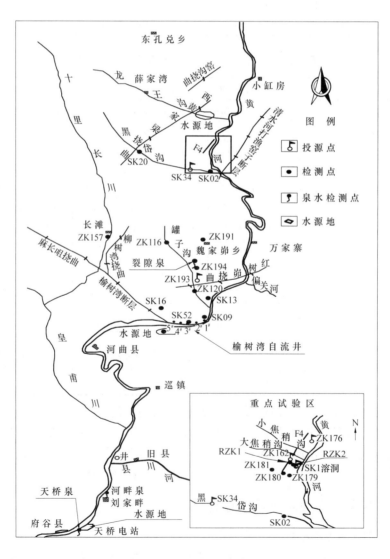

图 5-22　水库右岸示踪剂连通试验工程布置图

表 5-33　示踪试验工作量统计

序号	项目		单位	工作量			
				前期	一期	二期	合计
1	测试数据		个	256	11 911	10 596	22 763
2	同位素氚		个	9	23	20	52
3	同位素氚，氧–18		组	9	26	20	55
4	水化学分析		组	9	15	33	57
5	水位观测数据		个		280	151	431
6	数值计算	节点	个	492			
7		单元	个	879			
8		配套数据	组	6 021			

5.1.7.2　示踪剂连通试验成果

示踪剂连通试验进展顺利，示踪剂投放后的一定时间内，在 33 个接收点中，除去下游远处的河畔泉、天桥泉两个接收点未发现示踪元素，其余 31 个接收点都不同程度地接收到了示踪元素。根据接收点所采样品的检测分析结果，绘制了各接收点示踪元素含量、电导率、pH 值、矿化度(TDS)的历时曲线。根据曲线形态判定各曲线的特征值，据此确定各种示踪元素到达接收点的初现时间和峰现时间，从而计算各种示踪元素从投放点到各接收点的视速度。视速度的计算方法是投放点到接收点的距离除以示踪元素从投放点到接收点所耗时间，根据初现时间和峰现时间，分别计算初现视速度和峰现视速度。

根据对所采样品的检测分析结果，绘制了各取样孔每种示踪元素含量、电导率、pH 值、矿化度(TDS)的历时曲线。主要取样孔的历时曲线见图 5-23 ~ 图 5-35，主要取样孔示踪试验历时曲线形态的综合分析见表 5-34，示踪试验历时曲线特征值见表 5-35。

从上述示踪试验历时曲线和特征值可以得知：从 SK1 溶洞到 RZK1、RZK2，从 ZK176 和 ZK162 孔到 ZK179、ZK180、ZK181 孔的连通性较好。在重点试验区，示踪元素初现时间最短为 3.0 h，最长达 707.5 h；峰现时间最短为 10.0 h，最长达 786.0 h。在坝址下游的地下水低缓带，初现时间最短为 243.7 h，最长达 691.5 h；峰现时间最短为 309.2 h，最长达 818.5 h。

各种示踪元素从投放点到接收点视速度见表 5-36。以表中可以看出，在重点试验区，Mo(VI)的初现视速度为 10.6 ~ 13.1 m/h，峰现视速度为 7.2 ~ 23.6 m/h；I^-的初现视速度为 3.2 ~ 80.0 m/h，峰现视速度为 0.4 ~ 49.1 m/h；NO_2^-的初现视速度为 9.1 ~ 1 096.0 m/h；峰现视速度 5.3 ~ 329.0 m/h。在坝址下游地下水低缓带，Mo(VI)的初现视速度为 60.1 ~ 67.3 m/h，峰现视速度为 42.3 ~ 90.5 m/h；I^-的初现视速度为 24.0 ~ 120.1 m/h，峰现视速度为 22.9 ~ 100.0 m/h；Cr^{6+}的初现视速度为 98.8 m/h，峰现视速度为 55.3 m/h。

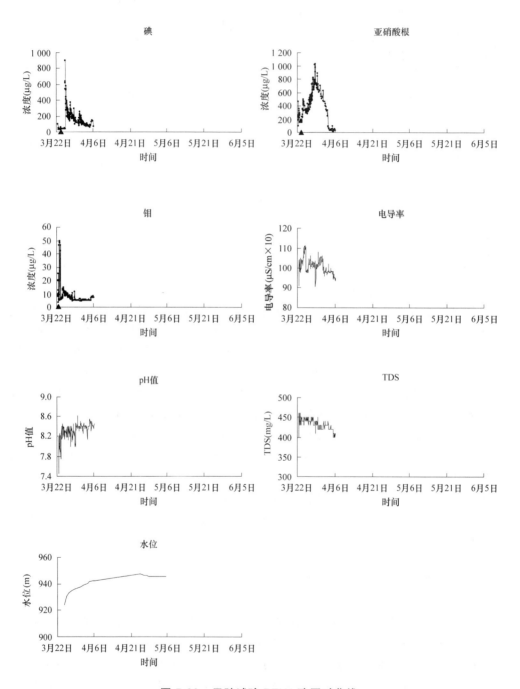

图 5-23　示踪试验 RZK1 孔历时曲线

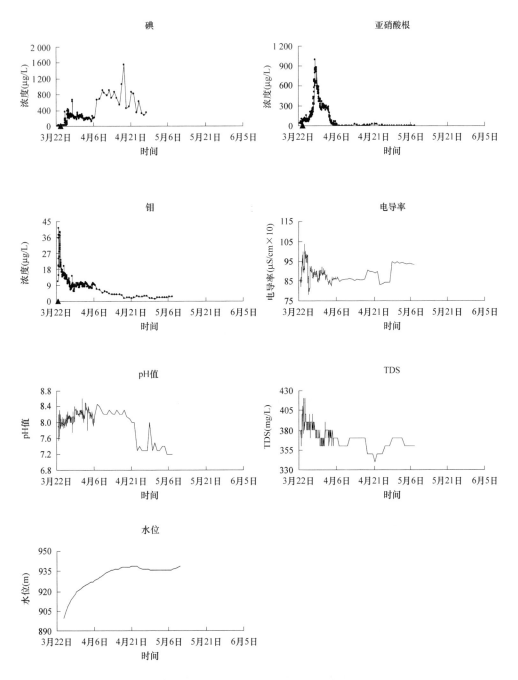

图 5-24　示踪试验 RZK2 孔历时曲线

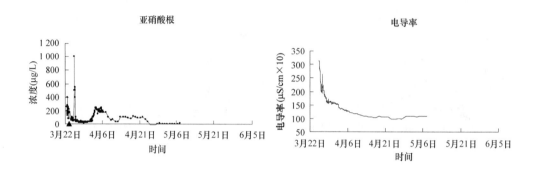

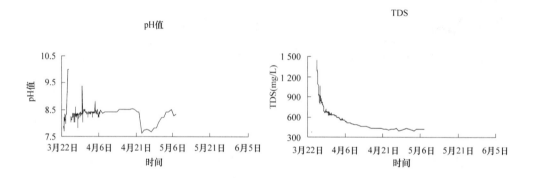

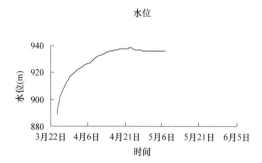

图 5-25　示踪试验 ZK162 孔历时曲线

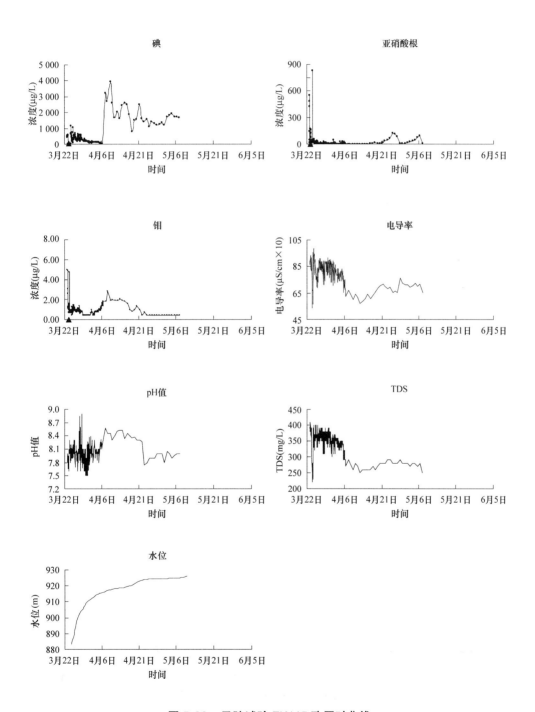

图 5-26　示踪试验 ZK115 孔历时曲线

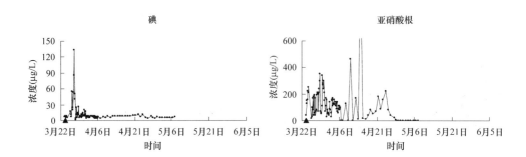

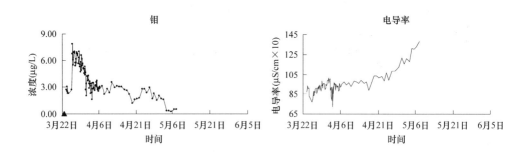

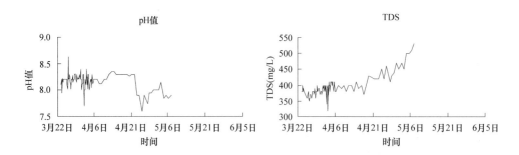

图 5-27　示踪试验移民井历时曲线

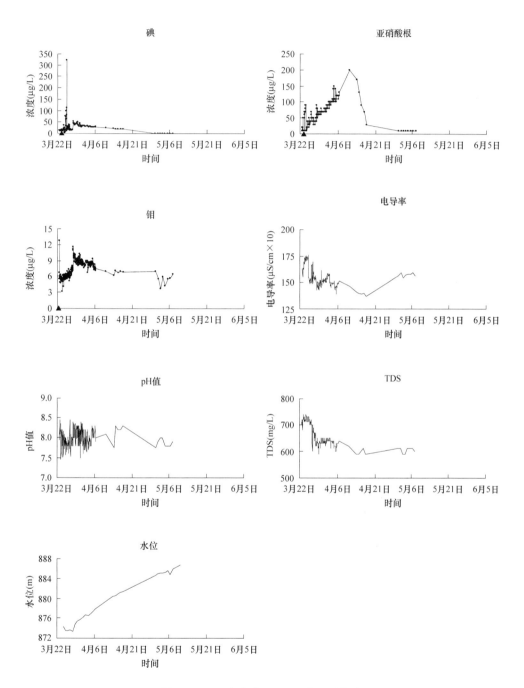

图 5-28　示踪试验 ZK179 孔历时曲线

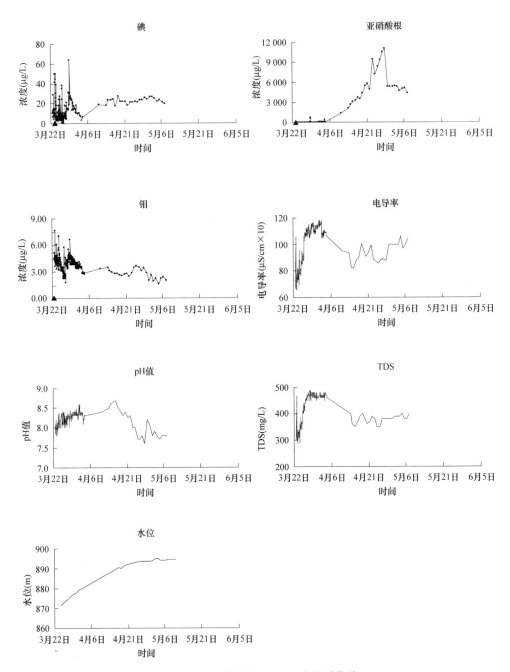

图 5-29　示踪试验 ZK180 孔历时曲线

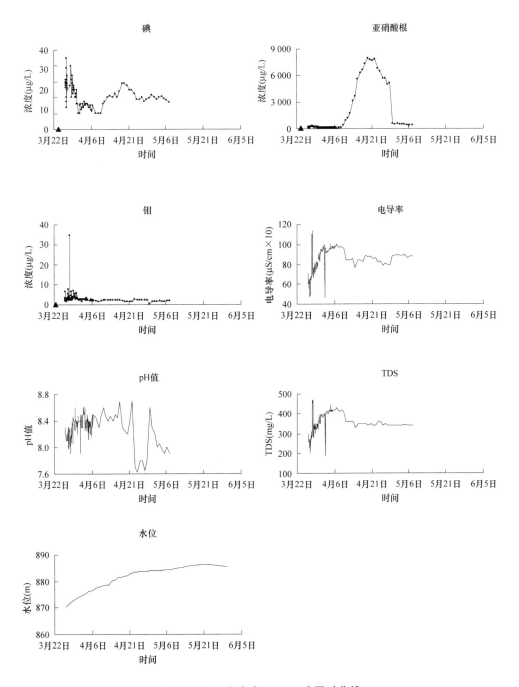

图 5-30　示踪试验 ZK181 孔历时曲线

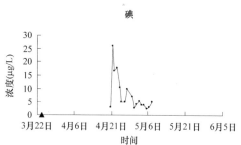

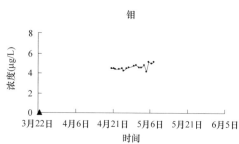

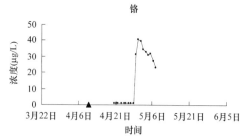

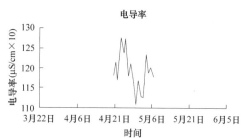

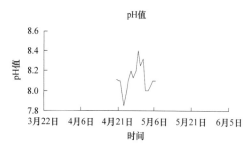

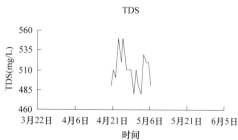

图 5-31 示踪试验 SK02 孔历时曲线

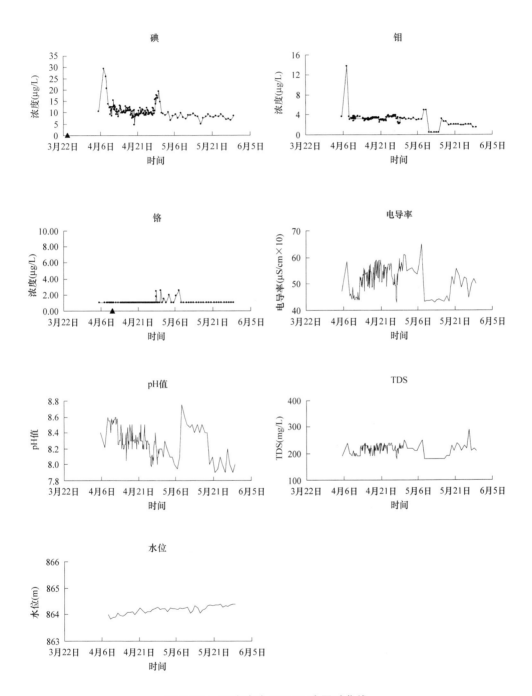

图 5-32　示踪试验 ZK116 孔历时曲线

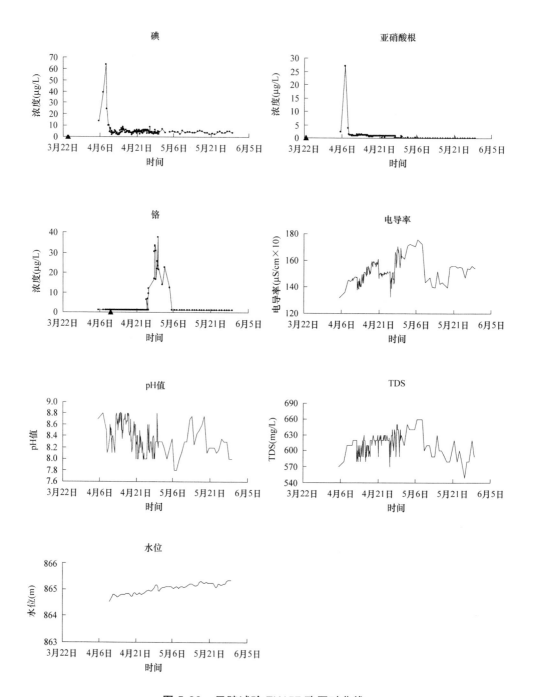

图 5-33　示踪试验 ZK157 孔历时曲线

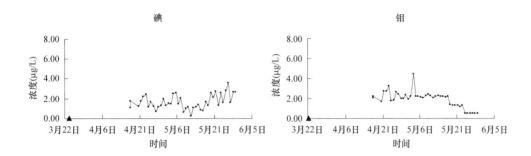

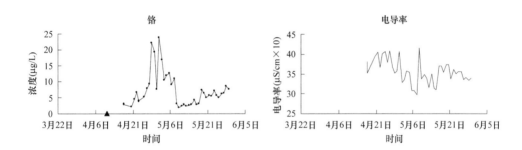

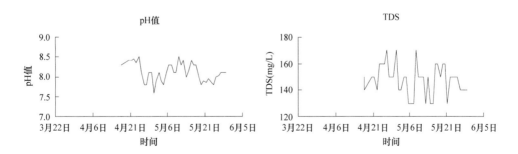

图 5-34　示踪试验西沟裂隙泉历时曲线

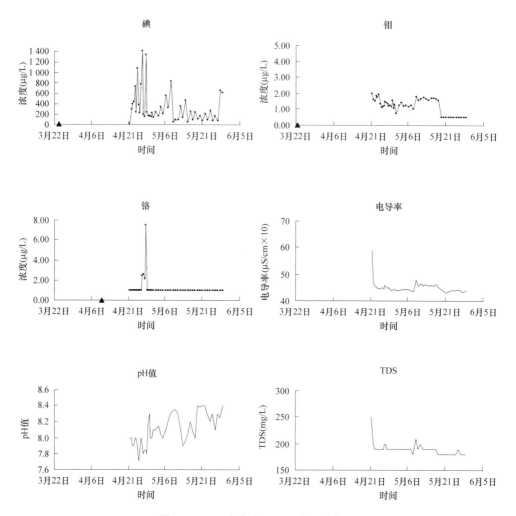

图 5-35　示踪试验 SK09 孔历时曲线

表 5-34　主要取样孔示踪试验历时曲线形态分析

孔号	示踪元素及其配套监测参数						
	Mo	I^-	NO_2^-	电导率	pH	TDS	水位
RZK1	溶隙型	溶隙型	渗透型	迭加波	递增型		递增型
RZK2	溶隙型	渗透型	渗透型	迭加波		下降型	递增型
ZK162			渗透型	递减型	不规则	递减型	递增型
ZK115	渗透型	渗透型	渗透型	下降型	渗透型	下降型	递增型
移民井		溶隙型	渗透型	上升型		上升型	递增型
ZK179	溶隙型	溶隙型	渗透型	下降型		下降型	递增型
ZK180		溶隙型	渗透型	升降型		不规则	递增型
ZK181		渗透型	渗透型	上升型		上升型	递增型

表 5-35　示踪试验历时曲线特征值统计

地段	编号	项目	初现时间 (年-月-日 时:分)	浓度 (μg/L)	距投源时间 (h)	峰值时间 (年-月-日 时:分)	浓度 (μg/L)	距投源时间 (h)	峰末时间 (年-月-日 时:分)	浓度 (μg/L)	距投源时间 (h)
重点试验区 (已发现水库渗漏点地段)	RZK1	I⁻	2001-03-25 14:00	930.00	45.5	2001-03-25 14:00	903.00	45.5			
		Mo				2001-03-23 07:00	14.55	19.5	2001-03-27 05:00	6.79	113.5
		NO$_2^-$	2001-03-24 03:00	240.00	12.0	2001-03-29 07:00	1 030.00	134.5	2001-04-03 10:00	90.00	260.0
	RZK2	I⁻	2001-03-25 12:00	21.00	43.5	2001-04-17 08:30	1 572.00	565.5			
		Mo				2001-03-22 22:30	41.30	21.0	2001-04-17 08:30	3.53	609.0
		NO$_2^-$	2001-03-27 07:00	190.00	88.0	2001-03-28 13:00	990.00	118.0	2001-04-03 18:00	106.06	257.0
	ZK115	I⁻	2001-03-24 14:30	12.00	22.0	2001-03-24 18:30	1 135.00	26.0	2001-04-06 14:00	10.00	339.0
		Mo	2001-04-22 07:30	40.00	707.5	2001-04-25 10:08	130.00	782.0	2001-04-28 09:18	10.00	854.2
	ZK179	I⁻	2001-03-24 10:00	16.0	17.5	2001-03-24 14:00	36.00	21.5	2001-03-25 01:00	6.00	31.5
		Mo	2001-03-26 03:00	6.43	87.5	2001-03-28 12:00	11.52	144.5	2001-05-10 11:00	6.57	923.5
		NO$_2^-$	2001-03-23 18:00	70.00	3.0	2001-03-24 01:00	90.00	10.0	2001-03-24 10:00	10.00	19.0
			2001-03-25 03:00	30.00	36.0	2001-04-10 16:15	200.00	424.7	2001-04-30 10:00	10.00	898.5
	ZK180	I⁻	2001-03-29 12:20	31.00	137.5	2001-03-29 18:22	64.00	145.5	2001-03-31 12:22	14.00	185.5
		Mo	2001-03-29 01:22	62.00	130.0	2001-04-27 08:22	10 520.00	786.0			
	ZK181	I⁻	2001-04-12 10:00	16.00	447.0	2001-04-18 09:00	23.00	590.0	2001-04-24 09:00	15.00	759.0
		Mo	2001-04-29 09:00	3.53	164.0	2001-04-29 22:00	701.00	177.0	2001-03-30 18:00	2.71	167.0
		NO$_2^-$	2001-04-08 17:45	110.00	386.0	2001-04-19 09:00	7 950.00	667.0			
	移民井	I⁻	2001-03-26 09:00	55.00	64.5	2001-03-27 05:00	132.00	84.5	2001-03-27 21:00	1.00	100.5
		Mo	2001-03-25 21:00	6.71	80.5	2001-03-26 01:00	7.82	84.5	2001-03-31 13:00	2.68	217.5

续表 5-35

地段	编号	项目	初现时间 (年-月-日 时:分)	浓度 (μg/L)	距投源 时间 (h)	峰值时间 (年-月-日 时:分)	浓度 (μg/L)	距投源 时间 (h)	峰末时间 (年-月-日 时:分)	浓度 (μg/L)	距投源 时间 (h)
水库右岸地下水低缓带下游段	SK52	I^-	2001-04-05 16:30	19.3	312.0	2001-04-13 07:00	3 595.4	494.5	2001-04-22 07:00	109.60	710.5
	ZK116	Mo	2001-04-05 11:30	10.54	307.0	2001-04-07 12:00	29.4	355.5	2001-04-10 06:00	9.27	421.5
		NO_2^-	2001-04-05 11:30	3.65	336.0	2001-04-07 12:00	13.74	384.5	2001-04-08 18:00	3.00	414.5
	ZK120	I^-				2001-04-11 06:00	10.56	445.5	2001-04-14 14:00	4.25	525.5
		Mo				2001-04-07 17:30	32.88	390.0	2001-04-09 06:00	9.04	426.5
	ZK157	I^-				2001-04-08 11:00	63.51	378.5	2001-04-10 14:00	3.93	429.5
		Mo	2001-04-05 10:30	2.44	335.0	2001-04-07 10:45	27.17	383.2	2001-04-08 18:00	1.52	414.5
	ZK191	I^-				2001-04-10 11:40	427.50	427.1	2001-04-22 10:00	9.08	713.5
		Mo				2001-04-10 11:40	30.20	456.2	2001-04-10 22:00	3.31	466.5
	ZK193	I^-				2001-04-05 14:30	27.08	310.0	2001-04-08 14:00	8.36	381.5
	ZK194	I^-				2001-04-05 13:50	75.28	309.2	2001-04-08 06:00	15.61	373.5
		Mo				2001-04-05 13:50	16.01	338.2	2001-04-08 06:00	5.91	402.5
			2001-04-15 06:00	6.19	570.5	2001-04-15 18:00	9.12	582.5	2001-04-16 22:00	4.61	610.5
	SK02	I^-				2001-04-21 10:00	25.97	689.0	2001-04-25 02:00	5.20	777.5
	SK09	I^-	2001-04-21 12:00	13.98	691.5	2001-04-26 07:00	6 294.30	818.5	2001-04-30 07:00	128.90	902.5
	SK13	I^-				2001-04-25 01:40	119.95	762.2	2001-04-26 14:00		
	SK16	I^-				2001-04-11 06:30	51.70	446.0	2001-04-18 06:30	5.37	614.5
		Mo				2001-04-10 18:30	7.81	463.0	2001-04-12 06:30	2.24	499.0
	西沟	Cr^{6+}	2001-04-17 09:00	2.14	243.7	2001-04-28 11:00	22.17	434.7	2001-04-30 10:00	7.60	482.7

表 5-36　各种示踪元素从投放点到接收点视速度

孔号	SK1 溶洞(Mo 源)					ZK162(I⁻ 源)					ZK176(NO₂⁻ 源)				
	距离(m)	时间(h)		视速度(m/h)		距离(m)	时间(h)		视速度(m/h)		距离(m)	时间(h)		视速度(m/h)	
		初现	峰现	初现	峰现		初现	峰现	初现	峰现		初现	峰现	初现	峰现
RZK1	160		19.5		8.2	335	45.5	45.5	7.3	7.3	2 240	12.0	23.0	186.6	97.3
RZK2	260		11.0		23.6	140	43.5	54.5	3.2	0.4	2 390	88.0	118.0	27.1	20.2
ZK115	660					175	22.0	26.0	7.9	6.7	2 310	707.5	782.0	3.3	3.0
移民井	1 060	80.5	84.5	13.1	12.5	550	64.5	84.5	8.5	6.5	2 450				
ZK179	1 050	87.5	144.5	12.0	7.2	1 400	17.5	28.5	80.0	49.1	3 290	3.0	10.0	1 096	329.0
ZK180	1 230					1 200	137.5	145.5	8.7	8.2	3 300	130.0	139.0	25.3	23.7
ZK181	1 750	164.0	177.0	10.6	9.8	1 500	447.0	590.0	3.3	2.5	3 550	386.0	667.0	9.1	5.3
ZK191	19 300		456		42.3	19 700		427		46.1					
ZK157	23 900	355	383	67.3	62.4	24 000		378.5		63.4					
ZK116	20 220	336	384.5	60.1	52.5	20 400	849.5	889.8	24.0	22.9					
ZK194	27 300		338		80.7	27 800		309		90.0					
ZK193	30 600		338		90.5	31 000		310		100.0					
ZK120	32 000		390		82.1	32 350		445.5		72.6					
SK52	37 500					27 500	312	494.5	120.1	75.8					
备注	SK34 孔投入 Cr⁶⁺ 源在相距 24 000 m 的下裂隙泉接收，初现、峰现时间分别为 243 h 和 434 h，初现、峰现视速度分别为 98.8 m/h 和 55.3 m/h														

　　综上所述，示踪剂连通试验成果表明，水库右岸碳酸盐地层透水性很不均一，地下水渗流速度差异很大。在库水位 975 m 时，重点试验区即已经发生库水入渗地区，地下水流速度为 5～25 m/h，个别通畅地段可达 100 m/h 以上。而在地下水低缓带地下水渗流速度在 20～100 m/h，大约是重点试验区的 4 倍。水库蓄水初期的水库渗漏的形式和途径，大体是库水从 SK1、SK2 溶洞、地表塌陷点及附近地区入渗，主要沿 NW 向溶蚀裂隙(阳壕沟方向)径流，当径流到 F4 断层带附近，F4 断层西侧岩体完整性相对较好、岩溶发育相对较弱，而具有相对阻水的影响，入渗水流改变为主要沿断层破碎带和影响带，即 NE—SW 向径流，直至流入地下水低缓带。渗流形式仍为裂隙式渗流，集中渗流的宽度北部为 50～100 m，南部增宽为 300～500 m。随着水库蓄水位的抬高，其水库渗漏可能会有所增加，但其渗漏形式不会发生根本的改变。

5.1.7.3　示踪试验数值模拟计算成果

　　数值模拟计算的重点区为水库右岸龙王沟—黑岱沟地区。扩展区为北起东孔兑、南至龙口、东起黄河、西至十里长川的广大地区。

1.水文地质模型概化

数值模拟计算对水文地质模型进行了如下概化:

(1)含水层概化。各含水层展布、厚度及渗透性变化等水文地质特征,建模时视为一个统一的多层结构的含水、透水岩体,忽略其间水流的垂向运动。其水平运动渗透性存在由三个含水层和各岩溶渗透层饱水厚度及饱水与否共同确定,实现渗透性能的分层非线性和跨层突变的转换。

(2)水动力条件概化。就地下水的运动规律来说,认为区内岩溶水运动总体上符合达西定律。由于地下水变动带裂隙、岩溶导水裂隙、岩溶贮水裂隙渗透性存在差异,地下水在岩溶导水裂隙的流动快于向变动带裂隙的储存和释放,也快于向岩溶贮水裂隙的弹性储存和释放。在水库蓄水激发条件下,岩溶导水裂隙压力水头抬升速度较地下水变动带潜水位的上升快得多,地下水运动主要发生在岩溶导水裂隙中。前期河水及库水补给量主要通过导水裂隙向下游传送。越是靠近激发的早期,地下水在多重介质中运动的差异越明显,显现出多重水位、多重释水的岩溶水快速流特征。

(3)边界条件概化。计算区北部、东部以黄河(水库)右岸为界,黄河切入含水层,地下水受黄河水水位及水库蓄水位的控制,概化为第一类边界。计算区岩溶水低缓带以西为岩溶水滞流区,边界内外水的交换量可以忽略不计,同时,西部边界含水层埋深已大于 800 m,视为本区发育的下限,故概化为第二类零流量边界。计算区南部处于区内岩溶水排泄区,区内岩溶水汇入龙口泉群,以泉的形式排泄,另一部分以天桥泉群为基准,以潜流方式继续向下游径流。建模时,概化为建立天桥泉为基准点、考虑潜流量与边界水位的组合关系的第三类边界条件,模拟岩溶水潜流;建立龙口泉群河床高程及河水位为控制的泉群溢出带子模型,模拟岩溶水的顶托排泄。

2.数学模型、计算区剖分与模拟计算成果

计算区在 1:100 000 区域地质图上,采用不规则三角形网络进行了剖分,剖分时将地下水位观测孔放在节点上,在河流、观测孔和地下水等水位线较密的地方网格适当加密。计算区剖分为 879 个三角形单元,49 个节点,计算面积 2 758 km²,计算剖分图见图 5-36。利用的地下水位长观孔为 ZK151、ZK115、ZK117、ZK176、ZK177、ZK162、ZK179、ZK178、ZK182、ZKC3、ZK183、ZK158、ZK180、ZK181、ZK191、ZK116、ZK157、ZK193 共计 18 个孔。不同地段主要观测孔拟合曲线见图 5-37。模型反演期为 1997 年 9 月 16 日~2000 年 3 月 30 日,计 927 d,以地下水长观时段为计算时段,分为 76 个时段。

模拟计算采用不规则有限差分方法,在完成对计算区剖分的基础上,对各含水层参数、水动数据、边界条件、厚度、底板等进行数值模拟,用塞德尔超松弛迭代法解差分方程组。迭代解的收敛标准为所有节点水位差小于 0.001 m,饱水厚度差小于 0.01 m。

经反复计算确定:重力给水度为 0.05,弹性给水度为 0.001,重力给水延迟系数为 0.001 56,弹性延迟系数为 0.125。近岸地带渗透系数 I 含水岩组为 49.28 m/d, II 含水岩组为 1.408 m/d, III 含水岩组为 0.088 m/d。

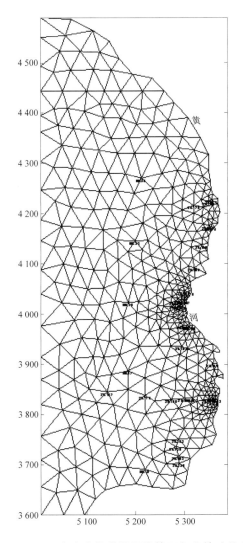

图 5-36　示踪试验数学模拟计算区部分钻孔分布图

经计算分析，水库运行从 1998 年 12 月 12 日至 2000 年 1 月 7 日，大焦稍沟口水位上升至 963.5 m，阳壕沟口水位上升至 952.0 m，岩溶充填物被导通，渗透性明显增大，实际地下水流速计算值为 7.93 m/h；当库水位由 2000 年 2 月 3 日的 943.8 m 升至 2000 年 3 月 30 日的 969.9 m 时，库区右岸蓄水段总长 53.31 km，漏失水量为 13.913 m³/s，其中阳壕沟口漏失量为 3.293 m³/s，大焦稍沟口段为 0.268 m³/s。预测库水位以 10 d 上升 5 m 速率蓄至 980 m 时，蓄水段长 69.11 km，漏失水量为 15.814 m³/s，其中阳壕沟口段漏失量为 4.001 m³/s，大焦稍沟口段漏失量为 0.305 m³/s。以同样水库水位升降速率，分析了库水位 967 m、975 m 库水漏失量。不同库水位水库漏失量见表 5-37。

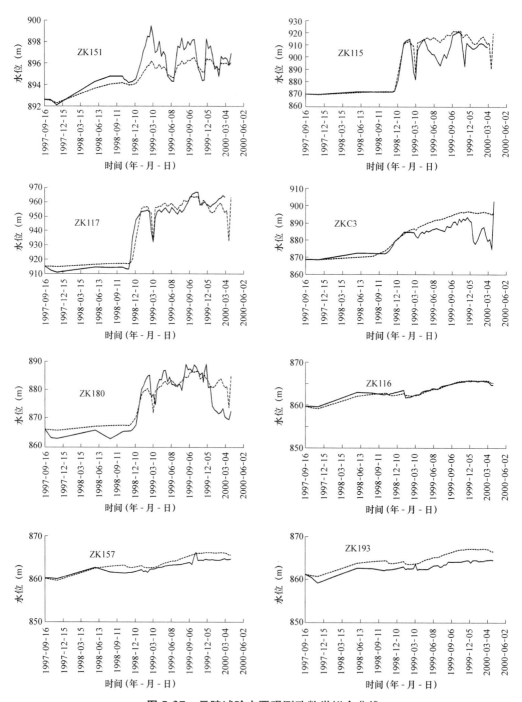

图 5-37　示踪试验主要观测孔数学拟合曲线

表 5-37　数值模拟计算水库右岸渗漏量

水库运行水位(m)			967	969.7	975	980
水库 渗漏量 (m³/s)	已发生库水 渗漏地段	大焦稍沟口段	0.239	0.268	0.267	0.305
		阳壕沟口段	2.930	3.293	3.577	4.001
		大焦稍沟至 阳壕沟之间段	3.317	3.726	4.005	4.478
	全库区右岸碳酸盐岩库岸段		13.102	13.913	14.663	15.814

示踪剂连通试验和模拟计算再次印证了前期勘察对水库右岸岩溶渗漏的认识。水库右岸岩溶渗漏的复杂性不仅表现在水文地质条件上，而且还体现在岩溶充填物、断层破碎带胶结物及裂隙充填物被冲开导通上，而且，后者是难预测并难以用数值表达的。模拟计算的水库渗漏量也不是水库渗漏量的"真值"，而是在边界条件概化后的一个数值。这一数值虽然与前期勘察时用常规水文地质方法的计算值有一定差别，但都在同一数量级之内。因此，不论是用常规水文地质计算成果，还是用模拟计算成果，判断水库右岸岩溶渗漏量都是较为安全的。这样的渗漏量，相对于来水量较丰富、库容较大的水库而言，其渗漏量有限，不会影响水库正常效益。

5.2　层间剪切带、泥化夹层及对大坝抗滑稳定的影响

5.2.1　概述

5.2.1.1　层间剪切带

层间剪切带是坝址区主要缓倾角结构面。它是在构造应力作用下产生层间错动和后期风化、卸荷共同作用的结果，多发生在软(主要指泥灰岩、页岩组成的薄层岩体)硬(主要指厚层、中厚层灰岩)相间岩层接触带附近的薄层岩层内，多顺层或与层面小角度相交发育。受构造应力作用，原岩的原始结构遭到一定程度的破坏，形成裂隙、劈理较发育的集中带。组成物质为泥灰岩、页岩岩屑及泥质物，并可见到擦痕、磨光面，多呈薄片状、鳞片状和糜棱岩化。一般厚度不大，总体呈断续延伸。

前期勘察期间，在坝址上、下游 300 m 范围内，两岸岸壁共发现层间剪切带 16 条，一般厚 1~6 cm，最厚达 15 cm，连续延伸长度，长者达 20~30 m，短者不足 10 m，有的层间剪切带呈断续延伸，则分布范围较广。从岩层对比分析，其中有 3 条层间剪切带在两岸壁均有出露。在河床部位，坝基岩体内勘探发现层间剪切带 4 条，其延伸范围难以判定。前期勘察发现的层间剪切带见表 5-38。

施工基坑开挖以后，两岸坝肩层间剪切带基本被挖除，已经不复存在。但在河床范围内，层间剪切带的数量则有所增加。经基坑开挖揭露及钻孔、竖井勘探证实，在坝基直接坐落的寒武系中统张夏组第五层($\in_2 z^5$)，共发育有 10 条层间剪切带，自上而下重新编号为 SCJ01~SCJ10。其中，SCJ02~SCJ06 五条层间剪切带延伸长度短，分布范围小，并在设计开挖线以上，已经被挖除。河床坝基张夏组第五层仍然存在或局部存在的层间剪切带只有 SCJ01、SCJ07~SCK10 共五条。而其下伏的张夏组第四层($\in_2 z^4$)中并未发现有层间剪切带。

表5-38 层间剪切带地质特征说明

剪切带编号	分层及编号	集中带编号	勘探点	地面出露高程(m)	岩层代号	距岩层底(m)	厚度(cm) 一般厚度	厚度(cm) 最大厚度	连通率(平硐) 累计长度(m)	连通率(平硐) 统计长度(m)	连通率(平硐) 百分数(%)	起伏差(cm)	岩性
CJ1	CJ1-1		右岸 PD15	952.74	$\in_3 c$		2.0~3.0	15.0	8.20	20.40	40.2	3~5	薄层灰岩与薄层泥灰岩互层
	CJ1-2		右岸 PD15	952.24	$\in_3 c$		0.3~0.5	9.0	8.45	20.40	41.4	3~10	薄层灰岩夹薄层泥灰岩
CJ2	CJ2		左岸 TC4、TC5、TC6、右岸 PD04、TC8、TC9	左岸955.51~958.74 右岸941.81~954.75	$\in_3 g^4$	3.54~4.1	0.5~2.0	6.0	14.75	23.60	62.5	1~5	薄层灰岩夹薄层泥灰岩
CJ3	CJ3-1	R_2	左岸 PD11、PD22、TC4、TC5、TC6	953.51~963.77	$\in_3 g^4$	1.5~2.1	0.5~2.0		6.5	14.80	44.0		薄层灰岩与薄层泥灰岩互层
	CJ3-2		左岸 PD16	951.45~951.65	$\in_3 g^4$	0.5	0.5~1.5		6.1	20.30	29.6		薄层灰岩夹薄层泥灰岩
CJ4	CJ4-1		左岸 PD16、PD22，右岸 PD24、PD25	左岸950.15~952.74 右岸941.19~942.34	$\in_3 g^3$		1.0~2.0	6.0	10.20	16.90	60.30		薄层灰岩与薄层泥灰岩互层
	CJ4-2		右岸 PD24、PD25、PD26	939.39~941.30	$\in_3 g^3$		1.0~3.0		6.65	17.25	38.0~100	3~4	薄层灰岩夹薄层泥灰岩
	CJ4-3		右岸 PD25	939.62~939.72	$\in_3 g^3$		1.0~2.0		11.40	17.25	66.1		中厚层灰岩夹薄层泥灰岩
CJ5	CJ5	R_3	左岸 PD14、TC5、TC6，右岸 PD13	左岸941.69~945.93 右岸927.53~929.83	$\in_3 g^2$		0.2~3.0	9.0	6.55	8.00	81.9		薄层灰岩夹薄层泥灰岩
CJ6	CJ6-1		左岸 PD20	931.82	$\in_3 g^2$	1.05	1.0~3.0	4.0	10.28	76.70	61.6	1~3	薄层灰岩与薄层泥灰岩互层
	CJ6-2		左岸 PD20	931.27	$\in_3 g^2$	0.50	1.0~2.0		15.54	76.70	93.1	1~2	砾状灰岩夹薄层泥灰岩
CJ7	CJ7-1	R_4	左岸 PD12	917.81	$\in_3 g^1$	1.30	0.5~8.0		6.15	12.70	48.4	2~4	薄层灰岩与薄层泥灰岩互层
	CJ7-2		左岸 PD12、PD18、PD30	911.65~917.81	$\in_3 g^1$	0.80	5.0~15.0		11.90	20.00	59.5		薄层灰岩夹薄层泥灰岩
CJ8	CJ8-1	R_5	左岸 PD12、PD18、TC7、PD30	901.20~917.06	$\in_2 z^6$	顶部	3.0~13.0		20.30	20.30	100	2~6	薄层泥灰岩夹薄层灰岩
	CJ8-2		左岸 PD12、PD18、TC7、PD30	910.65~916.54	$\in_2 Z^6$		4.0~15.0		7.70	20.00	37.5	2~8	薄层\中厚层泥灰岩
	CJ8-3		左岸 PD12、PD18、PD30	909.75~916.05	$\in_2 z^6$		1.5~4.5	10.0	12.36	20.00	61.8	1~2	薄层、中厚层泥灰岩夹灰岩
CJ9	CJ9		河床左侧 SJ01,右岸 ZK103	左岸897.08~896.03 右岸877.13~877.23	$\in_2 z^5$	12.25	2.0~5.0						薄层灰岩夹泥灰岩
CJ10	CJ10		河床左侧 SJ01	892.88~892.63	$\in_2 z^5$	9.05	2~5	5					薄层灰岩夹泥灰岩
CJ11	CJ11	R_6	ZK106、ZK111、ZK133、ZK167,右岸 ZK103	左岸河床881.43~883.20 右岸868.25	$\in_2 z^4$								页岩、泥灰岩夹灰岩
CJ12	CJ12		河床右侧 SJ02	887.09	$\in_2 z^4$	6.09	3~5					0.1~0.5	薄层灰岩夹泥灰岩条带

续表 5-38

剪切带		产状			地质描述
编号	分层及编号	走向	倾向	倾角	
CJ1	CJ1-1	NE82°	NW	4°	右岸位于中Ⅰ线附近，延伸不远，呈断续分布，垂直河向一般延伸长度 0.7~2.0 m，最大长度 2.1 m，劈理发育，呈粉末状及鳞片状
	CJ1-2	NE72°	NW	6°	右岸中Ⅰ线上、下游延伸不远，不连续，波状起伏，垂直河向一般延伸长度 1.0~2.0 m，段长 5.5 m，多呈薄片状及粉末状，局部呈鳞片状
CJ2	CJ2	NE10°~20°	NW	1°~3°	中Ⅰ坝线上游 95 m 至中Ⅱ线下游 100 m 均有分布，沿河向连续性尚好，垂直河向连续性较差，一般延长 0.8~2.5 m，最长 9.2 m，劈理发育，呈鳞片及薄片状
CJ3	CJ3-1				左岸中Ⅰ坝线上游 50 m 至中Ⅱ线下游 80 m 均有分布，沿河向连续性尚好，垂直河向不甚连续，最大延伸长 6.5 m，劈理发育，呈鳞片状，灰黄、灰绿色，遇水崩解
	CJ3-2				中Ⅰ坝线上、下游 30~50 m 范围内，不甚连续，垂直河向最大延伸长度 3.7 m，劈理发育，呈鳞片状，灰岩中可见扁豆体
CJ4	CJ4-1				左岸不连续，右岸较连续，垂直河向一般延深长度为 0.5~2.0 m，最长 5.9 m，劈理发育，有切层现象，可见擦痕、磨光面，擦痕倾向 NW，局部有泥化现象
	CJ4-2	NE45°	NW	7°	右岸中Ⅱ线上游 80 m 至下游 115 m，连续性好，劈理发育，呈鳞片状及糜棱状，渗水处有泥化现象
	CJ4-3	NE23°	NW	5°	右岸中Ⅱ线上游 50 m 至下游 390 m，较连续，垂直河向一般延伸长度 0.7~3.5 m，最长 11 m，劈理发育，呈鳞片状及糜棱状，遇水崩解，可见擦痕及磨光面，有切层现象
CJ5	CJ5	NE69°	NW	2°	两岸中Ⅰ线至中Ⅱ坝线下游 60 m，呈断续分布，垂直河向一般延伸长 0.5~3.0 m，最长 7.0 m，层间褶皱发育，起伏变化较大，劈理发育，呈鳞片状，可见擦痕及磨光面
CJ6	CJ6-1	NE15°	NW	3°	左岸中Ⅱ坝线上游 30 m 至下游 50 m，呈断续分布，垂直河向一般延伸长 0.5~2.6 m，最长 3.5 m，劈理发育，呈薄片状，可见灰岩透镜体
	CJ6-2	NE30°	NW	2°	左岸中Ⅱ坝线上游 30 m 至下游 50 m，连续性较好，垂直河向最大延伸 15.5 m，呈薄片状，可见灰岩透镜体
CJ7	CJ7-1	NE34°	NW	3°~5°	左岸中Ⅱ坝线上游 200~250 m，断续分布，垂直河向一般延伸长 0.8~2.0 m，最长 3.0 m，劈理发育，呈鳞片状及薄片状
	CJ7-2	NE37°	NW	5°~6°	左岸中Ⅰ坝线至中Ⅱ坝线下游 250 m，呈断续分布，垂直河向一般延伸长 0.7~3.6 m，最长 5.8 m，劈理发育，呈鳞片状，渗水处局部有软化或泥化现象
CJ8	CJ8-1				左岸中Ⅰ坝线至下游清沟，分布稳定，起伏变化较大，劈理发育，呈鳞片状，节理发育，可见擦痕和磨光面
	CJ8-2				左岸中Ⅰ坝线至下游数百米，断续分布，垂直河向延伸长 2.0~3.5 m，最长 8.4 m，劈理发育，呈鳞片状及碎块，节理发育，可见擦痕、磨光面
	CJ8-3				左岸中Ⅰ坝线至下游数百米，连续性好，垂直河向最大延伸长度 13.0 m，劈理发育，呈鳞片状及碎片状，节理发育，可见擦痕及磨光面
CJ9	CJ9				分布不连续，多呈薄片状及碎块，局部呈鳞片状，见泥化现象
CJ10	CJ10				分布连续，岩石破碎，呈碎片状
CJ11	CJ11				分布不连续，在 28 个钻孔中有 4 个孔见到擦痕、磨光面和揉皱现象
CJ12	CJ12				分布连续，为数层 0.1~0.3 cm 泥灰岩岩屑，中部为夹泥层，厚 0.1~0.2 cm

5.2.1.2 泥化夹层

泥化夹层是层间剪切带在特定的地质条件下进一步发展的产物。其原岩结构全部遭到破坏而成泥质物。一般延伸长度数十米至百余米，层厚 0.2 ~ 6.0 cm，层面起伏差 1 ~ 2 cm。颗粒分析成果显示：黏粒(粒径＜0.005 mm)含量为 25% ~ 49%，粉、砂粒(粒径为 0.005 ~ 0.05 mm)含量为 10% ~ 39%，其余为粒径大于 0.05 mm 的砂及岩屑。

前期勘察期间，在坝址区两岸岸壁发现泥化夹层有 4 层，编号为 NJ01~NJ04。在河床坝基个别勘探揭露泥化夹层有 3 层，编号为 NJ05~NJ07，这 3 层泥化夹层厚度均小于 1 cm，其分布范围有限。坝址泥化夹层分布及特征、化学成分、物理力学性质见表 5-39 ~ 表 5-41。

表 5-39　坝址部分泥化夹层分布及特征说明

泥化夹层代号	集中带代号	勘探点	出露位置高程(m)	岩层代号	距岩层顶板(m)	厚度 一般厚度(cm)	厚度 最大厚度(cm)	连通率(平硐) 累积长度(m)	连通率(平硐) 统计长度(m)	连通率(平硐) 百分数(%)	岩性	地质描述
NJ01	R_2	左岸：PD11 右岸：ZK103	左岸 958.0~962.0 右岸 942.60~941.78	$\in_3 g^4$	底部	1.0~5.0	5.0	14.80	14.80	100	薄层灰岩与薄层泥灰岩互层	左岸中坝线下游 130~285 m 范围内均有分布，灰黄、灰绿色，局部具二元结构，呈硬塑状，浸润区和渗水处呈软塑或可塑状，含少量岩屑，遇水崩解，且速度较快，向深部有尖灭趋势，右岸 ZK103 孔 $\in_3 g^2$ 层中部有夹泥(NJ01-1)，厚 4 cm，高程 942.6 ~ 941.78 m，呈黄色，软塑状，该段岩心破碎
NJ02	R_2	左岸：PD16、PD22、TC4、TC5 右岸：PD24~PD26、TC10	左岸 949.55~951.90 右岸 936.07~942.17	$\in_3 g^3$	1.4~1.6	1.0~6.0	6.0	20.60	20.60	100	薄层灰岩与薄层泥灰岩互层	左岸中坝线上游 75 m 至中坝线，右岸中坝线上游 82 m 至下游 300 m 范围内均有分布，左岸夹泥厚 1~6 cm，灰黄、灰褐色，多呈硬粗状，含岩屑、块石，裂面附锈黄色氧化膜，中部有方解石脉充填，顶、底部见擦痕和光面，右岸夹泥厚 1~2 cm，局部厚 6.0 cm，灰黄色，硬塑状，含少量岩屑，厚度变化大，向上游变薄，向下游局部增厚
NJ03	R_2	右岸 PD21、TC11	927.38~930.17	$\in_3 g^2$	2.5~2.9	0.2~1.0	1.0	13.7	13.7	100	薄层灰岩夹薄层泥灰岩	右岸中坝线上游 15~150 cm 范围内分布，向下游及岸里逐渐变薄，灰黄色，呈硬塑状，顶、底面含云母片
NJ04	R_5	左岸：PD12、PD18、PD30	909.80~915.81	$\in_2 z^6$	1.35~1.65	0.2~1.0		20.00	20.00	100	薄层灰岩夹薄层泥灰岩	分布于左岸中坝线上游 150 m 至下游 250 m 范围内，分布连续，灰黄色，呈软塑状和硬塑状，具细感，向上游局部变薄
NJ05		河床左侧 SJ01	890.48~890.53	$\in_2 z^3$	中部	0.2~0.5	1.0				薄层灰岩夹薄层泥灰岩互层	左岸中坝线下游 84 m 处，河床竖井揭露厚 0.2~0.5 cm，灰绿色，软塑状，含岩屑，起伏差 3~5 cm，该夹泥层上部有一缓倾角裂隙，为泥质及岩屑充填
NJ06	R_6	河床左侧 SJ01	875.09~876.21	$\in_2 z^4$	8.75~8.85	0.3~1.0					页岩	分布于左岸中坝线下游 84 m 处，呈紫灰色，可塑状，含岩屑，顶、底面平整、光滑
NJ07	R_6	中线河床左侧 ZK135	871.96	$\in_2 z^5$	10.62	0.2~0.3					页岩夹薄层灰岩	分布于孔深 26.60 m 处，呈紫红色，软塑状

表 5-40　坝址部分泥化夹层化学成分

夹层编号	层位	岩性	SiO$_2$(%)	Al$_2$O$_3$(%)	Fe$_2$O$_3$(%)	TiO$_2$(%)	CaO(%)	MgO(%)	K$_2$O(%)	Na$_2$O(%)	MnO(%)	P$_2$O$_5$(%)	FeO(%)	H$_2$O$^+$(%)	H$_2$O$^-$(%)	烧失量(%)	R$_2$O$_3$(%)
NJ01	$\in_3g^4$	泥化夹层	29.24	13.24	3.55	1.30	16.98	1.27	7.28	0.09	0.16	0.14	0.22	3.24	1.49	16.34	15.79
NJ02	$\in_3g^3$	泥化夹层	45.40	14.77	5.88	1.60	9.68	1.68	8.60	1.27	0.05	0.11	0.77	3.40	1.86	10.80	20.65
NJ04	$\in_2z^6$	泥化夹层	38.28	11.26	9.89	1.00	13.98	1.91	6.50	1.19	0.05	0.15	0.83	3.88	1.71	15.54	21.15

表 5-41　坝址部分泥化夹层物理力学性质试验成果汇总

项目			NJ01 $\in_3g^4$	NJ02 $\in_3g^3$	NJ04 $\in_2g^6$	备注
物理性质	比重		2.71	2.75	2.81	*为天然容重
	试验前干容重(g/cm^3)		1.60/1.97*	1.62/1.85~1.90	1.50*	
	液限(%)		34.1	31.1	40.8	
	塑限(%)		18.2	17.7	21.4	
	塑性指数		15.9	13.4	19.4	
	含水量(%)(饱和/天然)		25.0/7.8	25.7/4.8~8.5	27.1	
	饱和度(%)		98.3	101.1		
	孔隙比		0.688	0.698		
颗粒级配	>0.05 mm(%)		10.5	39.5	20.5	
	0.05~0.005 mm(%)		4.5	35.0	39.0	
	<0.005 mm(%)		49.0	25.5	40.5	
抗剪强度	控制干容重(g/cm^3)		1.61	1.62		
	室内(饱固快)	摩擦系数(tanφ)	0.344	0.424		
		凝聚力 C(MPa)	0.012	0.007		
	现场	摩擦系数(tanφ)		0.51	0.35	
		凝聚力 C(MPa)		0.023	0.105	
黏土矿物			伊利石	伊利石	伊利石	
说明			含岩屑、岩块起伏差 1~2.0 cm		不含岩屑、起伏差 1.0 cm	

基坑开挖表明，泥化夹层均与层间剪切带共生，多分布在层间剪切带底部，也有一些分布在层间剪切带内，与层间剪切带共同构成了二元或三元结构。泥化夹层分布范围比勘察所揭露的也有明显减小。因此，在对其进行地质评价时，主要是根据泥质物分布范围及性状结合层间剪切带一起评价。

层间剪切带和泥化夹层是坝基岩体内的软弱夹层，应予重视。其对工程的不利影响，应视其具体分布和性状，并结合工程部位进行综合评价。

5.2.2　坝基层间剪切带空间分布特征

5.2.2.1　分布范围

坝基内存在或局部存在的 SCJ01、SCJ07、SCJ08、SCJ09 及 SCJ10 五条层间剪切带呈大体平行展布，其产状与岩层产状相近，总体走向 NE30°~60°，倾向 NW(即倾向上游偏河流右岸)，倾角 2°~3°。层间剪切带走向与坝轴线交角为 26°~56°。各层间剪切带分布范围分别描述如下：

SCJ01 层间剪切带：主要分布在河床⑩坝段以右坝基范围内，从基坑上游壁开挖断面观察呈连续分布。基础开挖后，基本被挖除，仅在⑮坝段甲块右侧、⑯、⑰坝段甲块及⑱、⑲坝段尚有分布。

SCJ07 层间剪切带：根据基坑开挖和勘探点揭露，该剪切带在河床坝基范围内连续分布，推测将在坝下 0+217 靠近岸边位置出露地表。基坑开挖后，在河床左侧坝基④~⑪坝段，SCJ07带已经被挖除；在河床右侧坝基⑫~⑲坝段，仍保留在建基面以下；在泄流冲刷区④坝段护坦和 A_1、B_1、B_4 防冲板部位，已被挖除，其余范围内仍保留在建基面以下。

SCJ08 层间剪切带：根据勘探资料及开挖揭露情况说明连续性较好。在左侧坝基及护坦部位 4 个探井中有 3 个、8 个钻孔中有 7 个揭露该剪切带，在坝址下游护坦勘探试验硐、下游防冲齿槽、河床右侧坝下 0+038 开挖断面及右侧基坑左壁均见该剪切带连续较好。因此，总体判断 SCJ08 层间剪切带在坝基及护坦基础呈连续性分布。

SCJ09 层间剪切带：物探成果反映，该剪切带在河床坝基仅局部发育。在河床左侧坝基 4 个探井和 8 个钻孔中仅有 1 个探井(位于⑥坝段)和 1 个钻孔中有揭露，勘探点遇到的几率很低，在勘探试验硐中仅在④、⑤坝段有分布，在右侧基坑左壁(导墙基础)仅见到小范围内有断续分布，在下游防冲齿槽开挖揭露有一定连续性，在坝下 0+038 断面上未见有分布。因此，判断 SCJ09 层间剪切带在主坝坝基仅④~⑥坝段有局部分布，在护坦、防冲板及导墙基础岩体内也有一定分布。

SCJ10 层间剪切带：据勘探点揭露及物探声波测试综合分析，该剪切带在河床左侧④~⑪坝段及泄流冲刷区范围内，相对连通率为 70%左右(有剪切带物质分布面积比例)，在河床右侧连通率有降低趋势，在厂房集水井西侧壁已尖灭。

目前，坝基岩体内保留的层间剪切带，在河床左侧将被下游防冲齿槽切断，在河床右侧被电站厂房截断。

河床右侧电站厂房及大坝丁块基础，开挖深度在 21 m 以上，已进入张夏组第四层($\in_2z^4$)3~4 m，在建基面以下未发现有层间剪切带。

基坑开挖前后各层间剪切带空间分布情况见表 5-42。

5.2.2.2　厚度

根据基础开挖和勘探点揭露情况统计，各层间剪切带厚度如下：

SCJ01：2~5 cm，局部 7~9 cm，一般厚 4 cm。

SCJ07：由左向右厚度逐渐变薄，④~⑭坝段相对较厚，一般厚约 5 cm，最大厚约 8 cm，⑮坝段以右厚 2~3 cm；护坦防冲板一般厚 4 cm，最大厚 6 cm。

表 5-42　层间剪切带空间分布汇总

间距 (m)	编号	基坑开挖前		基坑开挖后		发育层位
		分布高程(m)	分布位置	建基面以下埋深(m)	分布位置	
5.0	SCJ01	895.0 ~ 890.0	⑪ ~ ⑲坝段	2.0 ~ 4.0	⑮ ~ ⑰坝段甲块⑱、⑲坝段	∈₂z⁵
2.3	SCJ07	896.0 ~ 884.7	④ ~ ⑲坝段	5.7 ~ 9.0	⑫ ~ ⑲坝段	
		893.0 ~ 882.5	护坦、防冲板	0 ~ 4.7	护坦、防冲板	
0.9 ~ 1.1	SCJ08	893.8 ~ 889.2	④ ~ ⑲坝段	1.0 ~ 11.3	⑤ ~ ⑲坝段	
		892.5 ~ 889.0	护坦、防冲板	1.5 ~ 7.0	护坦、防冲板	
0.7 ~ 0.9	SCJ09	890.5 以上	④ ~ ⑥坝段局部	1.5 ~ 2.5	④ ~ ⑥坝段局部	
		891.2 ~ 881.3	④、⑤坝段护坦、导墙及副安装场、防冲板局部	<4.0	④、⑤坝段护坦,局部冲板	
	SCJ10	891.2 ~ 881.3	④ ~ ⑱坝段	1.0 ~ 13	④ ~ ⑱坝段	
		892.0 ~ 887.4	护坦、防冲板	3.0 ~ 8.8	护坦、防冲板	

SCJ08：④~⑥坝段厚度一般为 2 ~ 4 cm，最厚 8 cm；⑦ ~ ⑪坝段厚度一般为 0.5 ~ 1.5 cm；⑫、⑬坝段厚 4 ~ 8 cm，最厚达 12 cm；⑭坝段以右一般厚 0.2 ~ 0.5 cm；护坦、防冲板部位一般厚 2 ~ 4 cm，最厚 9 cm。

SCJ09：在河床左侧坝基④ ~ ⑤坝段厚度为 0.5 ~ 5 cm，一般厚约 2 cm；④、⑤坝段护坦防冲板部位，由于埋藏较浅，受浅部 Z_1 号褶曲和风化作用影响，厚度多为 7 ~ 12 cm；⑥坝段以右，该剪切带相应位置未见剪切带组成物质，表现为层面或层面裂隙。

SCJ10：河床左侧坝基厚 2 ~ 5 cm，一般厚度为 3 cm，河床右侧⑫、⑬坝段厚度约 3 cm，⑭坝段以右多小于 2 cm，一般厚度为 1 cm；在护坦、防冲板部位一般厚 2 ~ 4 cm，最厚 8 cm。

5.2.2.3　起伏差

各层间剪切带在总体产状平缓的基础上，又不同程度地呈现复杂的波浪形态分布。按规模，起伏变化可分为三级，较低一级起伏组成较高一级起伏，形似"复式褶皱"特点。其中，一级起伏大(宏观上)、波长长，依次减小至三级。据统计，一级起伏一般波长 50 ~ 80 m，起伏角 2°~3°，波峰高 0.5 ~ 1.0 m；二级起伏波长在几米至十余米，在一级起伏的基础上，平均起伏角 2°左右；三级起伏即上、下界面或层面粗糙度多为 0.5 ~ 1.0 cm。其中，二级起伏各剪切带有所不同，分述如下：

SCJ01：二级起伏差多为 0.5 ~ 3 cm，各坝段无明显差别。

SCJ07：二级起伏差多为 1 ~ 5 cm，各坝段无明显差别。

SCJ08：二级起伏差多为 1 ~ 8 cm，其中⑤、⑥坝段起伏较大，最大可达 20 cm。

SCJ09：据河床左侧勘探试验硐揭露，该剪切带在④坝段二级起伏差在 3 ~ 5 cm，⑤坝段二级起伏差为 12 ~ 28 cm，基坑其他部位无明显起伏。

SCJ10：二级起伏差多为 2 ~ 8 cm；据勘探试验硐统计，在④、⑤坝段沿硐走向起伏较大，其中④坝段最大可达 12 cm，⑤坝段最大起伏差为 30 cm；主要是受 Z_1 号褶曲产状影响。

各层间剪切带二级起伏差情况见表 5-43。

表 5-43　各层间剪切带二级起伏差统计

剪切带编号	起伏角 α(°)	波长 (m)	起伏差 (cm)	统计位置	
SCJ07	2.86	4.0	10.0	⑥坝段	防冲齿槽
	1.15	3.0	3.0		
	2.10	6.0	11.0		
	1.15	6.0	6.0	⑦坝段	
	1.83	2.5	4.0		
	1.41	6.5	8.0		
	1.15	5.0	5.0	⑧、⑨坝段	
	1.80	7.0	11.0		
最大值	2.86	7.0	11.0		
最小值	1.15	2.5	3.0		
平均值	1.68	5.0	7.3		
SCJ08	2.00	8.0	14.0	⑤坝段	试验硐
	2.20	5.2	10.0	⑥坝段	
	1.53	4.5	6.0	⑨坝段	
	2.29	2.0	4.0		
	0.98	3.5	3.0		
	2.73	2.1	5.0	⑩坝段	
	1.15	4.0	4.0		
	1.53	6.0	8.0	④坝段	防冲齿槽
	1.72	2.0	4.0		
	3.27	3.5	10.0		
	2.50	5.5	12.0		
	1.91	3.0	5.0		
	1.91	6.0	10.0		
	0.57	4.0	2.0		
	1.76	6.5	10.0		
	1.95	10.0	17.0	⑤坝段	
	1.37	5.0	6.0		
	1.15	3.0	3.0		
	1.26	10.0	11.0		
	0.76	3.0	2.0		
	1.34	6.0	7.0		
	1.72	2.0	3.0		
	2.06	5.0	9.0	⑥坝段	
	4.00	4.0	14.0		
	2.86	8.0	20.0		
	4.19	6.0	22.0		
	3.24	6.0	17.0	⑦坝段	
	2.29	9.0	18.0		
	1.34	6.0	7.0		
	0.76	3.0	2.0		
	1.15	3.0	3.0	⑧坝段	
	1.15	4.0	4.0		
	1.63	6.0	8.0		
	1.72	4.0	6.0		
	0.76	3.0	2.0		
	2.29	2.0	4.0		
	3.89	5.0	17.0		
最大值	4.19	10.0	22.0		
最小值	0.57	2.0	2.0		
平均值	1.92	4.8	8.3		
SCJ09	1.02	4.5	4.0	④坝段	试验硐
	2.99	4.6	12.0	⑤坝段	
	6.39	5.0	28.0		
	1.87	11.0	18.0	④坝段	防冲齿槽
	2.00	4.0	7.0		
	1.15	10.0	10.0		

剪切带编号	起伏角 α(°)	波长 (m)	起伏差 (cm)	统计位置	
SCJ09	1.72	4.0	6.0	④坝段	
	1.15	4.0	4.0		
	1.31	7.0	8.0		
	1.45	6.3	8.0		防冲齿槽
	1.72	8.0	12.0	⑤坝段	
	3.66	5.0	16.0		
	1.78	1.5	7.0		
	1.53	3.0	4.0		
	0.86	4.0	3.0	⑥坝段	
	0.86	4.0	3.0		
	0.76	3.0	2.0		
	1.15	4.0	4.0		
	0.78	7.3	5.0		
	1.15	5.0	5.0	⑦坝段	
	1.91	6.0	10.0		
	2.29	3.0	6.0		
	1.83	5.0	8.0		
	1.86	8.0	13.0		
	2.13	7.0	13.0	⑧坝段	
	2.29	5.0	10.0		
	2.62	6.0	16.0		
最大值	6.39	11.0	28.0		
最小值	0.76	1.5	2.0		
平均值	1.86	5.4	9.0		
SCJ10	3.27	1.4	4.0	④、⑤坝段	试验硐
	1.43	1.6	2.0		
	2.75	5.0	12.0		
	1.54	5.2	7.0		
	2.29	15.0	30.0		
	0.89	9.0	7.0	④坝段	
	0.69	6.6	4.0		
	3.18	10.8	30.0		
	1.02	9.0	8.0		
	1.78	4.5	7.0	⑤坝段	防冲齿槽
	1.15	6.0	6.0		
	1.40	9.0	11.0		
	1.15	3.0	3.0		
	1.72	6.0	9.0		
	3.43	6.0	18.0	⑥坝段	
	1.47	7.0	9.0		
	2.29	2.0	4.0		
	3.27	3.5	10.0		
	4.57	3.0	12.0		
	2.29	2.5	5.0		
	1.64	7.0	10.0	⑦坝段	
	1.53	3.0	4.0		
	1.37	5.0	6.0		
	2.48	6.0	13.0		
	1.34	6.0	7.0		
	1.37	2.5	3.0		
	1.15	4.0	4.0	⑧坝段	
	0.76	3.0	2.0		
	1.37	6.0	6.0		
	4.47	4.6	18.0		
最大值	4.57	15.0	30.0		
最小值	0.69	1.4	2.0		
平均值	1.97	5.4	9.0		

5.2.3　层间剪切带结构特征及物质组成

5.2.3.1　结构特征

层间剪切带由多层薄层组成，有明显的分带性，按其破坏程度，可概括为三种类型，即节理裂隙带、劈理带、泥化带。

节理裂隙带：呈片状、块状，原岩内部结构遭到轻微破坏。

劈理带：呈碎片、碎屑状，排列方向与上下岩层呈小角度相交或平行，局部排列无序。

泥化带：受错动影响最强烈，呈较连续的岩屑泥、泥质薄膜及泥质团块，泥质物中黏粒含量一般为 19%~42.5%。

不同层间剪切带结构特征有其相似性，主要表现为：多以二元结构或单元结构为主，但是，在具体结构组成上又表现出极大的不均匀性。各层间剪切带结构特征及泥化带连通情况见表 5-44，坝基主要层间剪切结构组成见图 5-38。

5.2.3.2　物质组成

层间剪切带物质主要由泥灰岩和薄层灰岩岩块、岩片及少量岩屑泥组成，结合紧密。其中，岩屑泥主要分布在泥化带或呈团块状充填于性状较差的劈理带内。同一条剪切带，由河床左侧向右侧泥质含量明显降低。在河床左侧，根据基坑开挖揭露统计，SCJ07 剪切带岩屑泥含量约为 15%，SCJ08、SCJ09、SCJ10 剪切带，由勘探点(包括竖井、平硐、钻孔、防冲齿槽)反映，在其分布范围内，岩屑泥含量均在 10%以内；河床右侧根据基坑开挖揭露情况统计，SCJ07~SCJ10 泥质含量不超过 5%，SCJ01 剪切带泥质含量约 40%。

表 5-44　各层间剪切带结构特征及泥化带连通情况汇总

统计位置		剪切带编号	一元结构 %	二元结构 %	三元结构 %	泥化带 %	说明	
河床左侧	④~⑪坝段基坑	SCJ07	0	85	15	15	1.二元结构为节理带与劈理带并存 2.三元结构为节理带、劈理带、泥化带并存	河床左侧资料主要根据基坑上下游壁、探井及试验硐；河床右侧资料主要根据下 0+038 m 开挖断面
		SCJ08	0	100	0	0		
		SCJ09	0	100	0	0		
		SCJ10	0	100	0	0		
	勘探试验硐	SCJ08	69.8	14.7	0	6.9	1.一元结构为节理带、劈理带或泥化带 2.二元结构为节理带与劈理带并存，其中 SCJ09 局部为节理带与泥化带并存 3.其中层面及层面裂隙类分别占剪切带统计长度的 15.5%、80.2%、15.8%	
		SCJ09	13.6	6.2	0	2.5		
		SCJ10	57	27.2	0	0		
河床右侧	⑬~⑮	SCJ01	59.17	40.83	0	40.83	1.一元结构为节理带或劈理带 2.二元结构除 SCJ01 为节理带与泥化带，均为节理带与劈理带 3.三元结构为三带并存	
	⑫~⑰	SCJ07	78.2	20.3	4.5	4.5		
	⑫~⑰	SCJ08	83.6	16.4	0	0		
	⑫~⑬	SCJ10	76.6	21	2.3	2.3		

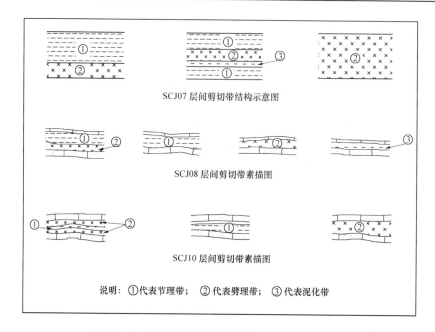

说明：①代表节理带；②代表劈理带；③代表泥化带

图 5-38　坝基主要层间剪切带结构组成示意图

上述剪切带内的泥质物成分近似，基坑形成后，分别自河床左、右侧取样，进行了颗分、矿物及化学分析，试验成果见表 5-45~表 5-50。

表 5-45　河床左侧坝基层间剪切带泥质物矿物分析成果

样品编号	碎屑矿物	黏土矿物(相对含量，%)		备注
		水云母	绿泥石	
SCJ07-1	方解石为主，石英为次，透长石少量	83	17	1. SCJ07 剪切带样品取自基坑下游壁的不同部位；SCJ08 剪切带样品均取自⑨坝段集水井 2. 试验单位是地矿部天津地质研究所
SCJ07-3	石英为主，透长石为次，方解石少量	83	17	
SCJ07-4	方解石、石英、透长石三者含量基本相等	82	18	
SCJ08-1	方解石为主，石英为次，透长石少量	81	19	
SCJ08-2	方解石为主，石英为次，透长石少量	83	17	
SCJ08-3	方解石为主，石英为次，透长石少量	83	17	

由试验成果可知，岩屑泥即为岩屑、岩粉、粉土(或重壤土~黏土)混合物。主要矿物是方解石、伊利石，水理性质表现为遇水后均不具膨胀性；化学成分以 SiO_2、CaO、Al_2O_3、K_2O 为主，阴阳离子含量均不高，它表明水溶盐含量很低，水化学作用很弱，对层间剪切带物理化学性质及物理力学性质的相对稳定性影响不大。

5.2.4　层间剪切带发育规律及分类

通过对坝基内各层间剪切带的野外观察和进一步的试验研究，得出坝区层间剪切带发育有如下规律：

表 5-46　河床左侧坝基层间剪切带泥质物土工试验成果

土样编号	土粒比重	流限(%)	塑限(%)	塑性指数	土粒组成(%)								土的分类	
					砂粒(mm)						粉粒(mm)	黏粒(mm)	按粒组定名	按塑性指数定名
					2.0~1.0	1.0~0.5	0.5~0.25	0.25~0.1	0.1~0.075	0.075~0.05	0.05~0.005	<0.005		
SCJ07-1	2.74	31.8	16.8	15.0	4.9	4.9	1.8	2.4	3.5	3.7	36.3	42.5	黏土	壤土
SCJ07-4		24.8	15.2	9.6	18.9	12.9	4.0	5.1	5.6	3.5	24.2	25.8	重壤土	壤土
SCJ08-1	2.75	23.4	15.0	8.4	6.1	9.5	4.3	5.2	7.0	9.9	34.2	23.8	重壤土	壤土
SCJ08-4	2.74	29.8	16.8	13.0	7.6	5.8	2.0	3.1	3.0	4.8	31.6	42.1	黏土	壤土
SCJ07-3	2.73	28.8	17.6	11.2	9.8	12.9	6.2	9.7	7.7	5.1	22.3	26.3	重壤土	壤土
SCJ07-2					15.4	15.9	6.6	7.3	6.5	5.3	24.0	19.0	中壤土	

注：取样经水洗过 2 mm 筛，取筛下试样做颗分、比重、流塑限试验。

表 5-47　河床左侧坝基层间剪切带泥质物化学分析成果

送样号	SiO_2 (%)	Al_2O_3 (%)	TiO_2 (%)	Fe_2O_3 (%)	FeO (%)	CaO (%)	MgO (%)	MnO (%)	Na_2O (%)	K_2O (%)	P_2O_5 (%)	烧失量 (%)	水溶盐 (%)
SCJ7-1	35.42	9.71	0.40	2.07	1.67	22.25	2.39	0.06	0.14	5.55	0.31	19.63	0.15
SCJ7-4	50.80	13.84	0.61	3.49	2.33	7.70	3.06	0.03	0.18	7.80	0.46	9.09	0.23
SCJ8-1	32.02	8.45	0.38	1.81	2.42	25.08	2.44	0.06	0.30	4.60	0.11	21.90	0.19
SCJ8-4	39.51	10.89	0.43	1.97	1.87	19.14	2.35	0.07	0.16	6.10	0.39	17.00	0.17
SCJ7-3	58.88	16.84	0.66	2.96	1.39	1.54	2.70	0.03	0.21	9.00	0.11	4.95	0.34
SCJ8-2	23.40	6.68	0.30	1.10	1.87	32.97	1.64	0.07	0.10	3.90	0.08	27.76	0.17

表 5-48　河床右侧坝基层间剪切带泥质物土工试验成果

取样编号	取样地点	结构	颗粒组成(%)						黏土矿物<0.002 mm			液限(%)	塑限(%)	塑性指数	比重
			>0.25 mm	0.25~0.1 mm	0.1~0.05 mm	0.05~0.01 mm	0.01~0.005 mm	<0.005 mm	伊利石(%)	蒙脱石(%)	高岭石(%)				
SCJ1-1	⑭甲	三元	0.83	19.11	23.96	17.20	12.80	26.10	4.39	痕迹	—	22.0	16.2	5.8	2.78
SCJ1-2	⑭甲	三元	—	4.42	32.68	17.60	12.40	32.90	7.73	痕迹	—	26.5	18.5	8.0	2.77
SCJ7-1	⑫丙	二元	1.94	19.61	40.35	3.20	5.2	29.7	9.07	痕迹	—	21.5	13.5	8.0	2.75
SCJ8-1	⑬丙	三元	0.13	11.32	30.45	11.20	12.40	34.50	9.33	痕迹	—	25	13.5	11.5	2.77
SCJ10-1	⑫丙	二元	—	6.36	25.54	26	11.20	30.90	8.93	痕迹	—	27	13.5	13.5	2.76

表 5-49　河床右侧坝基层间剪切带泥质物化学分析成果

取样编号	取样地点	结构	SiO$_2$ (%)	TiO$_2$ (%)	Fe$_2$O$_3$ (%)	Al$_2$O$_3$ (%)	FeO (%)	MnO (%)	MgO (%)	CaO (%)	Na$_2$O (%)	K$_2$O (%)	P$_2$O$_5$ (%)	烧失量 (%)	总计 (%)
SCJ01-1	⑭甲	三元	19.10	0.36	1.66	7.43	0.65	0.06	2.39	37.20	0.20	3.38	0.09	27.23	99.75
SCJ01-2	⑭甲	三元	26.75	0.43	2.11	10.63	0.98	0.06	2.61	29.50	0.30	4.43	0.13	21.96	99.89
SCJ07-1	⑫丙	二元	31.75	0.47	3.39	11.46	1.10	0.04	2.90	23.00	0.23	5.20	0.28	19.90	99.72
SCJ08-1	⑬丙	三元	31.47	0.63	2.40	12.68	1.89	0.06	2.48	23.85	0.25	5.35	0.09	19.10	99.75
SCJ10-1	⑫丙	二元	35.18	0.45	4.32	12.69	1.01	0.09	4.89	16.35	0.23	5.15	0.57	18.75	99.68
SCJ08-2	⑫丙	一元	41.12	0.79	2.24	15.63	0.68	0.05	2.00	14.00	0.26	7.66	0.14	13.94	99.74
SCJ10-2	⑮丙	一元	21.23	0.31	5.92	8.96	1.69	0.10	5.57	27.00	0.16	3.77	0.50	24.41	99.71
SCJ07-2	⑰丙	一元	53.09	0.72	3.66	17.27	1.39	0.04	2.75	3.90	0.25	8.36	0.35	7.94	99.72
SCJ08-3	⑯丙	二元	27.41	0.54	2.83	12.40	0.89	0.06	2.37	25.85	0.20	5.65	0.09	21.42	99.71
SCJ07-3	⑰丙	一元	47.70	0.27	4.41	14.91	1.36	0.04	3.48	8.35	0.20	7.90	0.29	10.73	99.64

(1)剪切带发育地层以薄层泥灰岩为主，其上、下岩层多为较坚硬且厚度变化较大的鲕状灰岩。剪切带组成物质主要为节理、劈理化形成的岩石薄片、岩块及岩屑，部分含有泥质物，多表现为泥质团块、条带或泥膜。

(2)层间剪切带均为顺层发育，产状与上、下岩层产状大致相同。

(3)同一剪切带自左至右，厚度逐渐变薄，泥质含量逐渐减少，SCJ08、SCJ10在河床右侧坝基，基本不含泥质物。

(4)自上而下，各剪切带岩屑泥含量逐渐减少，即SCJ01泥质含量较高，SCJ07次之，SCJ08、SCJ10分布相距较近，剪切带性状相似，含泥化物最少。

(5)层间剪切带矿物成分稳定，黏土矿物不具膨胀性，水溶盐含量很少，物理力学性质相对稳定性较好。

层间剪切带按物质组成和结构特征，结合国内常见分类方法，坝基岩体层间剪切带大致可分为岩屑夹泥型、碎块(片)与碎屑型和硬性结构面型三种类型，五种类别：

岩屑夹泥型

Ⅰ类：含泥化带类

碎块(片)与碎屑型

Ⅱ类：性状较差劈理带类

Ⅲ类：性状较好劈理带类

硬性结构面型

Ⅳ类：节理带类

Ⅴ类：层面及层面裂隙类

坝基层间剪切带分类统计见表 5-51，坝基不同部位层间剪切带素描图见图 5-39。

表 5-50　河床右侧坝基层间剪切泥质物带离子含量统计

取样编号	取样地点	名称	结构	阳离子				阴离子				pH值	干涸残渣(mg/100 g)
				离子	Me/100 g	mg/100 g	Me%	离子	Me/100 g	mg/100 g	Me%		
SCJ01-1	⑭甲	岩屑泥	三元	Ca⁺⁺	0.65	13.12	47.10	HCO₃⁻	0.67	41.01	48.55		
				Mg⁺⁺	0.22	2.65	15.94	CO₃⁼	0.03	1.03	2.17		
				Na⁺	0.20	4.67	14.49	SO₄⁼	0.29	13.93	21.01	6.90	104.56
				K⁺	0.31	14.20	22.46	Cl⁻	0.39	13.93	28.26		
				总量	1.38	34.64	99.99	总量	1.38	69.90	99.99		
SCJ01-2	⑭甲	岩屑泥	三元	Ca⁺⁺	0.72	14.34	5.18	HCO₃⁻	0.76	46.40	56.3		
				Mg⁺⁺	0.26	3.18	18.7	CO₃⁼					
				Na⁺	0.21	4.90	15.1	SO₄⁼	0.24	11.53	17.8	6.7	100.87
				K⁺	0.20	7.97	14.4	Cl⁻	0.35	12.55	25.9		
				总量	1.39	30.39	100	总量	1.35	70.48	100		
SCJ07-1	⑫丙	岩屑	二元	Ca⁺⁺	0.76	15.22	41.08	HCO₃⁻	0.67	41.01	36.02		
				Mg⁺⁺	0.22	2.65	11.89	CO₃⁼	0.04	1.06	2.15		
				Na⁺	0.41	9.49	22.16	SO₄⁼	0.74	35.54	39.78	7.10	137.47
				K⁺	0.46	17.85	24.86	Cl⁻	0.41	14.65	22.04		
				总量	1.85	45.21	99.99	总量	1.86	92.26	99.99		
SCJ10-1	⑫丙	岩屑	二元	Ca⁺⁺	0.81	16.18	40.10	HCO₃⁻	0.85	51.80	42.08		
				Mg⁺⁺	0.31	3.82	15.35	CO₃⁼	0.03	1.03	1.49		
				Na⁺	0.39	9.05	19.31	SO₄⁼	0.83	39.86	41.09	7.00	256.57
				K⁺	0.51	19.92	25.25	Cl⁻	0.31	11.16	15.35		
				总量	2.02	48.97	100.01	总量	2.02	103.85	100.01		
SCJ08-1	⑬丙	岩屑	三元	Ca⁺⁺	0.74	14.87	39.15	HCO₃⁻	0.74	45.33	39.78		
				Mg⁺⁺	0.22	2.65	11.64	CO₃⁼					
				Na⁺	0.32	7.42	16.93	SO₄⁼	0.77	36.98	41.10	6.70	143.46
				K⁺	0.61	23.66	32.28	Cl⁻	0.35	12.55	18.80		
				总量	1.89	48.60	100	总量	1.86	94.86	99.68		

表 5-51　河床坝基层间剪切带分类统计

统计位置	剪切带编号	坝段编号	统计长度 (m)	碎屑夹泥型 Ⅰ含泥化带类 长度(m)/百分比(%)	碎块(片)与碎屑型 Ⅱ性状较差劈理带类 长度(m)/百分比(%)	碎块(片)与碎屑型 Ⅲ性状较好劈理带类 长度(m)/百分比(%)	硬性结构面型 Ⅳ节理带类 长度(m)/百分比(%)	硬性结构面型 Ⅴ层面及层面裂隙类 长度(m)/百分比(%)	说明
1号抗剪平硐下游壁	SCJ08	④	9.0	0	3.0/33.3	0	4.8/53.3	1.2/13.3	
		⑤	19.0	0	10.8/56.8	0	6.35/33.4	1.85/9.7	
		⑥	20.0	0	7.5/37.5	9.5/47.5	3.0/15.0	0	
		⑦	21.0	4.5/21.4	11.5/54.8	5.0/23.8	0	0	
		⑧	22.1	3.5/15.8	12.0/54.3	0	0	6.6/29.9	
		⑨	23.35	0.4/1.7	1.5/6.4	12.05/51.6	0	9.4/40.3	
		⑩	19.55	3.0/15.4	1.0/5.1	5.75/29.4	7.0/35.8	2.8/14.3	
		合计	134.0	11.4/8.5	47.3/35.3	32.3/24.1	21.15/15.8	21.85/16.3	
	SCJ09	④	9.0	3.1/34.4	3.2/35.6	0	2.7/30.0	0	
		⑤	19.0	0	4.7/24.7	8.2/43.2	6.1/32.1	0	
		⑥	19.0	0	0	5.0/26.3	0	14.0/73.7	分类原则:
		⑦~⑩	87.0	0	0	0	0	87.0/100	Ⅰ含泥化带类:剪切带多为二、三元结构,其中泥化带成层发育,厚度在0.3 mm以上,组成物质为岩屑泥
		合计	134.0	3.1/2.3	7.9/5.9	13.2/9.8	8.8/6.6	101/75.4	
	SCJ10	③	5.75	0	0	0	4.1/71.3	1.65/28.7	
		④	19.25	0	13.9/72.2	1.8/9.4	0	3.55/18.4	Ⅱ性状较差劈理带类:剪切带为一元或二元结构,其中劈理带内物质呈多薄层片状或碎块状,并夹有岩屑及团块状岩屑泥
		⑤	19.0	0	16.8/88.4	0	2.2/11.6	0	
		⑥	20.0	8.2/41.0	4.2/21.0	6.3/31.5	1.3/6.5	0	
		⑦	20.9	11.0/52.6	1.9/9.1	8.0/38.3	0	0	
		⑧	22.7	1.2/5.3	17.7/78.0	0	3.8/16.7	0	
		⑨	22.75	0	19.75/86.8	3.0/13.2	0	0	
		⑩	19.65	0	1.25/6.4	14.2/72.3	0	4.2/21.4	Ⅲ性状较好劈理带类:剪切带呈一元或二元结构,其中劈理带内物质组成为泥灰岩、灰岩薄片及碎块,基本不含岩屑、岩粉
		合计	150.0	20.4/13.6	75.5/50.3	33.3/22.2	11.4/7.6	9.4/6.3	
1号抗剪平硐支硐右壁	SCJ08	⑦	16.5	0	4.5/27.3	0	12.0/72.7	0	
		⑧	19.0	0	0	10.5/55.3	8.5/44.7	0	
		⑨	19.0	0	0	0	13.5/71.1	5.5/28.9	
		⑩	19.0	0	0	0	14.5/76.3	4.5/23.7	Ⅳ节理带类:剪切带呈一元结构,节理发育,泥灰岩、灰岩呈薄层状,内部结构未遭破坏
		合计	73.5	0	4.5/6.1	10.5/14.3	48.5/66.0	10.0/13.6	
	SCJ10	⑤	8.0	0	2.0/25	4.0/50.0	2.0/25	0	
		⑦	16.5	0	0	0	16.5/100	0	
		⑧	19.0	0	8.5/44.7	0	10.5/55.3	0	
		⑨	19.0	0	12.9/67.9	0	6.1/32.1	0	
		⑩	19.0	0	9.1/47.9	1.4/7.4	8.5/44.7	0	
		合计	81.5	0	32.5/39.9	5.4/6.6	43.6/53.5	0	
2号抗剪平硐下游壁	SCJ08	⑥	18.5	0	0	0	18.5/100	0	
		⑦	15.0	0	0	0	15.0/100	0	
		⑧	19.0	0	0	0	19.0/100	0	
		⑨	19.0	0	0	0	19.0/100	0	
		⑩	19.0	0	2.0/10.5	0	17.0/89.5	0	
		合计	90.5	0	2.0/2.2	0	88.5/97.8	0	

续表 5-51

统计位置	剪切带编号	坝段编号	统计长度(m)	碎屑夹泥型 Ⅰ含泥化带类 长度(m)/百分比(%)	碎块(片)与碎屑型 Ⅱ性状较差劈理带类 长度(m)/百分比(%)	碎块(片)与碎屑型 Ⅲ性状较好劈理带类 长度(m)/百分比(%)	硬性结构面型 Ⅳ节理带类 长度(m)/百分比(%)	硬性结构面型 Ⅴ层面及层面裂隙类 长度(m)/百分比(%)	说明
2号抗剪平硐下游壁	SCJ10	③	11.0	0	0	0	3.0/27.3	8.0/72.7	
		④	15.0	2.5/16.7	0	1.0/6.6	4.5/30.0	7.0/46.7	
		⑤	15.0	0	10.7/71.3	0	4.3/28.7	0	
		⑥	19.0	0	0	0	19.0/100	0	
		⑦	15.0	1.0/6.7	2.0/13.3	0	12.0/80.0	0	
		⑧	19.0	10.5/55.3	0	0	8.5/44.7	0	
		⑨	19.0	1	0	0	19.0/100	0	
		⑩	19.0	0	0	0	19.0/100	0	
		合计	132.0	14.0/10.6	12.7/9.6	1.0/0.8	89.3/67.6	15.0/11.4	
2号抗剪平硐支硐右壁	SCJ08	⑥	16.0	0	0	0	16.0/100	0	
		⑦	16.0	0	0	0	16.0/100	0	
		合计	32.0	0	0	0	32.0/100	0	
	SCJ10	⑥	16.0	15.3/95.6	0	0	0.7/4.4	0	
		⑦	16.0	1.0/6.3	1.8/11.2	0	13.2/82.5	0	
		合计	32.0	16.3/50.9	1.8/5.6	0	13.9/43.5	0	
3号抗剪平硐下游壁	SCJ08	⑤	2.0	0	0	0	2.0/100	0	
		⑥	15.0	0	0	0	15.0/100	0	
		⑦	15.0	0	0	0	15.0/100	0	
		⑧	19.0	0	0	0	19.0/100	0	
		⑨	19.0	0	0	0	19.0/100	0	
		合计	70.0	0	0	0	70.0/100	0	
	SCJ10	③	8.0	0	0	0	3.0/37.5	5.0/62.5	
		④	19.0	0	0	0	19.0/100	0	
		⑤	19.0	5.0/26.3	0	0	14.0/73.7	0	
		⑥	15.0	7.5/50.0	0	0	7.5/50.0	0	
		⑦	15.0	9.0/60.0	0	0	6.0/40.0	0	
		⑧	19.0	0	0	0	19.0/100	0	
		⑨	19.0	2.3/12.1	0	0	16.7/87.9	0	
		合计	114.0	23.8/20.9	0	0	85.3/74.7	5.0/4.4	
3号抗剪平硐支硐右壁	SCJ08	⑥	10.0	0	0	0	10.0/100	0	
		⑦	10.0	0	0	0	10.0/100	0	
		⑧	10.0	0	0	0	10.0/100	0	
		合计	30.0	0	0	0	30.0/100	0	
	SCJ10	④	10.0	0	0	0	10.0/100	0	
		⑤	16.0	0	0	0	14.0/87.5	2.0/12.5	
		⑦	10.0	0	0	0	10.0/100	0	
		⑧	10.0	4.0/40.0	0	0	6.0/60.0	0	
		合计	46.0	4.0/8.7	0	0	40.0/87.0	2.0/4.3	
坝基试验硐上游壁	SCJ10	④	11.5	0	0	1.0/8.7	2.5/21.7	8.0/69.6	
		⑤	19.0	0	0	6.0/31.6	13.0/68.4	0	
		⑥	4.5	0	0	0	4.5/100	0	
		合计	35.0	0	0	7.0/20.0	20.0/57.1	8.0/22.9	

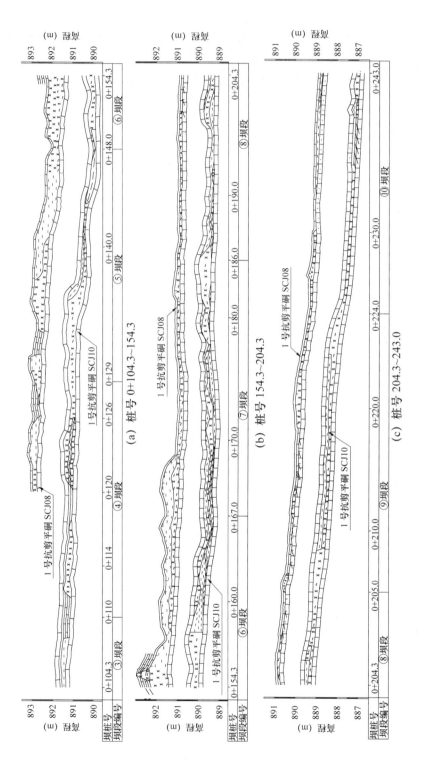

图 5-39　坝基不同部位层间剪切带素描图

5.2.5　层间剪切带抗剪强度

5.2.5.1　层间剪切带力学试验成果

1.抗剪强度试验

基坑开挖后，重点针对坝基下层间剪切带进行了 5 次抗剪强度试验，完成试验工作量见表 5-52。

表 5-52　坝基下层间剪切带抗剪强度试验工作量

剪切带编号	组(块)数	试验类型	试验时间	取样位置
SCJ07	9组	泥质物室内重塑样中型剪试验	1995 年	河床左侧基坑
SCJ08				
SCJ09				
SCJ07	45 块	中型剪试验	1996 年	河床右侧坝基下 0+038 断面，人工刻槽取样
SCJ08				
SCJ10				
SCJ01	46 块	中型剪试验	1997 年	⑫、⑰坝段主廊道，钻孔取样
SCJ07				
SCJ08				
SCJ09				
SCJ10				
SCJ09	61 块	大型剪试验	1998~1999 年	河床左侧护坦基础 1 号抗剪平硐
SCJ10				
SCJ08	41 块	中型剪试验		
SCJ10				
SCJ10	3 组	大型剪试验	2000 年	③、⑤、⑥坝段坝基试验硐
SCJ08	16 组	中型剪试验		④~⑩坝段主廊道及第一、二基础排水廊道
SCJ10				

第一次试验，1995 年在河床左侧基坑共取 9 组 SCJ07、SCJ08、SCJ09 层间剪切带扰动样，做了泥质物室内重塑样中型剪试验，试验成果见表 5-53。重塑剪试验由于人为地制造了剪切面的连续泥膜，因而试验值偏低。

表 5-53　第一次试验河床左侧坝基层间剪切带重塑样室内抗剪试验成果

编号	SCJ07-1	SCJ07-2	SCJ07-3	SCJ07-4	SCJ09-1	SCJ08-1	SCJ08-2	SCJ08-3	SCJ08-4
岩性	泥夹碎屑	泥夹碎屑	碎石、碎片	碎石、碎片	碎石、碎片	泥夹碎屑	碎石、碎片	碎石、碎片	泥夹碎屑
C' (kPa)	55	80	30	40	38	85	40	35	65
f'	0.34	0.32	0.53	0.51	0.54	0.32	0.53	0.51	0.32
含水量 (%)	26.4	24.41							
说明	1.含水量为试验前测定；2.试验单位为天津院勘察院								

第二、三次试验在河床右侧，分水泥灌浆前、后，于 1996 年、1997 年分别自基坑和钻孔采取层间剪切带样品(灌前 45 块、灌后 46 块)，进行了现场中型抗剪试验。1996 年是在河床右侧坝基下 0+038 开挖断面，用人工刻槽法取原状岩块。1997 年取样是在⑫、⑰坝段帷幕灌浆廊道，完成灌浆 1~6 个月后用钻机取样，钻具为 150 mm 双管(内加衬皮)单动金刚石钻头钻具，取岩心直径约 120 mm。这两次试验无论是基坑刻槽法取样，还是钻孔取样，均是在解除了三维应力状态下，先进行饱和，再进行试验。试验成果见表 5-54。由于水泥灌浆后所取层间剪切带岩样，仅在一块样品中见到少量水泥浆液，其余 45 块岩样均未见到水泥浆液或水泥结石，因此剪切带岩样基本没有受到水泥灌浆的影响，两次试验成果相近。

表 5-54　第二、三次河床右侧坝基层间剪切带现场中型剪试验抗剪强度指标

剪切带编号	类型	抗剪强度指标								备注
		水泥灌浆后(1997 年)				水泥灌浆前(1996 年)				
		f'	C' (MPa)	f	C(MPa)	f'	C' (MPa)	f	C(MPa)	
SCJ01	II	0.61	0.09	0.52	0.04					1. 类型：II 多薄层，岩片破碎，层面较平直，夹层中无岩屑、岩粉，属性状较差劈理带类；III 多薄层，岩片破碎，层面较平直，夹层中无岩屑、岩粉，属性状较好劈理带类；IV 单薄层、夹层，岩片较完整，层面波状起伏，夹层中无岩屑、岩粉，属节理带类；V 中厚层岩层面，上、下盘为完整岩体，层面波状起伏大，无岩屑和岩粉，属层面裂隙类。2. 试验单位为中科院地质研究所
	III	0.63	0.11	0.54	0.05					
	IV	0.73	0.16	0.62	0.05					
SCJ07	II	0.61	0.05			0.6	0.08	0.53	0.03	
	III	0.71	0.11	0.61	0.03	0.7	0.14	0.6	0.06	
	IV	0.63	0.15	0.57	0.02	0.62	0.12	0.55	0.04	
	V	0.72	0.25	0.61	0.05					
SCJ08	II					0.62	0.13	0.55	0.07	
	III	0.63	0.09	0.56	0.03	0.63	0.14	0.58	0.08	
	IV	0.62	0.11	0.54	0.03	0.73	0.2~0.32	0.6	0.09	
	V	0.71	0.3	0.6	0.04					
SCJ09	V	0.74	0.22	0.62	0.05					
SCJ10	II					0.65	0.15	0.62	0.09	
	III					0.64	0.12	0.6	0.07	
	IV					0.64	0.09	0.6	0.05	
	V	0.74	0.35	0.63	0.04	1.11~1.19	0.34~0.40			

第四次试验，于 1998 年、1999 年分两期在河床左侧坝趾下游护坦基础下勘探试验平硐(扩挖后即为 1 号抗剪平硐)进行。其中，大型剪做了 9 组(48 块)常规试验、13 块单点法试验；中型剪共做 8 组(41 块)。本次大型剪试验是在预加垂直应力的情况下，现场原位进行的，试件大小 50 cm × 50 cm。中型剪取样采用水平钻孔法，样品直径 20 cm 或 25 cm，样品取出后在尽可能不失水的前提下，未进一步饱和。试验成果见表 5-55 及表 5-56。

第五次试验是在 2000 年度进行的。此次试验最初是为了验证 SCJ08、SCJ10 层间剪切带化学灌浆的补强效果，由于化学灌浆试验是在第二基础排水廊道的④、⑤坝段和第一基础排水廊道的⑥坝段进行的，因此本次中型剪试验取样地点分别布置在第二基础排水廊道的④~⑨坝段和第一基础排水廊道的⑥坝段及主廊道⑦坝段，以便进行同一层位的化学灌浆前后对比试验。此次试验利用钻机取样，岩心直径约 120 mm，试验总工作量是 16 组 83 块岩样，试验成果见表 5-57。由于本次试验除④、⑤坝段 3 块 SCJ10 试件外侧

表 5-55　第四次层间剪切带大型剪试验成果

剪切带编号	试验位置	分组及试件编号	试验方法	抗剪强度		剪切带类型	试验时间	备注
				f'	C' (MPa)			
SCJ09	⑥坝段	Ⅰ	常规法	0.56	0.32		1998 年	试验位置为河床左侧护坦基础试验硐，试验单位为天津院科研所
SCJ10	⑤坝段	Ⅰ		0.61	0.20			
		Ⅱ		0.67	0.16			
		Ⅲ		0.68	0.38			
	⑥坝段	Ⅳ		0.51	0.26		1999 年	
	⑦坝段	Ⅴ		0.44	0.38			
	⑧坝段	Ⅵ		0.52	0.22			
	⑨坝段	Ⅶ		0.58	0.16			
	⑨、⑩坝段	Ⅷ		0.43	0.22			

表 5-56　第四次层间剪切带现场中型剪试验成果

剪切带编号	分组及试验编号	试验方法	抗剪强度		剪切带类型	备　注
			f'	C' (MPa)		
SCJ08	Ⅰ	常规法	0.48	0.18	含泥化带类	1.取样位置为河床左侧护坦基础 1 号抗剪平硐 2.试验时间为 1999 年 3.试验单位为天津院科研所
	Ⅱ		0.51	0.17	性状较差劈理带类	
SCJ10	Ⅰ		0.50	0.14	含泥化带类	
	Ⅱ		0.40	0.22	性状较差劈理带类	
	Ⅲ		0.56	0.22	性状较差劈理带类	
	Ⅳ		0.59	0.20	性状较好劈理带类	
	Ⅴ		0.56	0.34	层面裂隙类	
	Ⅵ		0.59	0.30	层面裂隙类	

柱体上和节理间可见微量棕红色化学灌浆物，在全部试件剪断面上均没有见有化学灌浆物存在，因此本次中型剪试验未能反映化学灌浆后的补强效果。但与历次中型剪试验相比，试验结果有所提高，考虑到中型剪试验方法本身的不足，主要是试件尺寸较小，控制岩体力学性质的主要因素，即岩体结构效应不能充分体现出来；又考虑到以前的大型抗剪试验是在 1 号抗剪平硐(护坦基础)中进行的，难以代表坝基下层间剪切带的真实性状，因此本次中型剪试验完成后，又在大坝基础下的③、⑤、⑥坝段坝基试验硐，针对SCJ10 层剪切带做了 3 组原位大型抗剪试验，试验成果见表 5-57。从表中看，性状基本相同的层间剪切带，其原位大型抗剪试验结果明显高于中型剪试验结果。从 3 组大型剪试验的剪后试件看，多属于碎块、碎屑型(Ⅱ类、Ⅲ类)和硬性结构面型(Ⅳ类、Ⅴ类)两大类，基本代表坝基下 SCJ10 层间剪切带的实际情况。

表 5-57　第五次层间剪切带剪切试验成果

试验 类型	试验位置		剪切带 编号	组数	抗剪强度		试验时间	备注
					f'	C' (MPa)		
中型剪 试验	第二基础 排水廊道	④	SCJ10	1	0.73	0.28	2000 年	1.取样、试验位置在坝基 排水廊道基础及坝基平硐 2.本次试验的结构面类型 多属硬性结构面型(Ⅳ类、 Ⅴ类)、碎块与碎屑型(Ⅱ类、 Ⅲ类)组合状。 3.试验单位为中科院
				2	0.78	0.34		
				3	0.70	0.28		
		⑤	SCJ10	1	0.70	0.36		
				2	0.70	0.25		
		⑥	SCJ08	1	0.63	0.20		
			SCJ10	1	0.62	0.24		
	主廊道	⑦	SCJ08	1	0.63	0.28		
			SCJ10	1	0.70	0.25		
	第二基础 排水廊道	⑧	SCJ08	1	0.68	0.15		
			SCJ10	1	0.72	0.25		
				2	0.68	0.21		
		⑨	SCJ08	1	0.63	0.32		
			SCJ10	1	0.70	0.24		
	第一基础 排水廊道	⑥	SCJ08	1	0.62	0.20		
			SCJ10	1	0.68	0.15		
大型剪 试验	坝基试验硐	⑥	SCJ10	1	0.68	0.34		
		⑤	SCJ10	1	0.62	0.33		
	3 号抗剪平硐	③	SCJ10	1	0.63	0.30		

　　从历次试验成果看,其抗剪强度试验值虽有不同,但是,考虑取样、饱水及试验方法的差异,其成果总体是相近的,其规律性也是比较好的。第一次室内重塑样,因人为地制造了泥化条带,抗剪强度数值较低,就是从这次较低的指标,也可说明剪切带中的泥质物并非以黏粒为主。其余 4 次层间剪切带抗剪试验成果,可以反映出基础内存在的层间剪切带具有较高的抗剪强度指标。

　　2.物探测试及弹模试验

　　河床左侧基坑形成后,对 SCJ07~SCJ10 剪切带进行了地表、孔内物探波速对比测试,综合得出剪切带波速值如下:SCJ07V_p=1 100 m/s,SCJ08V_p=1 200 m/s,SCJ09V_p=1 300 m/s,SCJ10V_p=1 100 m/s。

　　河床左侧 1 号抗剪平硐形成后,对 SCJ10 剪切带做了 7 个点的弹模测试,其成果见表 5-58。由于测试是在试验硐底垂直于层间剪切带进行的,在加工试件时,层间剪切带上覆厚度约 20 cm 的鲕状灰岩未清除,因此测试成果为层间剪切带与上下岩体的综合值,不完全代表剪切带本身真值。但从其成果也可说明带内物质结合紧密。

表 5-58 层间剪切带弹性模量试验成果

试点编号	应力 (MPa)	变形模量 (GPa)	弹性模量 (GPa)	备注
SCJ10-E1	2.4	16.98	33.95	
SCJ10-E2	2.4	9.63	33.26	1.剪切带上覆有约 20 cm 的鲕状灰岩
SCJ10-E3	2.4	18.97	49.62	2.试验所提弹性模量为层间剪切带与
SCJ10-E4	2.4	8.84	18.43	上部鲕状灰岩及下部岩体的综合值
SCJ10-E5	2.4	2.63	11.32	3.试验位置为河床左侧 1 号抗剪平硐
SCJ10-E6	2.4	18.97	32.25	4.试验单位为天津院科研所
SCJ10-E7	2.4	8.27	14.02	
平均值	2.4	12.04	27.55	

5.2.5.2 层间剪切带抗剪强度指标选择

1.抗剪试验成果分析

通过对历次剪切带抗剪试验的分析,第二、三次抗剪试验位于河床右侧,为中型剪试验,第四次抗剪试验位于河床左侧护坦基础 I 号勘探试验硐,从左侧各条抗剪平硐所揭露的剪切带性状看,坝基下的剪切带性状明显优于护坦部位,故针对河床左侧坝基,以第五次剪切带大型试验为基础,结合本次中型剪试验成果,考虑历次抗剪试验成果的规律性,采用群点法进行分析整理,确定剪切带抗剪指标标准值,其成果见表 5-59。

表 5-59 左侧坝基层间剪切带抗剪试验综合统计成果(标准值)汇总

剪切带编号	试验整理方法		抗剪强度指标		备注
			f'	C'(MPa)	
SCJ10	群点法	中值	0.62	0.32	大型剪试验
SCJ10	常规法	算术平均值	0.70	0.26	中型剪试验
		小值平均值	0.67	0.23	
	群点法	中值	0.65	0.29	
		中值 含泥膜	0.68	0.25	
		不含泥膜	0.62	0.31	
	常规法	算术平均值	0.64	0.23	
SCJ08		小值平均值	0.63	0.18	

2.抗剪强度指标地质建议值

不同剪切带或同一剪切带不同部位,因其遭受的构造变形破坏程度不同,使其结构、组成和工程地质性状差异较大,对这种差异性,单纯靠少数点的试验成果难以覆盖。因此,要选择层间剪切带综合抗剪指标,除应用正确的方法对试验成果进行分析整理,还必须结合野外宏观地质因素加以分析研究,进行综合判断。这些因素归纳起来主要包括:物质组成和结构,发育的不均一性,起伏差的影响,试验条件的限制及地下水的作用。

1)物质组成和结构

如前所述,总体来看层间剪切带物质组成为泥灰岩和薄层灰岩岩块、岩片及少量岩屑泥,带内物质受机械破碎和研磨作用的程度不高;从其结构看,层间剪切带虽有其明显的分带性，但以节理带、劈理带为主，在坝基部位更是以硬性结构面(层面裂隙与节理面)为主，绝大部分仅受到轻微的破坏，属多薄层层状结构，薄层之间及薄层与上下鲕状灰岩之间一般结合紧密，泥化带连通率很低，致使层间剪切带具有相对较高的力学指标。

2)发育的不均一性

坝基内层间剪切带结构特征、物质组成存在一定的不均一性。

由统计成果可知，SCJ08、SCJ10剪切带，在④~⑧坝段岩屑夹泥型、碎屑与碎块(片)型分布明显高于其他坝段，而⑨坝段及其以右各坝段中，则以硬性结构面类和性状较好劈理带类为主；SCJ07剪切带在河床右侧各坝段，以硬性结构面类为主；SCJ09剪切带仅在④~⑥坝段及护坦、防冲板、导墙局部发育，而⑦~⑲坝段以右，在其相对位置为泥灰岩集中带，未见破坏痕迹，即使层面裂隙，也多呈闭合状态；SCJ01剪切带由于埋藏较浅，受地表风化和地下水化学作用影响较大，碎屑泥含量较高，以碎屑与碎块(片)型和岩屑夹泥型为主。

剪切带在物质组成和结构上的不均一性，是影响其抗剪强度的重要因素，以硬性结构面为主的坝段，剪切带的抗剪强度则相对较高，可适当考虑"岩桥"的作用。因此，在确定层间剪切带抗剪强度时，需结合各剪切带不同位置的分类统计情况区别对待，避免单纯的以点代面。

3)起伏差对抗剪强度的影响

由于层间剪切带厚度有限，因而在承受剪切作用时不能不受到上下围岩的制约和影响，即所谓的岩壁效应，产生岩壁效应的主要因素是起伏差的大小和剪切带的厚度。一般将剪切带厚度与起伏差之比称为起伏度。层间剪切带各起伏度变化情况见表5-60。

表 5-60　坝基层间剪切带各起伏度变化情况

起伏级别	一级起伏	二级起伏	三级起伏
起伏度	0.005~0.1	0.1~1	≥1

当层间剪切带在建筑物范围内的起伏差大于其厚度时，即厚度与起伏差之比小于 1 时，沿层间剪切带滑移，剪切面不可能完全在剪切带内通过，势必有局部的啃断、爬坡，因而其强度大于剪切带本身的强度，见图 5-40。虽然实际情况要复杂的多，国内外不少试验研究结果有所不同，但起伏差的作用是公认的。就万家寨坝基岩体层间剪切带而言，一、二级起伏均大于剪切带本身厚度，有利于提高其抗剪强度。尤其是对于二、三元结构剪切带，从编录情况看，其中泥化带和较差劈理带厚度，仅占剪切带本身厚度的 1/2~1/3(个别部位更薄)，因此起伏差的作用愈加明显。

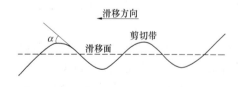

图 5-40　坝基层间剪切带滑移示意图

4)试验条件的限制

(1)样品制备对层间剪切带试验强度的影响。层间剪切带赋存于坝基岩体内，处于三维应力状态，而无论是大型剪，还是中型剪试验，均是在仅有垂直应力的情况下进行的。

在取样和样品制备过程中，尽管采取了必要的措施，仍难以避免剪切带有不同程度的分离松散。这一方面是应力释放所产生的卸荷影响，另一方面也是取样所造成对试件扰动的结果。这样必然降低了试件本身的抗剪强度，尤其是降低了内聚力值，致使试验成果较实际情况偏低。这一点中型剪试验影响更为明显。

(2)试验所反映的岩壁效应。如前所述，层间剪切带起伏差有利于提高剪切带抗剪强度，大型抗剪试验基本模拟了二、三级起伏情况下的层间剪切带剪切破坏过程。一级起伏实际上是剪切带产状局部变化，抗剪试验对其整体爬坡、啃断效应难以体现，致使试件的试验值低于层间剪切带综合强度。

5)水库蓄水运行后层间剪切带性状变化

就万家寨坝基层间剪切带而言，水库运行期间，长期反复受力及地下水影响将导致其强度有所降低，这是难以避免的。但是，由于层间剪切带物质结构紧密、矿物成分稳定、水溶盐含量很低、水化学作用很弱，因此层间剪切带物理化学性质相对稳定性较好，长期强度衰减将不十分明显。尽管如此，仍需加以注意，做好防范措施和安全监测。

根据前述分析，以试验成果为基础，并考虑试验条件及试验成果分析取值方法，依据各剪切带工程地质特征及在河床坝基的变化情况，参考国内外通常取值原则，提出层间剪切带建议指标，见表 5-61。

表 5-61　坝基层间剪切带结构面抗剪强度指标地质建议值

剪切带编号	位置	抗剪指标建议值	
		f'	C'(MPa)
SCJ01	右侧坝基	0.35	0.20
SCJ07	右侧坝基	0.50	0.25
SCJ08	河床坝基	0.50~0.55	0.28~0.35
SCJ09	④、⑤坝段	0.55	0.30
SCJ10	河床坝基	0.50~0.55	0.28~0.35

由于 SCJ08、SCJ10 层间剪切带分布范围广，几乎遍及整个河床坝基及护坦、防冲板，考虑其发育的不均匀性，即同一条剪切带，从河床左侧至河床右侧坝基，其性状逐渐变好，因此在确定抗剪强度建议指标时，给出了一个适当范围值。设计使用时，应根据剪切带发育特征、工程受力及运行状况，适当调整使用。

前述层间剪切带抗剪强度试验，绝大多数试块的最大法向应力是模拟坝基应力取值2.0~2.4 MPa，其中 SCJ10 做了最大法向应力 1 MPa 的一组大型抗剪试验，其抗剪强度值比高法向应力的抗剪强度一般低 20%。护坦、防冲板基础下各层间剪切带抗剪强度指标，应在表 5-61 建议值基础上适当折减，酌情使用。

5.2.6　坝基抗滑稳定工程地质边界条件分析

坝基岩体滑动的边界条件，即控制滑动面、侧向切割面和上、下游临空面的相互组合。按坝体不同部位分别叙述如下。

5.2.6.1　河床左侧坝基

1.可能滑动面

SCJ08、SCJ09、SCJ10 三条产状平缓的层间剪切带平行展布其下，见图 5-41。

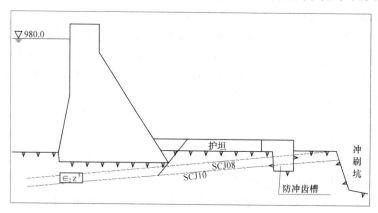

图 5-41　大坝左侧泄流坝段抗滑稳定分析示意图

(1)SCJ08 层间剪切带。除④坝段已挖除，⑤~⑪坝段及泄流冲刷区范围均有分布，建基面以下埋深 2.0~3.0 m，为坝基下可能滑动面。

(2)SCJ09 层间剪切带。仅局部分布，沿 SCJ09 形成整体滑动面可能性不大。

(3)SCJ10 层间剪切带。建基面以下埋深 0.5~4.7 m，且连续性相对较好，为河床左侧第二个可能滑动面。

2.侧向切割面

侧向切割面由 NNE 向陡倾角裂隙构成，该组裂隙与河床呈 10°~25°锐角相交，延伸较短，一般为数米至二三十米，裂隙间距 5~8 m，裂隙内多被方解石充填紧密，较顺直，其连通率可按 30%计。同时，由于坝体形式为半整体式重力坝，至 915 m 高程开始分缝，其侧向阻滑对坝体稳定十分有利。

3.临空面及下游抗力体

上游横向拉裂面由 NWW 向陡倾角裂隙构成，下游 SCJ08、SCJ10 剪切带在防冲齿槽切断。

河床左侧溢流坝段，自护坦至冲刷坑总长约 120 m、宽 200 m 范围为下游巨大的抗力体，势必分担坝体的水平推力，在抗滑稳定中作用不容忽视。

下游抗力体为张夏组第五层($\in_2 z^5$)岩体，以中厚层灰岩和薄层灰岩为主，其内分布有 SCJ07~SCJ10 层间剪切带，经固结灌浆处理后，岩体纵波速度平均值为 4 220 m/s，岩体完整性相对较好。

5.2.6.2　河床右侧坝基

1.可能滑动面

河床右侧坝基内，SCJ01、SCJ07、SCJ08、SCJ09、SCJ10 五条层间剪切带为相对软弱结构面，见图 5-42。

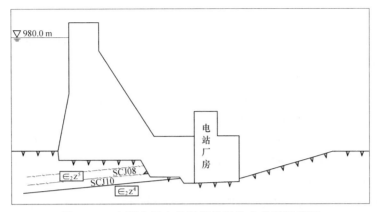

图 5-42　大坝右侧电站坝段抗滑稳定分析示意图

(1)SCJ01 层间剪切带。在电站坝段(⑫~⑰)基础内大部分已挖除，仅在⑮坝段甲块右侧及⑯~⑰两坝段甲块有所分布。该剪切带连通性好，泥化程度高，可能构成滑动面，坝基抗滑稳定计算时，对⑮、⑯、⑰坝段应予以考虑。

(2)SCJ07、SCJ08 层间剪切带。在电站坝段甲、乙块埋深分别为 5.7 m、8.0 m 左右，且连续性较好，为电站坝段坝基可能滑移面。设计在进行电站坝段抗滑稳定核算时，对 SCJ07、SCJ08 剪切带同时校核。

(3)SCJ09、SCJ10 层间剪切带。SCJ09 层间剪切带仅局部分布，且多以层面裂隙出现，完整性好，形成整体滑动面可能性不大。SCJ10 层间剪切带虽有一定的连续性，但完整性好，在坝基下埋深 9.8 m。因此，在核算沿 SCJ07、SCJ08 稳定后，沿 SCJ10 层间剪切带形成深层滑动面的可能性不大。

各层间剪切带，虽然同时存在于河床右侧非溢流坝段(⑱~⑳)，但其下游为电站主安装场或副厂房，二者建基高程 898.0 m，地面高程 909.0 m，坝体下游支撑岩体及建筑物混凝土较厚，大坝抗滑稳定条件较好。

2.侧向切割面

侧向切割面即顺河向(NNE 向)陡倾角裂隙面。

3.临空面及下游抗力体

由于厂房建基高程较低，基础开挖后 SCJ07~SCJ10 层间剪切带在厂房上游壁临空，虽然失去下游支撑岩体，但厂坝连接联合受力的方式，又有利于坝基抗滑稳定。

5.2.7　基础加固处理措施

河床坝基可能形成滑动面的层间剪切带，河床左侧坝基有 SCJ08、SCJ10，河床右侧坝基有 SCJ01、SCJ07、SCJ08、SCJ10。经设计核算，河床右侧坝段抗滑稳定满足规范要求；河床左侧坝段抗滑稳定安全系数偏低，不符合规范要求，需对河床左侧坝段基础，主要针对 SCJ08 及 SCJ10 进行加固处理。

5.2.7.1　基础层间剪切带加固处理

对于河床左侧坝段 SCJ08、SCJ10 层间剪切带的加固处理方案，经过对预应力锚索、混凝土抗剪桩、混凝土抗剪平硐、补强灌浆等多方案比较，最终确定在原坝基固结灌浆、帷幕灌浆及基础排水的基础上，采用混凝土抗剪平硐并结合磨细水泥补强灌浆的方案。

1.抗剪平硐布置

抗剪平硐布置在④~⑩坝段坝基及护坦基础内，由 3 条纵向(平行坝轴线)抗剪平硐和数条抗剪支硐组成。1 号抗剪平硐位于护坦下，由原勘探试验平硐扩挖而成，平硐呈弧形，中心线起止桩号为下 0+075.8~下 0+110.86。2 号抗剪平硐布置在④~⑩坝段坝基，中心线桩号为下 0+058.00。3 号抗剪平硐布置在④~⑨坝段坝基，中心线桩号为下 0+038.00。在⑧~⑩坝段护坦部位设一条纵向抗剪支硐，中心线桩号为下 0+074.35。此外，在④~⑧坝段布置数条横向(垂直坝轴线)抗剪支硐。平硐宽度分别为 4 m、5 m，平硐底部位于 SCJ10 剪切带以下 2 m，硐顶位于 SCJ08 剪切带以上 1.5 m，硐高一般为 5.5 m 左右。④~⑤坝段坝基部位 SCJ08 剪切带已挖除，相应硐高为 3.5~5.5 m。

平硐施工交通通道分别由 1 号、2 号竖井及③坝段斜井进入。抗剪平硐具体布置见图5-43。

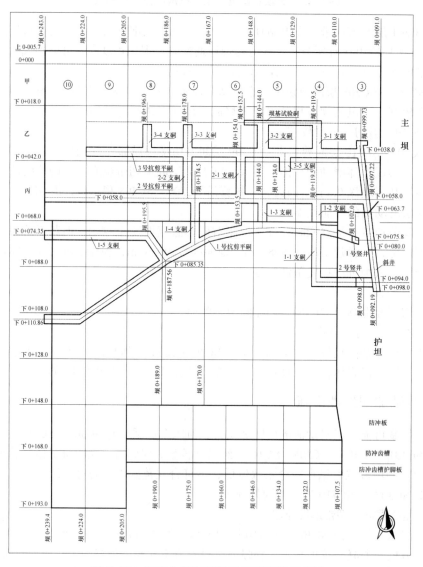

图 5-43　河床左侧坝基抗剪平硐位置示意图

2.抗剪平硐回填

抗剪平硐回填混凝土标号为 $R_{28}200D_{50}S_8$，采用低热微膨胀混凝土回填，分两层浇筑，第一层厚 3 m 左右，第二层厚 2.5 m 左右。平硐混凝土分缝与坝体横缝错开布置，一般 19 m 一段。平硐内设工字钢支撑，以保障施工安全。为提高平硐自身的抗剪强度，保证平硐与基岩的良好结合，平硐内设置抗剪重轨和钢筋网，顶部及底部设有锚筋。

此外，为保证平硐与基岩结合紧密，充分发挥平硐的抗剪作用，在平硐顶部设灌浆管路，对平硐进行回填灌浆。在平硐侧壁预埋接触灌浆管路，待回填混凝土冷却到稳定温度，采用磨细水泥进行接触灌浆。为加快回填混凝土的冷却速度，在回填混凝土内埋设冷却水管，对混凝土进行强制冷却。

3.平硐开挖围岩卸荷处理

坝基平硐开挖需要进行爆破施工，不可避免地对平硐周围岩体造成爆破松弛影响。为了尽可能地减小平硐开挖对围岩和结构带来的不利影响，首先对各个典型部位通过爆破试验检测提出开挖施工的钻爆参数，并在施工中采取了设防震孔、控制装药量、控制进尺等措施，而且在成硐后对平硐再次进行了物探测试，包括地震波测试、声波测试和声波透射。

物探测试结果表明，2 号抗剪平硐岩体松弛带厚度范围值为 0.40~1.00 m，平均值为 0.65 m；3 号抗剪平硐岩体松弛带厚度范围值为 0.50~1.00 m，平均值为 0.70 m。

为了尽可能消除平硐松动圈的影响，采用对平硐周围岩体进行补强灌浆的措施。在平硐回填和接触灌浆完成后，自坝基廊道和护坦面向平硐两侧松动圈钻孔，采用磨细水泥进行灌浆。灌浆孔距一般为 2 m，最大灌浆压力为 3~5 MPa。考虑到坝基爆破施工对坝基防渗帷幕的影响以及部分坝段坝基渗水的实际情况，对④~⑩坝段上游帷幕进行磨细水泥补强灌浆。补强帷幕线与原设计帷幕重合，分主、副两排，入岩深度为 10 m，孔距 2 m。

5.2.7.2　加强坝基排水

坝基补强灌浆后，原坝基部分排水孔被浆液充填而报废。为降低坝基扬压力，确保大坝安全，对坝基排水孔进行修复，并对局部地段进行加强。主排水孔重新钻孔，孔距为 2.0 m，孔深为进入基岩 15~17 m，倾角为 13°，孔内设反滤体。第一、第二基础排水廊道内原排水孔重新扫孔修复。同时，在横向排水廊道内增设排水孔，孔距为 2 m，孔深为进入基岩 8~12 m。护坦部位对因灌浆而淤堵的排水孔按原设计孔位、孔深重新扫孔修复。

为加速排除渗入排水廊道的渗水，在④坝段护坦末端导墙左侧增设一个集水井，并相应设置排水泵房。

5.2.7.3　坝体与护坦接缝加固处理

泄流坝段坝体与护坦接缝原设计缝内填有 2 cm 厚聚乙烯泡沫塑料板。为更好地利用护坦及护坦下部岩体的抗力作用，对坝体与护坦接缝进行了加固处理。在坝体与护坦堰面间骑缝施钻大口径钻孔，钻取缝内充填料，孔内灌注回填 $R_{90}350D_{200}S_8$ 膨胀混凝土，并对孔底磨细水泥补强灌浆。钻孔直径为 30 cm，孔距为 60 cm。

5.2.7.4　加强监测

在大坝原扬压力、应力应变监测的基础上，因对层间剪切带处理而增加的观测项目包括：增加⑧与⑨坝段横向基础排水廊道的扬压力横向观测断面；④~⑩坝段所有坝基扬压力观测孔增加深度至 SCJ10 剪切带以下；抗剪平硐内设置三向测缝计、五向应变计组、单向测缝计、温度计等，用于监测平硐混凝土的应力、应变及平硐位置剪切带的变位、剪切带部位的扬压力等。

5.2.7.5　河床左侧坝基加固处理后大坝抗滑稳定计算结果

河床左侧坝基加固处理后，大坝抗滑稳定计算仍采用刚体极限平衡法，假定计算工况及计算荷载与原设计相同，只是层间剪切带抗剪强度指标区别不同坝段分别取值，具体采用值见表 5-62。参考其他经验，抗剪平硐混凝土抗剪强度取 $f'=0.58$，$C'=2.0$ MPa。

表 5-62　抗剪强度稳定计算采用值

剪切带名称		C' (MPa)		f'	f	备注
		坝基下	护坦下			
SCJ01		0.2		0.35	0.35	
SCJ07		0.25		0.50	0.45	
SCJ08	⑧~⑩	0.28	0.22	0.50	0.45	
	⑨~⑩	0.30	0.22	0.55	0.45	
	⑪~⑲	0.30		0.55	0.45	
SCJ10	④~⑧	0.28	0.22	0.50	0.45	
	⑨~⑩	0.30	0.22	0.52	0.45	
	⑪~⑲	0.30		0.55	0.45	
坝体与 $\in_2 z^4$ 接触面		0.90		0.70	0.55	
坝体与 $\in_2 z^5$ 接触面		1.05		1.00	0.70	

坝基加固后，河床左侧④~⑩坝段浅层抗滑稳定计算结果表明，各坝段基本组合沿单滑面、双滑面、复合滑动面抗滑稳定安全系数均大于 3.0，特殊组合均大于 2.5。说明经过加固处理后，河床左侧各坝段浅层抗滑稳定均满足规范要求，并且有一定的安全储备，大坝安全有保证。

第6章 对初步设计阶段工程
地质勘察成果的评述

万家寨水利枢纽工程顺利施工和蓄水以来的安全运行，业已证实前期的勘察成果基本满足了设计和施工的需要，初设阶段工程地质勘察报告对工程地质条件的论述、工程地质问题的分析评价及结论是基本正确的，前期勘察成果在工程建设中发挥了应有的作用。

但是，也有一些问题认识得不够深入、不够全面，这主要表现在对库区右岸岩溶渗漏及坝基层间剪切带的分析评价上。

(1)库区右岸岩溶渗漏问题的评述。前期勘察阶段对库区右岸岩溶渗漏的勘察，有关方面都给予了足够重视，不仅进行了大量勘察工作，还搜集了其他单位在该地区几乎所有的勘察成果，并邀请国内熟知本地区地质情况及有关岩溶渗漏方面的专家，召开了库区右岸岩溶渗漏的专题研讨会，得出了在黄河这样的大河上，修建万家寨这样的水库，其渗漏量不会影响工程效益的结论，并建议预留一定的工程量，对可能发生水库渗漏量较大地段进行必要的处理，还建议加强地下水动态观测，继续对该问题进行研究。现在，水库蓄水已接近水库正常蓄水位，距水库最高蓄水位仅相差约10 m。蓄水以来的资料表明，初设阶段对库区右岸岩溶渗漏及有关问题的分析评价和主要结论是基本正确的。但是，对某些问题的认识不够深入，这主要指水库主要渗漏地段的渗透性比预料的要强，尤其是库水直接注入溶洞，沿F4断层带附近形成的一系列塌坑、漏斗，部分地下水观测孔水位与库水位涨落关系明显等现象，说明这一带已经发生了较大的渗漏。在水库蓄水初期就发生这样明显的渗漏，是原来没有预计到的。

由此体会到，在北方岩溶的具体条件下，对关系到工程能否建设的水库岩溶渗漏问题应进行充分的勘察，在掌握必要资料的基础上，该下结论时必须下结论，否则将贻误工程建设，但是，结论应慎之又慎，并需留有充分的余地。

(2)对坝基层间剪切带的认识。前期勘察中，对坝址软弱夹层进行了认真的勘察，在大比例尺地质测绘基础上，两岸壁开挖了10余个平硐，在坝址河床部位布置了38个钻孔和2个竖井(左、右岸各1个)，取得了大量资料。在此基础上分析认为，坝址软弱夹层对坝基抗滑稳定起决定作用的是层间剪切带。河床坝基直接坐落的张夏组第五层层间剪切带有所发育，但连续性不好，连通率大约为30%，不会沿层间剪切带形成坝基滑动面，判断可能形成的坝基深层滑动面位于张夏组第五层与第四层界面附近。施工业已证明，上述结论有误。基坑开挖过程中，在张夏组第五层中发现了10条层间剪切带，其中4条连续性较好，可能形成坝基浅层滑动面，而第五层与第四层界面附近胶结良好，不可能形成坝基深层滑动面。

分析造成认识有误的原因主要受以下因素影响：

(1)勘察场地。由于当时坝址河床为黄河水道，受河水的影响，前期勘察所布置的两个竖井，一个位于左侧岸壁附近的漫滩上，在坝址上游约百米，距选定坝址较远；另一个在右岸岸壁旁边。而通过施工期的坝基开挖揭露表明，位于河床坝基张夏组第五层的层间剪切带，由河床向两岸壁有规模明显变小和性状变好的规律，故两竖井所揭露的地质现象未能反映出基坑的实际情况。

(2)勘探设备。当时所用钻探设备很难在钻孔中取出原状的层间剪切带内物质，且勘察期钻孔多为水上钻探，再加上对层间剪切带直观认识不够，要想通过钻孔岩心来判断出层间剪切带是很困难的。

当然还有一些客观因素和人为作用的影响，如钻探技术、施工工艺等。通过施工过程中的补充勘察和相应的剪切试验，地质人员不断深入研究，坝基层间剪切带已查清，由于坝基存在层间剪切带所带来的抗滑稳定问题，在施工中已得到解决，今后尚需对坝基变形加强观测。

参 考 文 献

[1] 邹成杰. 水利水电岩溶工程地质[M]. 北京：水利电力出版社，1994.

[2] 陈祖安. 中国水力发电工程(工程地质卷)[M]. 北京：中国电力出版社, 2000.

[3] 中国科学院地质研究所岩溶研究组. 中国岩溶研究[M]. 北京：科学出版社，1985.

[4] 水利电力部水利水电规划设计院. 水利水电工程地质手册[M]. 北京：水利电力出版社，1985.

[5] 卢耀如. 岩溶地区主要水利工程地质问题与水库类型及其防渗处理途径[J]. 水文地质工程地质，1982(4).

[6] 钱学溥. 太行期岩溶剥蚀面的发现及地文期的划分[J]. 中国岩溶，1984(2)

[7] 王思敬. 坝基岩体工程地质力学分析[M]. 北京：科学出版社，1990.

[8] 水利部长江水利委员会. 三峡工程地质研究[M]. 武汉：湖北科学技术出版社，1997.

[9] 能源部，水利部水利水电勘测设计规划总院. 水利水电工程勘测设计专业综述 II 勘测[M]. 成都：电子科技大学出版社，1993.

[10] 郭志. 实用岩体力学[M]. 北京：地震出版社，1996.